高等院校计算机应用系列教材

多媒体技术及应用
(第三版)

刘成明　石　磊　主编

清华大学出版社
北　京

内 容 简 介

多媒体技术及其应用已经成为信息技术的一个重要领域，日益深入到社会生活的各个方面。本书全面讲述了多媒体技术的基本原理和应用。全书共分 9 章，深入介绍了多媒体技术基础知识、多媒体计算机系统、文本处理技术、图形图像处理技术、音频处理技术、视频处理技术、计算机动画制作技术、多媒体制作工具和多媒体项目的开发过程等内容，着重介绍了使用 Photoshop 2020、Animate 2020、Dreamweaver 2020、Premiere Pro 2020 等软件进行多媒体制作的基本方法与技巧。

本书内容丰富、结构合理、思路清晰、语言简练流畅、示例翔实。它主要面向多媒体技术初学者，可作为高等院校计算机及其相关专业的教材和参考书，也可作为各种多媒体技术培训班的培训教材，还可作为多媒体技术应用开发人员的参考资料。

本书对应的电子课件、实例源文件和习题答案可以到 http://www.tupwk.com.cn/downpage 网站下载，也可以通过扫描前言中的二维码下载。

本书封面贴有清华大学出版社防伪标签，无标签者不得销售。
版权所有，侵权必究。举报：010-62782989，beiqinquan@tup.tsinghua.edu.cn。

图书在版编目(CIP)数据

多媒体技术及应用 / 刘成明，石磊主编. —3 版. —北京：清华大学出版社，2021.11
高等院校计算机应用系列教材
ISBN 978-7-302-58425-4

Ⅰ. ①多… Ⅱ. ①刘… ②石… Ⅲ. ①多媒体技术—高等学校—教材 Ⅳ. ①TP37

中国版本图书馆 CIP 数据核字(2021)第 102329 号

责任编辑：胡辰浩
封面设计：高娟妮
版式设计：妙思品位
责任校对：成凤进
责任印制：刘海龙

出版发行：清华大学出版社
网　　址：http://www.tup.com.cn，http://www.wqbook.com
地　　址：北京清华大学学研大厦 A 座　　邮　编：100084
社 总 机：010-62770175　　邮　购：010-62786544
投稿与读者服务：010-62776969，c-service@tup.tsinghua.edu.cn
质 量 反 馈：010-62772015，zhiliang@tup.tsinghua.edu.cn

印 装 者：三河市君旺印务有限公司
经　　销：全国新华书店
开　　本：185mm×260mm　　印　张：19　　字　数：486 千字
版　　次：2011 年 5 月第 1 版　　2021 年 11 月第 3 版　　印　次：2021 年 11 月第 1 次印刷
定　　价：72.00 元

——————————————————————————————————————

产品编号：086744-01

前 言

集文本、图形、图像、声音、动画、影视等各种交流媒介于一体的多媒体技术是计算机技术的重要发展方向，自20世纪80年代以来，以其信息表达方式直观、形象，交互操作方便、灵活等优势，很快风靡全世界。特别是与电子、通信、网络等技术的完美结合，使多媒体技术的应用遍及人类社会生活的各个方面。目前，多媒体技术已广泛应用于信息传播、商业广告、工业生产、军事训练、职业培训、公共服务、旅游、家庭生活和娱乐乃至包括教育、音乐、绘画等领域在内的所有的社会与生活领域。它的存在和发展，已经对人类社会产生巨大影响。

本书从多媒体的基本概念出发，由浅入深地讲述了多媒体的基本概念、文本处理、图形图像处理、音频处理、视频处理、计算机动画制作、多媒体制作工具和多媒体项目的开发过程等内容。在讲述各种多媒体技术时，介绍了相关的软件，并着重介绍了使用Photoshop、Animate、Dreamweaver、Premiere等软件进行多媒体制作的基本方法与技巧，运用了丰富的实例，注重培养读者解决实际问题的能力并使其快速掌握多媒体技术的基本操作。

本书内容全面、结构合理、思路清晰、语言简练流畅、示例翔实。每一章的引言部分概述了本章的作用和内容，并简明列出了本章的学习目标；在正文中，结合所讲述的关键技术和难点，穿插了大量极富实用价值的实例，让读者直观、迅速地了解多媒体制作软件的主要功能；每一章末尾都安排了有针对性的习题，有助于读者巩固所学的基本知识，增强对基本知识的理解，有助于培养读者的实际动手能力和实际应用能力。

本书主要面向多媒体技术初学者，适合作为高等院校的多媒体技术教材、各种多媒体技术培训班的培训教材及各种多媒体开发人员的参考资料。

本书是在第二版的基础上修订而成的，主要删除了第二版中的Flash等部分过时的内容，增加了目前主流的多媒体技术和工具软件。第二版由李春雨、石磊任主编，石育澄任副主编。本书由刘成明、石磊主编。全书共分9章，其中第1、2、9章由石磊编写，第3~8章由刘成明编写。另外，栾婉娜、付荣华、薛然、高文龙等也参与了本书的修订工作。在本书的出版过程中，得到了清华大学出版社的老师们的大力支持，他们对书稿提出了许多宝贵意见，在此谨向他们表示衷心的感谢！

在编写过程中，我们也参考和采纳了国内外大量专家学者的著作、学术观点、公开发表的论文和其他形式的研究成果，有些文献我们没有能够查到原文的出处，在此一并向文献的作者表示深深的谢意！

由于作者水平有限，本书不足之处在所难免，欢迎广大读者批评指正。我们的邮箱是

992116@qq.com,电话是 010-62796045。

  本书配套的电子课件、实例源文件和习题答案可以到 http://www.tupwk.com.cn/downpage 网站下载,也可以扫描下方的二维码下载。

编 者
2020 年 8 月

目 录

第1章 多媒体技术基础知识 ·················· 1
- 1.1 概述 ·· 1
  - 1.1.1 多媒体 ································ 2
  - 1.1.2 多媒体技术的特征 ················ 3
  - 1.1.3 多媒体系统及其分类 ············· 5
  - 1.1.4 流媒体的基础知识 ················ 6
- 1.2 多媒体技术的发展 ························· 7
  - 1.2.1 多媒体技术的发展历程 ·········· 7
  - 1.2.2 多媒体技术的发展趋势 ········· 11
- 1.3 多媒体的应用领域 ······················· 12
  - 1.3.1 多媒体在商业上的应用 ········· 13
  - 1.3.2 多媒体在学校中的应用 ········· 13
  - 1.3.3 多媒体在家庭中的应用 ········· 14
  - 1.3.4 多媒体在公共场所中的应用 ··· 14
  - 1.3.5 虚拟现实 ·························· 14
- 1.4 本章小结 ···································· 15
- 1.5 习题 ·· 15

第2章 多媒体计算机系统 ·················· 17
- 2.1 多媒体计算机系统的含义和基本架构 ································· 17
  - 2.1.1 多媒体计算机系统的含义 ······ 17
  - 2.1.2 多媒体计算机系统的基本架构 ··························· 17
- 2.2 多媒体计算机的硬件系统 ·············· 17
  - 2.2.1 多媒体主机 ······················· 19
  - 2.2.2 多媒体适配卡 ··················· 19
  - 2.2.3 多媒体数据存储设备 ············ 21
  - 2.2.4 多媒体输入设备 ················· 23
  - 2.2.5 多媒体输出设备 ················· 30
- 2.3 多媒体计算机的软件系统 ·············· 34
  - 2.3.1 文本素材制作软件 ··············· 35
  - 2.3.2 图形素材制作软件 ··············· 35
  - 2.3.3 图像素材制作软件 ··············· 35
  - 2.3.4 音频素材制作软件 ··············· 35
  - 2.3.5 视频素材制作软件 ··············· 36
  - 2.3.6 动画素材制作软件 ··············· 36
  - 2.3.7 多媒体创作集成工具 ············ 37
  - 2.3.8 多媒体应用软件 ················· 38
- 2.4 本章小结 ···································· 38
- 2.5 习题 ·· 38

第3章 文本处理技术 ························ 41
- 3.1 文本信息在计算机中的表示 ··········· 41
  - 3.1.1 西文编码 ·························· 41
  - 3.1.2 汉字编码 ·························· 42
  - 3.1.3 Unicode编码 ····················· 43
- 3.2 文本的类型 ································· 43
- 3.3 获取文本信息 ······························ 45
  - 3.3.1 键盘输入 ·························· 45
  - 3.3.2 手写输入 ·························· 45
  - 3.3.3 语音输入 ·························· 45
  - 3.3.4 扫描输入 ·························· 46
- 3.4 处理文本信息 ······························ 47
  - 3.4.1 文本信息处理 ··················· 48
  - 3.4.2 Word文字处理软件 ············· 49
- 3.5 本章小结 ···································· 50
- 3.6 习题 ·· 51

第4章 图形图像处理技术 ·················· 53
- 4.1 图形图像基础知识 ······················· 53

		4.1.1 图形与图像	53
		4.1.2 分辨率	54
	4.2	图像数字化基础	55
		4.2.1 颜色的基本概念	55
		4.2.2 计算机中的颜色模式	56
		4.2.3 颜色深度	58
		4.2.4 图像文件格式	58
		4.2.5 图像文件的大小	60
	4.3	图像的获取	60
		4.3.1 获取途径	60
		4.3.2 图像扫描	61
		4.3.3 数码拍摄	63
		4.3.4 从网络获取图像素材	65
		4.3.5 截图软件	66
	4.4	数字图像处理	69
		4.4.1 图像处理	69
		4.4.2 Photoshop概述	70
		4.4.3 Photoshop的基本知识	70
		4.4.4 Photoshop的操作界面	71
		4.4.5 基于Photoshop 2020的图像处理实例	79
	4.5	本章小结	92
	4.6	习题	93
第5章	音频处理技术		95
	5.1	声音的魅力	95
		5.1.1 声音的物理特征	96
		5.1.2 音频的相关概念	97
	5.2	音频数字化	98
		5.2.1 采样与采样频率	98
		5.2.2 量化与量化级	98
		5.2.3 声道	99
		5.2.4 音频采样的数据量	99
		5.2.5 音频数据编码	100
	5.3	音频的文件格式	100
	5.4	数字音频的采集	101
		5.4.1 录音采集	102
		5.4.2 抓取CD、VCD和DVD音轨	103
		5.4.3 电子合成音乐	104

	5.5	常用的音频工具软件	105
	5.6	基于Adobe Audition的音频处理	107
		5.6.1 Adobe Audition 2020介绍	107
		5.6.2 Adobe Audition 2020的具体操作	108
	5.7	本章小结	112
	5.8	习题	112
第6章	视频处理技术		115
	6.1	基础知识	115
		6.1.1 模拟视频	115
		6.1.2 数字视频	118
		6.1.3 数字视频编辑	119
		6.1.4 非线性编辑系统	120
	6.2	数字视频技术	121
		6.2.1 动态图像压缩编码的国际标准	121
		6.2.2 常见的视频处理功能	123
		6.2.3 视频编辑软件	123
		6.2.4 视频文件格式	125
	6.3	视频的采集	126
		6.3.1 采集模拟视频	126
		6.3.2 采集数字视频	127
		6.3.3 Camtasia Studio使用实例	128
	6.4	视频格式转换工具——格式工厂	134
		6.4.1 格式工厂介绍	134
		6.4.2 格式转换实例	134
	6.5	基于Premiere的视频处理技术	140
		6.5.1 Adobe Premiere功能简介	140
		6.5.2 使用Premiere Pro 2020进行视频编辑的流程	141
		6.5.3 Premiere Pro 2020的主界面	142
		6.5.4 Premiere Pro 2020的综合运用	143
	6.6	本章小结	150
	6.7	习题	151

目 录

第7章 计算机动画制作技术 ……… 153
- 7.1 计算机动画基础知识 ………… 153
  - 7.1.1 计算机动画的工作原理 …… 153
  - 7.1.2 计算机动画的分类 ………… 154
  - 7.1.3 常见的动画制作软件 ……… 154
  - 7.1.4 动画的文件格式 …………… 155
- 7.2 认识Animate 2020 …………… 156
  - 7.2.1 Animate 2020的开始界面 … 156
  - 7.2.2 Animate 2020的工作界面 … 156
- 7.3 文档的基本操作 ……………… 160
  - 7.3.1 新建文档 …………………… 160
  - 7.3.2 保存文档 …………………… 161
  - 7.3.3 打开文档 …………………… 162
- 7.4 Animate 2020图形绘制基础 … 163
  - 7.4.1 绘制简单图形 ……………… 163
  - 7.4.2 绘制复杂图形 ……………… 165
  - 7.4.3 图形变形 …………………… 168
- 7.5 在Animate中编辑文本 ……… 170
  - 7.5.1 传统文本 …………………… 170
  - 7.5.2 设置文本属性 ……………… 171
  - 7.5.3 文本的分离与变形 ………… 173
- 7.6 时间轴与帧的概念 …………… 175
  - 7.6.1 认识时间轴 ………………… 175
  - 7.6.2 认识帧 ……………………… 175
  - 7.6.3 帧的基本操作 ……………… 176
- 7.7 逐帧动画效果 ………………… 178
  - 7.7.1 逐帧动画的原理 …………… 178
  - 7.7.2 制作倒计时效果 …………… 179
- 7.8 动作补间动画效果 …………… 181
  - 7.8.1 制作弹簧振子 ……………… 181
  - 7.8.2 编辑动作补间动画 ………… 185
- 7.9 形状补间动画效果 …………… 186
  - 7.9.1 制作"几何切面"动画 …… 186
  - 7.9.2 编辑补间形状动画 ………… 189
- 7.10 高级动画制作 ………………… 190
  - 7.10.1 遮罩层动画——
    地球自转 ……………… 190
  - 7.10.2 引导层动画——
    地球公转 ……………… 194
- 7.11 Animate中的声音和视频 …… 199
  - 7.11.1 导入声音文件 ……………… 199
  - 7.11.2 导入视频文件 ……………… 200
- 7.12 Animate的交互设计 ………… 202
  - 7.12.1 交互设计的基本知识 ……… 202
  - 7.12.2 创建个性化的按钮元件 …… 203
  - 7.12.3 交互设计的实例 …………… 205
- 7.13 Maya三维动画 ……………… 210
  - 7.13.1 三维动画的制作流程 ……… 210
  - 7.13.2 Maya动画制作 …………… 211
  - 7.13.3 Maya动画制作实例——
    跳动的小球 …………… 212
- 7.14 本章小结 ……………………… 219
- 7.15 习题 …………………………… 220

第8章 多媒体制作工具 ……………… 227
- 8.1 多媒体平台软件 ……………… 227
  - 8.1.1 多媒体平台软件概述 ……… 227
  - 8.1.2 常见的多媒体平台软件 …… 229
- 8.2 制作图标 ……………………… 230
  - 8.2.1 图标制作软件 ……………… 230
  - 8.2.2 工作界面 …………………… 231
  - 8.2.3 制作实例 …………………… 233
- 8.3 制作自启动光盘 ……………… 236
  - 8.3.1 软件介绍 …………………… 236
  - 8.3.2 制作实例 …………………… 236
- 8.4 制作光盘 ……………………… 242
  - 8.4.1 刻录光盘 …………………… 243
  - 8.4.2 刻录软件 …………………… 243
  - 8.4.3 常见刻录操作 ……………… 244
- 8.5 网络多媒体应用系统概述 …… 247
- 8.6 Dreamweaver 2020的工作界面 … 247
  - 8.6.1 应用程序栏 ………………… 248
  - 8.6.2 文档工具栏 ………………… 249
  - 8.6.3 工具栏 ……………………… 249
  - 8.6.4 文档窗口 …………………… 250

8.6.5 状态栏……250
8.6.6 "属性"面板……251
8.6.7 面板组……251
8.7 创建站点……251
　8.7.1 使用向导创建本地站点……251
　8.7.2 使用高级模式创建本地站点……252
8.8 管理站点……253
　8.8.1 打开站点……253
　8.8.2 管理站点……254
　8.8.3 创建与管理站点文件……254
8.9 文档的基本操作……255
　8.9.1 创建空白网页文档……255
　8.9.2 打开和保存文档……256
　8.9.3 设置文档属性……257
8.10 规划网络型作品布局……258
　8.10.1 可视化助理……258
　8.10.2 使用表格……259
8.11 在作品中插入媒体元素……263
　8.11.1 插入文本……263
　8.11.2 插入图像……267
　8.11.3 插入Animate动画……270
8.12 使用超链接……272
　8.12.1 超链接的分类……272
　8.12.2 绝对和相对路径……272
　8.12.3 创建超链接的方法……273
8.13 本章小结……274
8.14 习题……274

第9章 多媒体项目的开发过程……277

9.1 规划……277
　9.1.1 制作多媒体的过程……277
　9.1.2 进度安排……281
9.2 估价与项目建议书……282
　9.2.1 估价……282
　9.2.2 项目建议书……282
9.3 设计……284
　9.3.1 设计结构……285
　9.3.2 设计用户界面……286
9.4 制作……287
　9.4.1 启动……288
　9.4.2 与客户合作……288
　9.4.3 追踪……289
　9.4.4 版权……289
　9.4.5 风险和困扰……289
9.5 本章小结……290
9.6 习题……290

参考文献……293

第 1 章
多媒体技术基础知识

多媒体是指通过计算机传递的文本、图形、图像、声音、动画和视频的组合。多媒体能用丰富多样的方式让人们获得不同感受。把多媒体的各种媒介元素——炫目的图片和动画、动人的音乐、具有震撼力的视频以及原始的文本信息编织在一起,能影响人们的思想和行为,人们也可以交互控制多媒体。想一想你手里拿着的智能手机及其各种 App,就能理解多媒体技术及其应用已经成为信息技术的一个重要领域,日益深入到社会生活的各个方面,如购物、通信、教育、产品演示、广告宣传、特效制作等,使得人们的工作和生活方式发生了巨大的改变。

本章的学习目标:
- 掌握媒体、多媒体、多媒体技术等基本概念
- 熟悉多媒体技术的基本特性
- 了解多媒体技术的发展过程
- 了解多媒体技术的应用领域及分类

1.1 概 述

媒体通常是指报纸、电视、杂志、电影、广播、网络等。图 1-1 所示为媒体广告,但在本书中我们要给它一个严格的定义。

图 1-1 某省级媒体的广告

1.1.1 多媒体

1. 媒体

媒体一词源于英文 Medium，其种类繁多。在计算机领域，媒体的含义有两种：一种是指表示信息的载体，如文字、图形、图像、声音、视频影像、动画等，这就是多媒体计算机技术中所指的媒体；而另一种是指存储信息的实体，如纸张、半导体存储器、磁带、磁盘、光盘等。

国际电话电报咨询委员会(CCITT)给出了国际上比较通用的定义，其将媒体分为5类。

- 感觉媒体(Perception Medium)指通过人的感觉器官能直接感受的媒体，如听觉对声音的反应，视觉对图像的反应。人的视觉、听觉、嗅觉、味觉、触觉能够从这类媒体中直接获取信息。
- 表示媒体(Representation Medium)是用于传播和表达感觉媒体的中介媒体，是信息的表示和表现形式，如各种信息的数字编码(文字的 ASCII 码、GB 2313 码，图像的 JPEG、MPEG 码等)，通过表示媒体，可方便地表示和传播各种信息。
- 显示媒体(Presentation Medium)是进行信息输入和输出的一类媒体，它包含输入媒体(如鼠标、键盘、扫描仪、摄像机、话筒等)和输出媒体(显示器、打印机、扬声器、绘图仪等)两种。
- 存储媒体(Storage Medium)是存放表示媒体的物理实体，如硬盘、光盘、U 盘、闪存、录像带等。计算机可以随时调用存储媒体上存放的信息进行加工处理。
- 传输媒体(Transmission Medium)是用于通信传输的信息载体，可将表示媒体从一个地方传送到另一个地方。这类媒体主要包括各种导线、电缆、光缆、无线传输介质及其他通信信道等。

2. 常见的表示媒体

媒体信息的形式是多样的，多媒体技术中研究的媒体主要是表示媒体。表示媒体是信息的主要表现形式，它通常包含以下几种媒体元素。

1) 文字符号

文字符号是一种最基本的表示媒体。它是计算机中信息交流的主要方式之一，文字符号具有易处理，占用空间少，便于存储、输入、输出等操作的特点。

2) 图形

图形(矢量图)是用各种绘图工具绘制的由线、形、体、文字等图形元素构成的图画，由一组指令描述，这些指令给出了构成图形的直线、曲线、各种几何图形等图元的形状、位置、颜色等各种属性和参数，矢量图也称为几何图。图形的最大优点是文件数据量小，易存储，在计算机中进行移动、缩放、旋转、扭曲等操作时不会失真。

3) 图像

图像是由一组排列成行、列的点(像素点)构成的画面，这些像素点记录了图像的颜色和亮度。在显示器上通过像素点阵的数值来反映图像的原始效果，如我们在计算机屏幕上看到的照片、美术绘画等。图像又称为位图或点阵图，图像文件数据量较大，进行图像放大时会失真，但图像能够非常细腻地表现复杂的画面细节。

4) 音频信息

音频信息是指计算机所处理的声音信息。常见的声音信息有语音、音效、音乐3种表现形式。语音指人们讲话的声音；音效是一些特殊的声音效果，如雨声、雷声、铃声、动物叫声及自然界的各种声响；音乐是指各种歌曲和乐曲。在计算机中，各种声音均以数字化的形式保存和处理。

5) 视频影像

视频影像是一组连续的随时间而变化的画面，能以一定的速率连续地播放，在屏幕上是真实活动的影像。视频信息经过采集、压缩后以数字化的形式保存。

6) 动画

动画是用一系列连续的画面来表现运动和变化的技术。当以一定的速度连续播放这些静止的画面时，即可产生动画效果。计算机动画有二维动画(平面动画)和三维动画(立体动画)两种。

以上的媒体信息从时效性上可分为静态媒体和时变媒体两大类。

- 静态媒体是指没有时间维的媒体，即其播放速度不会影响所含信息的再现，包括文字、图形、图像。
- 时变媒体是指由媒体"量子"(如音频采样和视频帧)组成的，具有隐含的时间维，播放速度影响其所含信息的再现。因此，需要在一段特定的时间里按特定的速度播放。如果播放速度得不到满足，媒体信息的完整性就会受到影响，包括声音、动画、活动影像。

3. 多媒体

多媒体(Multimedia)是多种媒体的综合，一般包括文本、声音和图像等多种媒体形式。

在计算机系统中，多媒体指组合两种或两种以上媒体的一种人机交互式信息交流和传播媒体。使用的媒体包括文字、图片、照片、声音、动画和影片，以及程序所提供的交互功能。

多媒体是超媒体(Hypermedia)系统中的一个子集，而超媒体系统是使用超链接(Hyperlink)构成的全球信息系统，二维的多媒体网页使用HTML、XML等语言编写，三维的多媒体网页使用VRML等语言编写。

1.1.2 多媒体技术的特征

多媒体信息的广泛应用，得益于一整套处理和应用它的先进技术，即将计算机数字处理技术、视听技术和现代通信技术融为一体的新技术。它是研究计算机综合处理文字、图形、图像、音频信息和视频影像等多种信息及其存储与传输的技术，我们把它叫作多媒体计算机技术或多媒体技术。多媒体计算机技术通过计算机对文字、图形、图像、音频信息、视频影像、动画等多种媒体信息进行数字化采集、编码、存储、加工、传输，将它们有机地集成组合，并建立起相互的逻辑关联，使之成为具有交互功能的集成系统。所以，多媒体技术就是计算机综合处理多种媒体的技术。

多媒体技术具有如下特征。

1) 信息载体的多样性

计算机信息处理的方式不再是只能处理字符这种单一信息模式，图形、图像、音频信息、视频信息和动画等多种媒体形式成为计算机综合处理及应用的主要形式。这使人与计算机交流的方式变得多样化、形象化，人们可以通过多种媒体形式与计算机交流信息。

2) 集成性

集成性包括两个方面的含义，即对多种媒体信息的集成和对处理各种媒体设备的集成。媒体信息的集成是将各种媒体信息采集、加工处理、数字化后，以一定的方式进行有机的同步组合，使之集成为一个统一完整的多媒体信息系统，如对声音、文字、图像、视频等的集成。媒体设备的集成是指与媒体处理相关软硬件设备的集成，即支持多媒体信息处理、多媒体系统运行的硬件系统和软件平台组合成一个完整的多媒体支持系统，如对计算机、电视、音响、摄像机等设备的集成。

3) 交互性

交互性是多媒体系统的一个重要特征，用户能够通过操作计算机对系统的运行进行控制，使人和计算机之间实现双向信息交流，计算机按用户的指挥和控制提供有效信息，这正是与传统媒体系统的主要区别，如电视系统的媒体信息是单向传送的，电视台播放什么内容，我们就只能接收什么内容。多媒体技术的交互性为用户选择和获取信息提供了灵活的手段和方式，多媒体系统的可交互性是其区别传统媒体系统(如电视和广播等)的最重要的特性，交互性分为 3 个层次。

(1) 低级交互。多媒体检索系统通过交互方式来查询数据库中已经有的数据称为低级交互。比如各类具有交互功能的网页、各个职能部门的多媒体业务查询系统等。

(2) 中级交互。具有中级交互性的系统能让用户通过改变数据本身而使整个系统的展示内容甚至内容的表现形式发生改变，比如股票交易模拟系统、计算机辅助设计与仿真系统等。

(3) 高级交互。高级交互的系统主要是虚拟现实系统，通过虚拟现实技术，让使用者完全感觉处于一个虚幻的世界中，但他的任何操作都会改变实际现实世界中的一些事物。比如通过虚拟现实技术指挥机器人水下作业的系统。

多媒体发展的过程就是一个集成性和交互性共同发展的过程，随着二者的发展程度不同，出现了各种各样的媒体事物。

4) 协同性

多媒体系统中的各种媒体有机地组合集成为一个整体,每一种媒体的运行都有其自身规律，各种媒体之间必须有机地配合才能协调一致。各媒体间有协调同步运行的要求，如影像和配音、视频会议系统和可视电话等，多种媒体之间的协调以及时间、空间的协调是多媒体的关键技术之一。

5) 实时性

所谓实时性就是在人的感官系统允许的情况下，进行多媒体交互，就好像面对面一样，图像和声音都是连续的。实时多媒体分布系统是把计算机的交互性、通信的分布性和电视的真实性有机地结合在一起。

6) 非线性

多媒体技术的非线性特点将改变人们传统循序性的读写模式。以往人们的读写方式大都采用章、节、页的框架，循序渐进地获取知识，而多媒体技术将借助超文本链接(Hyper Text Link)的方法，把内容以一种更灵活、更具变化的方式呈现给读者。

多媒体技术是多学科与计算机综合应用的技术，它包含计算机软硬件技术、信号的数字化处理技术、音频视频处理技术、图像压缩处理技术、通信技术，以及正在不断发展和完善的多学科综合应用技术——人工智能和模式识别技术。

1.1.3 多媒体系统及其分类

多媒体系统是指利用计算机技术和数字通信技术来处理和控制多媒体信息的系统，是由多媒体终端设备、网络设备、服务系统、多媒体软件及相关媒体数据组成的有机整体。一般指具有多媒体处理功能的计算机系统，通过键盘、鼠标、触摸屏等输入设备与计算机交互，获取需要的多媒体信息。从更广泛的意义来说，多媒体系统是一个集计算机、电视、电话、网络于一体的多媒体信息综合服务系统，在这个系统中，用户可以查询信息、游戏、娱乐、欣赏影视和音乐，接打可视电话、可视聊天、购物、收发多媒体邮件等。多媒体系统能够灵活、协调地组织和调用多种媒体信息，它是由多种硬件和软件组合而成的复杂系统。一般的多媒体系统主要由以下 4 部分内容组成。

1) 多媒体操作系统

多媒体操作系统也称为多媒体核心系统，包含实时任务调度、多媒体数据转换和同步控制，对多媒体设备的驱动和控制，图形用户界面管理等。

2) 多媒体硬件系统

多媒体硬件系统包括计算机硬件、音频/视频处理器、多种媒体输入/输出设备及信号转换装置、通信传输设备及接口装置等。

3) 媒体处理系统工具

媒体处理系统工具，也称为多媒体系统开发工具软件，它是多媒体系统的重要组成部分。

4) 用户应用软件

用户应用软件是指根据多媒体系统终端用户要求而定制的应用软件或面向某一领域的用户应用软件系统，它是面向大规模用户的系统产品。

多媒体系统中，在硬件环境及软件平台的支持下，各种媒体之间有机组合，协调运行，向人们展示出绚丽多姿的信息表现形式。

多媒体系统可以按功能或应用范围分类，分类情况如下。

1) 按功能分类

多媒体系统按功能可以简单地分为多媒体开发系统和多媒体演示播放系统。

- 多媒体开发系统主要用于多媒体产品的创作、开发和研究工作，系统应配置功能强大的计算机，还要配备图形图像、音频/视频信息采集、编辑的存储设备及相应的编辑工具。
- 多媒体演示播放系统主要用于多媒体产品的演示和播放工作，以计算机为基础，配备图形图像、音频/视频等接口控制卡和相应的外部设备，并与网络连接，完成多媒体产品的展示、传输，如教育培训系统、家庭多媒体系统、视频会议系统等。

2) 按应用范围分类

多媒体系统按应用范围可以分为多媒体信息管理咨询系统、多媒体教育培训系统、多媒体家庭系统和多媒体通信系统等。

- 多媒体信息管理咨询系统主要用于对多媒体信息进行存储和管理，并按用户要求提供咨询服务，如各种信息查询系统、服务咨询系统(证券交易系统、交通旅游信息咨询系统等)。
- 多媒体教育培训系统是集计算机多媒体教学、闭路电视系统、多媒体播控系统、计算机网络为一体，将教学培训内容用图、文、声等媒体形式生动、形象、直观地展示在学生面前，以现代化教学手段实施教学的过程。

- 多媒体家庭系统为家庭提供学习、通信、游戏、娱乐等服务，使人们的业余生活更加丰富多彩。
- 多媒体通信系统是指一次通信过程中同时涉及两种或多种媒体的通信。例如，可视电话同时涉及图像通信和语音通信。它通过通信网络对多媒体信息(包括文本信息、声音信息和图像信息等)进行传输、处理、存储和控制。

随着多媒体技术的不断发展，多媒体技术的应用范围越来越广，它成为人们生活不可分割的一部分。

1.1.4 流媒体的基础知识

流媒体(Streaming Media)是指采用流式传输的方式在 Internet 播放的媒体格式。流媒体又称为流式媒体，它是指商家用一个视频传送服务器把节目当成数据包发出，传送到网络上。用户通过解压设备对这些数据进行解压后，节目就会像发送前那样显示出来。

流媒体的出现极大地方便了人们的工作和生活。在地球的另一端，某大学的课堂上，某个教授正在传授一门你喜欢的课程，想听？太远！放弃？可惜！没关系，网络时代能满足你的愿望。在网络上找到该在线课程，课程很长，但没关系，只管点击播放，教授的身影很快就会出现在屏幕上，课程一边播放一边下载，虽然远在天边，却如亲临现场！除了远程教育，流媒体在视频点播、网络电台、网络视频等方面也有着广泛的应用。

在采用流式传输方式的系统中，用户不必像非流式播放那样等到整个文件全部下载完毕后才能看到其中的内容，只需经过几秒或几十秒的启动延时即可在计算机上利用相应的播放器或其他的硬件、软件对压缩的动画、音频/视频等流式多媒体文件解压并进行播放和观看，多媒体文件的剩余部分将在后台继续下载。

与单纯的下载方式相比，这种对多媒体文件边下载边观看的流式传输方式具有以下优点。

1) 启动延时、速度都大幅度地缩短

用户不用等待所有内容下载到硬盘上才开始浏览。一个 45 分钟的影视片段在很短时间内就显示在客户端上，而且在播放过程中一般不会出现断续的情况。另外，全屏播放对播放速度几乎没有影响，但快进、快倒时需要时间等待。

2) 对系统缓存容量的需求大大降低

由于 Internet 是以包传输为基础进行断续的异步传输，数据被分解为许多包进行传输，动态变化的网络使各个包可能选择不同的路由，故到达用户计算机的时间延迟也就不同。因此，在客户端需要缓存系统来弥补延迟和抖动的影响以及保证数据包传输顺序的正确，使媒体数据能连续输出，不会因网络暂时拥堵而使播放出现停顿。虽然流式传输仍需要缓存，但由于不需要把所有的动画、音频/视频内容都下载到缓存中，因此，对缓存的要求降低。

3) 流式传输的实现有特定的实时传输协议

流式传输的实现采用 RTSP 等实时传输协议，更加适合动画、音频/视频在网上的流式实时传输。

实现流式传输有两种方法：实时流式传输(Real-time Streaming Transport)和顺序流式传输(Progressive Streaming Transport)。一般来说，如为实时广播，或使用流式传输媒体服务器，或应用实时流协议(RTSP)等，即为实时流式传输。如使用超文本传输协议(HTTP)服务器，文件即通过顺序流式传输。采用哪种传输方法可以根据需要进行选择。当然，流式文件也支持在播放前完全下载到硬盘。

(1) 实时流式传输。

实时流式传输总是实时传送，特别适合现场广播，也支持随机访问，用户可快进或后退以观看后面或前面的内容，但实时流式传输必须保证媒体信号带宽与网络连接匹配，以便传输的内容可被实时观看。如果因为网络拥塞或出现问题而导致出错和丢失的信息都被忽略掉，那么图像质量将很差。实时流式传输需要专用的流媒体服务器与传输协议。

(2) 顺序流式传输。

顺序流式传输是顺序下载，在下载文件的同时用户可观看在线内容，在给定时刻，用户只能观看已下载的部分，而不能跳到还未下载的部分。由于标准的 HTTP 服务器可发送顺序流式传输的文件，也不需要其他特殊协议，因此顺序流式传输经常被称作 HTTP 流式传输。顺序流式传输比较适合高质量的短片段，如片头、片尾和广告，由于这种传输方式观看的部分是无损下载的，因此能够保证播放的最终质量，但这也意味着用户在观看前必须经历时延。顺序流式传输不适合长片段和有随机访问要求的情况，如讲座、演说与演示；也不支持现场广播，严格说来，它是一种点播技术。

1.2 多媒体技术的发展

计算机技术、通信技术、网络技术、大众传媒技术等多学科的不断进步和相互交融，使多媒体技术的发展日新月异。现在，多媒体技术的应用已遍及人类社会的各个领域，它的存在和发展对人类社会产生了巨大影响，我们的工作和生活已越来越离不开多媒体技术。

1.2.1 多媒体技术的发展历程

多媒体技术从启蒙发展到现在大致经历了 3 个阶段：启蒙发展阶段、标准化阶段和蓬勃发展阶段。

1. 启蒙发展阶段

多媒体技术的一些概念和方法起源于 20 世纪 60 年代。1965 年，纳尔逊(Ted Nelson)为在计算机上处理文本文件提出了一种把文本中遇到的相关文本组织在一起的方法，并为这种方法杜撰了一个词——Hypertext(超文本)。与传统的方式不同，超文本以非线性方式组织文本，使计算机能够响应人的思维以及能够方便地获取所需要的信息。万维网(WWW)上的多媒体信息正是采用了超文本思想与技术，组成了全球范围的超媒体空间。

1967 年，尼古拉斯·尼葛洛庞帝(Nicholas Negroponte)在美国麻省理工学院(MIT)组织体系结构机器组(Architecture Machine Group)。

1969 年，纳尔逊(Nelson)和万戴蒙(Van Dam)在布朗大学(Brown)开发出超文本编辑器。

1976 年，美国麻省理工学院体系结构机器组向美国国防部高级研究计划局(Defense Advanced Research Projects Agency，DARPA)提出多种媒体(Multiple Media)的建议。

多媒体计算机技术实现于 20 世纪 80 年代。1984 年美国 Apple 公司研制的 Macintosh 计算机首先引入了位映射处理图形的概念，使用了位图(bitmap)、窗口(window)、图标(icon)等技术，改变了原来计算机只能处理数值、符号的单一操作模式，人机界面出现了图形交互方式，操作界面得到了极大的改善。鼠标的使用和图形界面使人机交互变得简单、形象和直观。

在多媒体技术发展的启蒙阶段，几家著名的公司对多媒体系统的研发起到了较大的促进作用。

1985 年，美国 Commodore 公司率先推出了世界上第一台多媒体计算机系统 Amiga，在硬件上采用了 Motorola 公司的 M68000 微处理器，并配置了自己公司研制的 3 个多媒体专用芯片，即图形处理芯片 Agnus8370、音频处理芯片 Paula8364 和视频处理芯片 Denise8362，使计算机具有了图像、音频、视频处理功能。之后，其系统不断升级，逐步形成了较完整的多媒体计算机系列，如 Amiga500、Amiga1000、Amiga1500、Amiga2000、Amiga2500、Amiga3000、Amiga4000 等，性能显著提高。

1986 年，世界上两家著名的电器公司——荷兰的 Philips 公司和日本的 Sony 公司联合推出了交互式紧凑光盘系统 CD-I(Compact Disk Interactive)，并给出了后来成为 ISO 国际标准的 CD-ROM 光盘数据格式。这项技术可以把文字、图像、声音、视频等信息以数字化的形式存储在大容量的光盘上，用户可以随时检索、读取光盘内容，为多媒体信息的存储和读取提供了有效手段。

1987 年，美国无线电公司(RCA)研究中心推出了交互式数字视频系统(DVI)，这是一项用只读光盘播放视频图像和声音的技术。DVI 技术主要以计算机为平台，可以很方便地对记录在光盘上的视频信息、音频信息、图片及其他数据进行检索和重放。1989 年美国 Intel 公司和 IBM 公司联合将 DVI 技术进行改进，将其发展成新一代的多媒体产品 Action Media 750；1991 年以后又推出了第二代产品 Action Media 750 II，其在视频处理能力、功能扩展等方面都得到了较大改善。

2. 标准化阶段

自 20 世纪 90 年代至 20 世纪末，多媒体技术逐渐成熟，应用领域不断扩大，所涉及的学科、行业越来越多，特别是多媒体技术走向产业化后，其产品的技术标准和实用化成为大家关注的问题，产品规范化、标准化越来越受到人们的重视。由于多媒体技术是一种综合性技术，它的实用化涉及计算机、电子、通信、影视等多个行业，其产品的应用目标，既涉及研究人员也面向普通消费者，涉及各个用户层次，因此标准化问题是多媒体技术实用化的关键。在标准化阶段，研究部门和开发部门首先各自提出自己的方案，然后经分析、测试、比较、综合，总结出最优、最便于应用推广的标准，指导多媒体产品的研制。

1) 多媒体计算机的硬件标准

1990 年 Microsoft 公司联合一些主要的 PC(个人计算机)厂商和多媒体产品开发商成立 MPC 联盟(Multimedia PC Marketing Council)，其主要目的是建立多媒体计算机硬件系统的最低功能标准，利用 Microsoft 的 Windows 操作系统，以 PC 现有的广大市场为基础，推动多媒体计算机技术的发展，制定了 MPC 标准 1.0 版本，确定了多媒体 PC 硬件配置的最低要求。

值得特别指出的是，MPC 标准只是提出了对系统的最低要求，是一种参照标准。表 1-1 所示为多媒体个人计算机目前的主流配置，已经远高于 MPC 规范 4.0 版本的要求，其发展方向是微处理器的性能更高、存储器的容量更大、运算速度更快，以及音频、视频质量的规格更高。

表 1-1　多媒体个人计算机目前的主流配置

项目	参数
处理器(CPU)	六核心、十二线程、3.6GHz 及以上
内存	DDR4 8GB 及以上
硬盘容量	500GB 及以上
显存容量	8GB
音效卡	16 位数字音频采样 44.1kHz/48kHz 带波表
图形加速显示卡	1920×1080 像素～4096×2160 像素 24 位/32 位真彩色
视频卡	视频采集卡等
显示器尺寸	15～29 英寸

2) 数字化图像压缩国际标准

目前多媒体计算机系统采用的是 ISO 和 ITU 联合制定的数字化图像压缩国际标准，具体有 3 个主要标准：JPEG 标准、MPEG 标准和 H.26X 标准。

3) 数字化音频压缩标准

音频信号是多媒体信息的重要组成部分，对于多媒体计算机系统处理数字化声音，除 MPEG 标准中包括音频压缩的标准外，为了压缩音频数据，国际上从 ITU-TS 最初的 G.711 64kb/s A(μ) 律 PCM 编码标准开始，制定了一系列的语音压缩编码的标准。ITU 制定了一系列压缩标准，主要有 16kb/s ITU 语音标准化方案 G.278、32kb/s ITU 标准化方案 G.721 和 64kb/s ITU 标准化方案 G.722 标准。

4) AVS 信源编码标准

AVS(Audio Video coding Standard，音视频编码标准)是《信息技术 先进音视频编码》系列标准的简称，是我国具备自主知识产权的第二代信源编码标准，也是数字音视频产业的共性基础标准。AVS 是一套包含系统、视频、音频、媒体版权管理在内的完整标准体系，为数字音视频产业提供更全面的解决方案。

5) 光盘存储系统的规格和数据格式标准

ISO 对多媒体技术的核心设备——光盘存储系统的规格和数据格式发布了统一的标准，特别是流行的 CD-ROM、DVD 和以它们为基础的各种音频视频光盘的各种性能都有统一规定。

3. 蓬勃发展阶段

随着各种多媒体技术标准的制定和应用，极大地推动了多媒体产业的发展，很多多媒体标准和实现方法(如 JPEG、MPEG 等)已被做到芯片级，并作为成熟的商品投入市场。与此同时，涉及多媒体领域的各种软件系统及工具，也如雨后春笋，层出不穷。这些既解决了多媒体发展过程中必须解决的难题，又对多媒体的普及和应用提供了可靠的技术保障，并促使多媒体成为一个产业而迅猛发展。主要的标志性事件如下。

1997 年 1 月美国 Intel 公司推出了具有 MMX 技术的奔腾处理器(Pentium processor with MMX)，其成为多媒体计算机的一个标准。奔腾处理器在体系结构上有以下 3 个主要特点。

- 增加了新的指令，使计算机硬件本身就具有多媒体的处理功能(新添57个多媒体指令集)，能更有效地处理视频、音频和图形数据。
- 单条指令多数据处理(Single Instruction Multiple Data process，SIMD)减少了视频、音频、图形和动画处理中常有的耗时的多循环。
- 更大的片内高速缓存，减少了处理器不得不访问片外低速存储器的次数。奔腾处理器使多媒体的运行速度成倍增加，并已开始取代一些普通的功能卡板。

除具有 MMX 技术的奔腾处理器外，还有 AGP 规格、MPEG-2、AC97、PC-98、2D/3D 绘图加速器、Java Code(Processor Chip)等最新技术，也为多媒体大家族增添了风采。

另一代表是 AC 97(Audio Codec 97)杜比数字环绕音响的推出。在视觉进入 3D 立体视觉空间的境界后，对听觉也提出环绕及立体音效的要求。电影制片商在制作大场景时，更会要求有逼真及临场感十足的声音效果。加上个人计算机游戏(PC Game)的刺激，将音效的需求带到了巅峰。AC 97 在此需求的推动下，由声霸卡(Sound Blaster)的创始者 Creative 公司，及此领域的 Analog Device、NS、Yamaha、Intel 主导生产。AC 97 硬件解决方案中，由 Controller(声音产生器)及 Codec IC 两片 IC 构成。

随着网络计算机(Internet PC、NC)及新一代消费性电子产品，如电视机顶盒(Set-Top Box)、DVD、视频电话(Video Phone)、视频会议(Video Conference)等的出现，强调应用于影像及通信处理上最佳的数字信号处理器(DSP)，经过另一番结构包装，可由软件驱动组态的方式，进入咨询及消费性的多媒体处理器市场。目前，国际上流行的数字移动多媒体广播标准主要有 3 个：欧洲的 DVB-Ht、美国的 MediaFLO 和韩国的 T-DMB。欧洲 DVB 项目组于 2002 年秋开始制定手持终端标准，2004 年 2 月完成，11 月被 E11SI 接受并公布为 DVB-H 标准。2005 年，美国高通公司正式推出了 MediaFLO 标准。它源于该公司的分组数据技术，是一种全新的空中接口方案，专为手机终端接收广播式多媒体节目而设计，具有低功耗、高移动性能、快速频道切换、高频谱效率等优点。2003 年 1 月，韩国开始了基于 DAB 的 T-DMB 标准的制定，在 2005 年 7 月获 E11SI 批准。T-DMB 是在 DAB 基础上将视频节目以流模式复用到传输帧中，加外编码和交织后可向手机、PDA 和便携电视等手持设备传送数字音视频节目。中国数字电视地面广播国家标准 GB 20600—2006《数字电视地面广播传输系统帧结构、信道编码和调制》于 2007 年 8 月 1 日起强制实施。

蓝牙技术的开发使用，更使多媒体技术无线电化。数字信息家电，个人区域网络，无线宽带局域网，新一代无线、对等网络与新一代互联网络的多媒体软件开发，综合原有的各种多媒体业务，将会使计算机无线网络异军突起，掀起网络时代的新浪潮。

在 2010 年第 9 届中国国际多媒体视讯高峰论坛暨产品展示会上，与会专家学者分析了国内外多媒体视频通信市场的发展方向，比如三网融合、统一通信、1080P 高清视频通信、远程呈现、固移融合全业务视频运营、视频通信在物联网的应用等发展热点。

随着多媒体计算机硬件体系结构和软件的不断改进，多媒体计算机的性能指标进一步提高，多媒体终端设备有了更高的智能，如文字的识别和输入、汉语语音的识别和输入、自然语言理解和机器翻译、图形的识别和理解、机器人视觉和计算机视觉等智能。目前"信息家电平台"

的概念,已经使多媒体终端集家庭购物、家庭办公、家庭医疗、交互教学、交互游戏、视频邮件和视频点播等全方位应用于一身,代表了当今嵌入化多媒体终端的发展方向。

总之,近年来多媒体基础技术的研究已经进入稳定期,而针对多媒体应用技术的研究仍在持续受到极大的关注。从对多媒体数据进行处理的目标来看,多媒体的研究正从以展现为重点向展现、传输与理解并重发生着改变,相关技术研究将持续活跃,多媒体技术正日益走向成熟和完善。

1.2.2 多媒体技术的发展趋势

多媒体计算机技术的发展趋势体现在 4 个方面:集成化、智能化、嵌入化和网络化。

1. 集成化

在传统的计算机应用中,大多数都采用文本媒体,所以对信息的表达仅限于"显示"。在未来的多媒体环境下,各种媒体并存,视觉、听觉、触觉、味觉和嗅觉媒体信息的综合与合成,就不能仅仅用"显示"完成媒体的表现了。各种媒体的时空安排和效应,相互之间的同步和合成效果,相互作用的解释和描述等都是表达信息。影视声响技术广泛应用,多媒体的时空合成、同步效果,可视化、可听化以及灵活的交互方法等是多媒体领域的发展方向。多媒体交互技术的发展,使多媒体技术在模式识别、全息图像、自然语言理解(语音识别与合成)和新的传感技术等基础上,利用人的多种感觉通道和动作通道(如语音、书写、表情、姿势、视线、动作和嗅觉等),通过数据传输和特殊的表达方式,如感知人的面部特征,合成面部动作和表情,以并行和非精确方式与计算机系统进行交互,可以提高人机交互的自然性和高效性,实现以逼真输出为标志的虚拟现实。

2. 智能化

现在计算机的"智力"已经很高,将多媒体计算机系统本身的多媒体性能提高,与此同时,将计算机芯片嵌入各种家用电器中,开发智能化家电是一个发展方向。目前多媒体计算机的硬件体系结构和软件不断改进,尤其是采用了硬件体系结构设计和软件、算法相结合的方案,使多媒体计算机的性能指标进一步提高,使多媒体终端设备更加智能化,对多媒体终端增加如文字的识别和输入、汉语语音的识别和输入、自然语言理解、机器翻译、图形的识别和理解、机器人视觉和计算机视觉等智能。

人工智能领域的研究和多媒体计算机技术的结合,是多媒体技术的长远发展方向。将音视频特征识别、语义字义理解技术,以及知识工程中的学习、推理等人工智能成果应用到智能多媒体技术中,发展基于内容检索技术的智能多媒体数据库,是正在不断探索和发展的研究方向。

3. 嵌入化

嵌入式多媒体系统可应用在人们生活与工作的各个方面,在工业控制和商业管理领域,如智能工控设备、POS 机、ATM、IC 卡等;在家庭领域,如数字机顶盒、数字式电视、网络冰箱、网络空调等消费类电子产品,以及已经出现的家庭(住宅)中央控制系统等。此外,嵌入式多媒体系统还在医疗类电子设备、多媒体手机、掌上电脑、车载导航器、娱乐、军事等领域有着巨大的应用前景。从发展前景看，可以把集成电路芯片分成两类：一类是以多媒体和通信功能为主，融合 CPU 芯片的计算功能，它的设计目标是用在多媒体专用设备，家电及宽带通信设备中，可以取代这些设备中的 CPU 及大量 ASIC 和其他芯片；另一类是以通用 CPU 计算功能为主，融合多媒体和通信功能，它们的设计目标是与现有的计算机系列兼容，同时具有多媒体和通信功能，主要用在多媒体计算机中。目前，"信息家电平台"的概念，已经使多媒体终端集互动式购物、互动式办公、互动式医疗、互动式教学、互动式游戏、互动式点播等应用于一身，代表了当今嵌入化多媒体终端的发展方向。

4. 网络化

多媒体计算机技术网络化的发展主要取决于通信技术的发展，随着网络通信等技术的发展和相互融合，使多媒体技术进入生活、科技、生产、企业管理、办公自动化、教育、医疗、交通、军事、文化娱乐、测控等领域。现代的通信技术高速发展，有卫星通信、光纤通信等，世界已经进入数字化、网络化、全球一体化的信息时代。信息技术渗透到了人们生活的方方面面，其中网络技术和多媒体技术是促进信息世界全面实现的关键技术。蓝牙技术的开发应用，使多媒体网络技术无线化、小型化。它可以将临近的数字终端组成一个小网络，数字信息家电、个人区域网络、无线局域网、新一代无线、互联网通信协议与标准、新一代网络的多媒体软件开发及综合原有的各种多媒体业务，将会使计算机多媒体技术无线网络异军突起，掀起网络时代的新浪潮，使得多媒体无所不在，各种事物都在互动、潜移默化中进行。计算机多媒体技术网络化可以描述成是一个决定性(关键)技术的集成，这些技术可以通过访问全球网络和设备实现对多媒体资源的使用，其肯定是未来发展的主题。

总而言之，计算机多媒体技术的应用和进步正处于高速发展中，随着影响多媒体技术的各种观念、技术的不断更新与发展，未来将出现丰富多彩的、令人耳目一新的多媒体产品，它注定要改变人类的生活方式和观念。多媒体技术在模式识别、全息影像、自然语言理解(语音识别与合成)和新的传感技术等基础上，利用人的语音、书写、表情、姿势、视线、动作和嗅觉等多种感觉通道和动作通道，通过数据传输和特殊的表达方式与计算机系统进行交互，在未来有着十分广阔的应用前景。

1.3 多媒体的应用领域

用户通过人机接口访问任意种类的电子信息时，都可以使用多媒体。多媒体大大改进了仅提供文本的计算机界面，它通过吸引用户的注意力而产生显著的效果。简而言之，多媒体增加了信息的记忆效率。如果设计得当，多媒体还可以提供显著的娱乐效果。

多媒体是非常有效的展示和销售工具。研究表明，如果有声音的刺激，人们会记住 20% 的内容；若是声音与视频相结合，则这个数字将达到 30%。对于交互式多媒体，如果人们真正投入其中，记忆率将达到 60%。

1.3.1 多媒体在商业上的应用

商业领域的多媒体应用包括教育、培训、营销、广告、产品演示、模拟、数据库、目录、即时消息传递和联网通信等。在很多局域网和广域网中，都通过分布式的网络和互联网协议提供了语音邮件和视频会议服务。

经过长时间令人昏昏欲睡的演示和销售会议中高谈阔论的演讲之后，一段多媒体演示能够很快使观众活跃起来。大多数演示软件包都可以在由图片和文本构成的常规幻灯片中加入声音和视频剪辑。

在各种培训项目中也广泛应用了多媒体。例如，航班乘务人员在模拟环境下学习如何应对国际恐怖行动，以保障安全；联合国禁毒机构人员通过交互式的视频和图片来培训，找出飞机和船舶上可能藏匿毒品的地方；医生在实际手术前通过模拟来练习做手术的方法；战斗机的飞行员在实战之前通过全地貌的模拟演练；各种制作程序和媒体生产工具的使用越来越方便，甚至连装配线上的工人也能够为同事建立自己的培训课件。

多媒体在办公室中的应用也已经司空见惯，图像采集设备可用来建立员工身份(ID)和徽章数据库，还可以用于视频评论以及实时的视频会议。笔记本计算机和高分辨率的投影仪已成为常用的多媒体演示设备。采用蓝牙技术和 Wi-Fi 通信技术的移动电话和 PDA 使通信和商业活动更加高效。

公司和商业机构在不断追求更强大的多媒体处理能力，安装多媒体系统的成本也在不断降低，于是更多的多媒体应用将在家庭或者第三方发展起来，这将使商业活动更加顺畅和有效。这些进步会改变商业运作的方式，确立多媒体在信息发布领域的重要地位，鼓励更多的企业在该领域投资。

历史证明，人类通信方式的进步能够带来新的通信文化。同从无线电到电视的演变一样，从文本消息到伴随声音和文本的多媒体消息(MMS)的变革，标志着我们进入了移动通信的新时代。

1.3.2 多媒体在学校中的应用

学校可能是最需要多媒体的地方了，许多学校由于长期缺乏资金，有些时候很难迅速采用新技术，但是从长远看来，多媒体的强大威力能够带来巨大效益。

20 世纪 90 年代，美国政府要求电信业将美国的每个教室、图书馆、诊所和医院都连接到信息高速公路上去。目前在此领域已经做了很多工作，美国的大多数学校和图书馆都已连接到信息高速公路上。我国政府已经采取措施，为农村和乡村学校使用先进技术提供政府援助。

在接下来的几十年里，多媒体技术使教学过程发生了根本性的变化，尤其是，聪明的学生发现自己可以超越传统教学方法的局限。事实上，教学模型正在从"传授"或者"被动学习"转变为"体验学习"或者"主动学习"。从某种意义上来讲，教师更像是向导或者导师，他们是学生的帮助者，在学习道路上指引学生，而不只是传统的信息提供者，仅帮助学生理解信息。教学过程的核心不再是教师，而是学生。教育软件通常定位为学习过程的补充形式，而不是替代以教师为主的传统教学方法。

多媒体在学校里的另一个有趣实践是，由学生自己实现多媒体项目，学生将交互式杂志等聚在一起，利用各种图像处理软件工具来进行艺术原创。他们采访学生、城市居民、教练和老师，然后制作电影，还设计并且运作网站。

1.3.3　多媒体在家庭中的应用

多媒体已经进入家庭,园艺、厨艺、家居设计、改建、维修甚至家谱都有了相应的多媒体软件。最终,大多数多媒体产品都是通过具有内置的交互式用户输入功能的电视机或者显示器进入家庭。

今天,家庭生活进入无线时代,一台多媒体服务器就可连接所有电子设备。多媒体的家庭消费者都拥有一台带蓝牙音箱或投屏设备的计算机,或者附有智能云的电视机。现在,"家庭云"的概念已流行起来,它是一个家庭多媒体共享平台。使用此平台,个人内容可以在家庭中实现跨用户、跨设备的互联和分享。此平台可以实现无线智能组网、娱乐实时分享、集中安全存储及统一设备管理,普及了"个人云"的使用范围,为未来智能家庭生活创造了条件。

众多玩家实时参与的互联网游戏也流行起来,多媒体通过数据高速公路进入家庭后,每天晚上都有成千上万的玩家登录参与游戏。

1.3.4　多媒体在公共场所中的应用

在旅馆、火车站、购物中心、博物馆、图书馆和杂货铺里,多媒体可作为独立的终端或者查询设备,为消费者提供信息和帮助。多媒体还可以与手机、PDA 等无线设备连接起来。这样的装置能够减少传统信息台和人工的开销,提高附加值。它们可以不间断地工作,即使在深夜求助热线休息时,人们也可以通过这些装置获得帮助。

超市查询机提供了从食物计划到优惠券等各种服务。旅馆的查询机列出了附近的餐馆、城市地图、航班时刻表,还提供自动退房等客户服务。这种查询机常常连接了一台打印机,这样客户就可以带走信息的打印版本。博物馆的查询机不但用作展品的向导,而且在每一个展台上安装查询机时,还可以提供更多、更深入的信息,使参观者能获得关于展品的丰富的细节信息。

1.3.5　虚拟现实

技术进步和创新思想一旦融合到多媒体中,便构成了虚拟现实(VR)。特制的眼镜、头盔、手套和奇异的人机界面,将使用户置身于一个近乎真实的环境中。向前走一步,眼前的景物就会变得更近,转动脑袋,视野也同时旋转。伸手去抓某个物品,手会在身前移动。也许手指握住该物品时,它会突然爆炸,发出 90 分贝的声音;也许它只是从手指中滑出,落向地面,迅速从墙面底部的一个洞逃之夭夭。

VR 需要强大的计算能力,才能呈现出现实的场景。在虚拟现实中,电脑空间由无数在三维空间中绘制的几何物体构成,包含的物体越多,描述该物体的像素越多,分辨率就越高,看起来就越真实。用户移动时,每一个动作或者位移都需要计算机重新计算构成观众视野的所有物体的位置、角度、尺寸和外形,必须执行数以万次的计算,才能保证场景每秒变化 30 次,使画面看起来很流畅。

互联网上已经制定了采用 VRML 文档(文件扩展名是 wrl)来传输虚拟现实世界或"场景"的标准。Intel 和 Adobe 软件制造商已经宣布支持新的 3D 技术。

Singer、RediFusion 和其他公司采用高速的专用计算机,研制出了价值几百万美元的飞行模拟器,使虚拟现实技术进入商业领域。F-16、波音 777 和 Rockwell 航天飞机的飞行员在实际飞行之前,已进行了若干次模拟飞行。在 Maine Maritime 学院和其他海运训练学校,计算机控制的模拟器用来讲授油罐和集装箱船舶复杂的装载和卸载技术。

专业化大众游乐中心提供了付费的 VR 战争和飞行游戏。例如，BattleTech 是一个 10 分钟的、与敌对机器人对抗的交互式视频遭遇战，它由 Virtual World 娱乐公司创建，在加利福尼亚州和伊利诺伊州都有。在这个游戏中，玩家要与其他人战斗。计算机在快速、紧张的交战中计分。这些吸引人的事情将大众(尤其是年轻人)带进虚拟现实中，并在市场上逐渐普及。

虚拟现实是多媒体的一种扩展，它利用了基本的多媒体元素，如图像、声音和动画。由于它需要在人身上缠绕有导线连接的反馈仪器，因此虚拟现实可能是最大程度扩展的交互式多媒体。

1.4 本章小结

以下总结了本章讨论的重要概念，以便读者复习。
1. 定义常用的多媒体术语，如多媒体、集成、交互式、HTML 和制作。
   - 多媒体是通过计算机或者其他电子媒介传播的文本、图形、图像、声音、动画和视频的综合。
   - 多媒体制作需要创造性、技术、组织和商业能力。
2. 描述应用多媒体的几种环境，以及多媒体与其他信息形式的区别。
   - 多媒体演示适合在下列情况下进行：教育、培训、营销、广告、产品演示、数据库、目录、娱乐和联网通信。
   - 当人们交互处理电子信息时，宜采用多媒体技术。
3. 描述多媒体的各种特性：非线性和线性。
   - 多媒体演示可以是非线性的(交互式)和线性的(被动)。
   - 多媒体能够包含结构性的链接，称为超媒体。
   - 多媒体开发者利用制作工具制作多媒体产品。
   - 多媒体项目发布后成为多媒体产品。
4. 叙述多媒体的历史，展望未来多媒体的重要变化。
   - 多媒体的希望来自各种技术的结合、扩展以及其他机遇，包括硬件、软件、内容和传播服务。
   - 多媒体的未来目标包括通过高带宽访问无数的多媒体资源和学习材料。

1.5 习 题

一、填空题

1. 文本、声音、_____ 和 _____、_____、_____ 等称为多媒体中的媒体元素。
2. 国际电话电报咨询委员会(CCITT)给出了媒体在国际上比较通用的定义，将媒体分为 5 类：_____、_____、_____、_____ 和 _____。
3. 多媒体系统主要由以下 4 部分内容组成：_____、_____、_____ 和 _____。

4. 多媒体系统的关键技术包括_____、_____、_____、_____、_____、_____。

5. 计算机中的文字能直接作用于人的感官，称为_____，而计算机中的ASCⅡ码是为了加工、处理和传输字符而人为研究、构造出来的一种媒体，称为_____。

6. 常用的光存储系统有：_____、_____、_____三大类。

7. 超文本以_____方式组织文本，使计算机能够响应人的思维以及能够方便地获取所需要的信息。

8. _____领域的研究和多媒体计算机技术的结合，是多媒体技术的长远发展方向。

9. 多媒体计算机技术的发展趋势体现在4个方面：_____、_____、_____和_____。

10. 虚拟现实是多媒体的一种_____，它利用了基本的多媒体元素，如图像、声音和动画。

二、选择题(可多选)

1. 多媒体的同步种类从用户应用的角度出发而进行的同步指的是_____。
   A. 系统同步　　　　B. 合成同步　　　　C. 现场同步　　　　D. 应用同步

2. 下列选项中，不属于多媒体技术中的媒体范围的是_____。
   A. 存储信息的实体　　B. 信息的载体　　　C. 文本　　　　　　D. 图像

3. 请根据多媒体的特性判断以下哪些属于多媒体的范畴_____。
   A. 交互式视频游戏　　B. 电子出版物　　　C. 彩色画报　　　　D. 彩色电视

4. 位图与矢量图比较，可以看出_____。
   A. 对于复杂图形，位图比矢量图画对象更快
   B. 对于复杂图形，位图比矢量图画对象更慢
   C. 位图与矢量图占用空间相同
   D. 位图比矢量图占用空间更少

5. 为什么需要多媒体创作工具_____。
   A. 简化多媒体创作过程
   B. 降低对多媒体创作者的要求，创作者不再需要了解多媒体程序的各个细节
   C. 比用多媒体程序设计的功能、效果更强
   D. 需要创作者懂得较多的多媒体程序设计

三、简答题

1. 什么是多媒体技术？多媒体技术的特性有哪些？
2. 与单纯的下载方式相比，这种对多媒体文件边下载边播放的流式传输方式具有哪些优点？
3. 请从多媒体自身特征出发解释传统电视为何不属于多媒体？
4. 简述虚拟现实的关键技术。
5. 多媒体的应用有哪些？

第 2 章 多媒体计算机系统

人们谈论多媒体技术时，常常和计算机联系起来，这是因为多媒体技术利用了计算机中的数字化技术和交互式的处理能力。一台计算机如果具备了处理多媒体信息的硬件和适当的软件系统，就可以说这台计算机具有多媒体功能。多媒体技术是现代信息技术领域发展最快、应用最多、变化最大的技术，是电子技术发展和竞争的热点。本章主要介绍多媒体计算机系统的含义和它的系统构成。

本章的学习目标：
- 掌握多媒体计算机系统的含义
- 熟悉多媒体计算机的硬件系统
- 熟悉多媒体计算机的软件系统

2.1 多媒体计算机系统的含义和基本架构

2.1.1 多媒体计算机系统的含义

多媒体计算机系统是指能够综合处理多种媒体信息的计算机系统，是在普通计算机基础上配以多媒体软件和硬件环境，并通过各种接口部件连接而成，各组成部分协同工作，从而完成对多媒体信息的采集、加工、存储、集成和演播的一个计算机系统。

2.1.2 多媒体计算机系统的基本架构

多媒体计算机系统的基本架构如图 2-1 所示。

2.2 多媒体计算机的硬件系统

硬件系统是多媒体系统的基础，多媒体计算机硬件系统主要包括通用计算机(工作站等)、能够接收和播放多媒体信息的输入输出设备、各种多媒体适配器、通信传输设备及接口装置。多媒体计算机的硬件系统组成如图 2-2 所示。

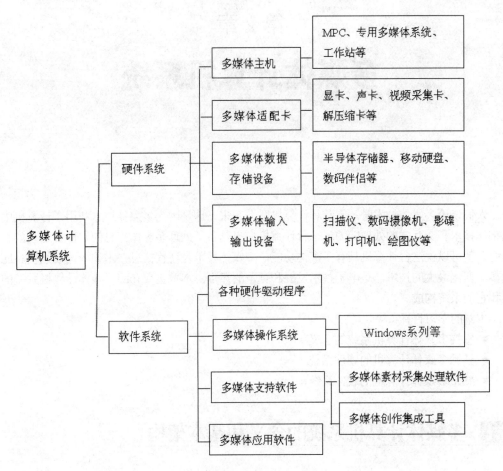

图 2-1　多媒体计算机系统的基本架构

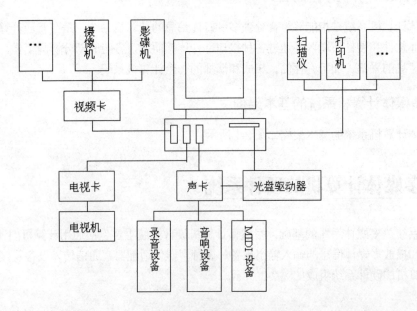

图 2-2　多媒体计算机的硬件系统组成

2.2.1 多媒体主机

多媒体主机一般分为 3 种类型：多媒体个人计算机(MPC)、专用多媒体计算机系统和多媒体工作站。

多媒体个人计算机一般是在通用的个人计算机上增加多媒体接口卡以及相应的设备和软件，将个人计算机升级为多媒体个人计算机，或者是厂商直接提供具有多媒体处理功能的多媒体个人计算机。这是目前使用最广泛的一种多媒体计算机系统。

专用多媒体计算机系统是为一些特殊用途或专门领域设计的计算机系统，其多媒体功能已经包含在计算机主板上的专用芯片里，甚至已集成在 CPU 芯片中。国外已有一些产品，例如 Intel 和 IBM 公司早前联合推出的 DVI 系列产品，组成专用多媒体计算机系统，综合解决声、文、图、像问题。

多媒体工作站是一种功能很强大的计算机系统，最常用的有 Sun、SGI 和 HP 等公司的产品，它们运行速度快，存储容量大，具有很强的图形图像处理功能，支持 TCP/IP 等网络传输协议，能够满足较高层次多媒体应用的要求。

使用最广泛的多媒体主机是多媒体个人计算机系统，本节主要介绍多媒体个人计算机的系统构成。

2.2.2 多媒体适配卡

1. 显卡

显卡也称为显示适配器(如图 2-3 所示)，是计算机主机与显示器的接口，它的作用是将计算机中处理的数字信号转换为图像信号后从显示器输出。显卡通常是插在主板的扩展插槽中，用来连接电缆与显示器，但现在部分厂家将显卡直接集成在主板上。独立显卡与集成显卡相比，由于自带显存不占用系统内存，在性能上优于集成显卡。

图 2-3(a) 独立显卡　　　　　图 2-3(b) 集成显卡

显卡的工作过程是这样的：当接收到 CPU 发出的图形处理信号后，显示芯片即进行图形数据运算，处理好后送入显存存储，然后由显存数模转换器(DAC)将显示芯片处理好的数字信号转换成显示器能够接收的模拟视频信号，最后由显示器输出。

显示芯片是显卡的核心部件，也称加速芯片和图形处理器(GPU)，只不过 GPU 是专为执行复杂的数学和几何计算而设计的，这些计算是图形渲染所必需的。某些最快速的 GPU 集成的晶体管数甚至超过了普通 CPU。

目前的 GPU 多数拥有 2D 或 3D 图形加速功能。如果 CPU 想画一个二维图形，只需要发个指令给 GPU，有了 GPU，CPU 就从图形处理的任务中解放出来，可以执行其他更多的系统任务，这样可以大大提高计算机的整体性能。GPU 会产生大量热量，所以它的上方通常安装有散热器或风扇。

GPU 决定了该显卡的大部分性能，同时 GPU 也是 2D 显示卡和 3D 显示卡的区别依据。2D 显示芯片在处理 3D 图像与特效时主要依赖 CPU 的处理能力，称为软加速。3D 显示芯片把三维图像和特效处理功能集中在显示芯片内，也就是所谓的"硬件加速"功能。显示芯片一般是显示卡上最大的芯片(也是引脚最多的)。目前市场上的显卡大多采用 NVIDIA 和 AMD-ATI 两家公司的图形处理芯片。

GPU 已经不再局限于 3D 图形处理。GPU 通用计算技术发展已经引起业界不少的关注。事实也证明在浮点运算、并行计算等方面，GPU 可以提供数十倍乃至上百倍于 CPU 的性能。GPU 通用计算方面的标准目前有 Open CL、CUDA、ATI STREAM。其中，OpenCL(Open Computing Language，开放运算语言)是第一个面向异构系统通用目的并行编程的开放式、免费标准，也是一个统一的编程环境，便于软件开发人员为高性能计算服务器、桌面计算系统、手持设备编写高效轻便的代码，而且广泛适用于多核心 CPU、GPU、Cell 类型架构以及 DSP 等其他并行处理器，在游戏、娱乐、科研、医疗等各个领域都有广阔的发展前景，AMD-ATI、NVIDIA 时下的产品都支持 Open CL。CUDA(Compute Unified Device Architecture，统一计算设备架构)是一种新的处理和管理 GPU 计算的硬件和软件架构，它将 GPU 视作一个数据并行计算设备，并且无须把这些计算映射到图形 API。CUDA 程序的开发语言以 C 语言为基础，并对 C 语言进行扩展。

显示内存(Video RAM)简称为显存，是存储显示数据的内存芯片，它与系统内存的功能差不多，系统内存用来暂时存储 CPU 处理的数据，显存则暂时存放显示芯片处理的数据。显存的大小直接影响显示卡可以显示的颜色多少和可以支持的最高分辨率。

显卡上的 BIOS 又被称为"VGA BIOS"，它与主板上的 BIOS 所起的作用是一样的。它主要用于显卡上各器件间正常工作时的控制和管理，也执行一些基本的函数，并存放显示芯片与驱动程序之间的控制程序，另外还存放有显卡型号、规格、生产厂家、出厂时间等信息，并在开机时对显卡进行初始化设定。

显卡接口发展至今主要出现过 ISA、PCI、AGP、PCI Express 等几种接口，所能提供的数据带宽依次增加。2009 年，PCI-E 3.0 规范确定，其端口的双向速率高达 320Gb/s。目前市场常见品牌有：A 卡，代表 AMD(ATI)的显卡品牌系列；N 卡，代表 NVIDIA 的显卡品牌系列。两款显卡实力均衡，各有千秋。

2. 声卡

声卡又称声音适配器，也是个人多媒体计算机的基本配置，是实现声波和数字信号相互转换的硬件。通常声卡插入主板的扩展插槽中，再通过声卡上的接口与音箱、话筒、CD-ROM、MIDI 接口连接，完成对声音信息的数字化处理。但现在也有很多声卡是集成在计算机主板上的。

声卡的作用是对声音信号进行采集、编码、压缩、解压、回放等处理，其主要功能包括：支持录音设备对声音录制采集和编辑处理；可对声音信号进行模数转换和数模转换；能够对数字化声音信号进行压缩和解压，以便信号存储和还原；能够进行语音合成和识别；能进行声音播放和控制；提供 MIDI 音乐合成功能等。声卡通过外接插口与外部设备连接，实现录音和放音等功能。

音箱是多媒体计算机的外部设备，其作用就是把声卡输出的音频信号转换为声音波形进行播放。音箱分为有源音箱与无源音箱两种，有源音箱是指在音箱内部装有自配功放的一类音箱，无源音箱是不带功放的一类音箱。音箱的质量直接影响声音播放的效果。

3. 视频卡

视频卡可分为视频采集卡、视频压缩卡、视频播放卡以及 TV 编码器等专用卡，是多媒体计算机中用于视频信息处理的硬件设备。它与影碟机、摄像机、录像机、电视机等设备连接，对这些设备输出的音视频信息进行捕捉，将模拟信号转换为数字信号存储，经过编辑、特技处理等加工过程，再转换为模拟信号输出，从而得到赏心悦目的影视作品。视频卡种类很多，按其功能划分主要有以下几种。

(1) 视频采集卡，也称为视频捕捉卡。用于采集视频信号，它将录像带、影碟中的视频影像采样后进行数字化处理，以数字视频文件的形式存入计算机中，也可将摄像机拍摄的影像实时输入计算机中进行编辑。现在，许多型号的采集卡同时还具备了压缩功能。

(2) 视频压缩卡，也称为 MPEG 卡。由于视频信号的数据量很大，直接进行传输比较困难，因此，视频压缩卡按照 MPEG 标准(视频压缩编码标准)对视频信号进行压缩和解压处理。

(3) 视频输出卡。经计算机处理后的视频信息由于信号格式的原因，不能直接在电视机等播放设备上收看，因此需要用视频输出卡将计算机显卡输出的 VGA 信号转换成标准的视频信号，使其完全符合电视标准的 NTSC 或 PAL 制式后才能在电视机上播放。

4. 压缩卡

压缩卡就是把模拟信号或数字信号通过解码/编码按一定算法把信号采集到硬盘里或是直接刻录成光盘，因它经过压缩所以它的容量较小，格式灵活(MPEG-1、MPEG-2、MPEG-4、WMV、RM 等)，常见的压缩卡有硬件压缩卡，它的压缩比一般不超过 1：6，而软件压缩卡的压缩比由软件而定，没有固定标准，压缩一般有帧内压缩和帧间压缩。硬件压缩卡的优点就是不需要占用 PC 资源，故较低配置的 PC 也可以采集出高质量的视频文件(VCD/DVD)，软件压缩需要有较高的 PC 配置视频压缩卡。

2.2.3 多媒体数据存储设备

多媒体信息及其应用系统的数据量很大，长期保存在计算机硬盘中是不太现实的，并且多媒体软件的发行也需要一种高容量、移动方便的存储介质，主要的多媒体数据存储设备有以下几种。

1. 半导体存储器

半导体存储器(Semi Conductor Memory)是一种以半导体电路作为存储媒体的存储器，内存储器就是由称为存储器芯片的半导体集成电路组成的。按其功能可分为：随机存取存储器(RAM)和只读存储器(ROM)。RAM 包括 DRAM(动态随机存取存储器)和 SRAM(静态随机存取存储器)，当关机或断电时，其中的信息都会随之丢失。DRAM 主要用于主存(内存的主体部分)，SRAM 主要用于高速缓存存储器。

半导体存储器的优点：体积小、存储速度快、存储密度高、与逻辑电路接口方便。它主要用作高速缓冲存储器、主存储器、只读存储器、堆栈存储器等。

半导体存储器的技术指标主要有 5 项。其一，存储容量：是指存储单元个数 $M×$ 每单元位数 N；其二，存取时间：是指从启动读(写)操作到操作完成的时间；其三，存取周期：是指两次独立的存储器操作所需间隔的最小时间；其四，平均故障间隔时间(MTBF)；其五，功耗：分为动态功耗和静态功耗。

"存储卡""闪存器""U 盘"都属于半导体存储器，由于其存储速度快、体积小、容量大、携带方便，被广泛用于数码相机、手机、掌上电脑，以及小型打印机等可携带设备上。

2. 移动硬盘

移动硬盘(Mobile Hard Disk)是一种以硬盘为存储介质，在计算机之间交换大容量数据，强调便携性的存储产品。移动硬盘多采用 USB、IEEE 1394 等传输速度较快的接口，可以较高的速度与系统进行数据传输。

移动硬盘具有 5 个特点。其一，容量大。市场中的移动硬盘能提供 320GB、500GB、600GB、640GB、900GB、1TB、1.5TB、2TB、2.5TB、3TB、3.5TB、4TB 等容量，目前最高可达 12TB 的容量，一定程度上满足了用户的需求。其二，传输速度快。移动硬盘大多采用 USB、IEEE 1394、eSATA 接口，能提供较快的数据传输速度。其三，使用方便。主流的 PC 基本都配备了 USB 功能，在大多数版本的操作系统中，一般不需要安装驱动程序，具有真正的"即插即用"特性，使用起来灵活方便。其四，可靠性提升。移动硬盘以高速、大容量、轻巧便捷等优点赢得了许多用户的青睐，而更大的优点还在于其存储数据的安全可靠性。这类硬盘与笔记本计算机硬盘的结构类似，多采用硅氧盘片，这是一种比铝、磁更为坚固耐用的盘片材质，并且具有更大的存储量和更好的可靠性，提高了数据的完整性。其五，具有防振功能。在剧烈振动时盘片自动停转并将磁头复位到安全区，防止盘片损坏。

3. 激光存储器

激光存储器 CD/DVD/HD DVD 简称光盘。光盘的结构与早期的密纹唱片类似，每一张光盘均可粗略地分为 3 层，最下一层是透明基底，中间的反光金属层存储着有用的信息，最上面是保护层。我们知道，声音、图像、计算机程序均可数字化，用一系列的二进制数表示，由"1"和"0"两个单元组成，这些信息都被收录在金属层里。

如在光盘上记录信息，则需要光盘刻录机；若读取光盘中的信息，则要用到光盘驱动器。光盘驱动器包括可重写光盘驱动器、WORM 光盘驱动器和 CD-ROM 驱动器。普通 CD 刻录光盘的容量为 700MB，最大可以刻录 680MB 数据；DVD 光盘单面型容量为 8.5GB 左右，双面型容量为 17GB 左右；最大蓝光光盘的容量是 60GB 左右。

4. 固态硬盘

固态硬盘(Solid State Disk 或 Solid State Drive，SSD)，也称作电子硬盘或者固态电子盘，是

利用半导体存储片(如 RAM、E²PROM、Flash Memory 口)来存储数据的装置。相对于传统硬盘，SSD 没有用于读写的旋转或移动的机械部件。固态硬盘的接口规范和定义、功能及使用方法均与普通硬盘完全相同，在产品外形和尺寸上也完全与普通硬盘一致，包括 3.5 英寸、2.5 英寸、1.8 英寸多种类型。

固态硬盘的存储介质分为两种：一种是采用闪存(Flash 芯片)作为存储介质；另外一种是采用 DRAM 作为存储介质。两者的区别在于存储介质是易失性的(RAM、E²PROM)，还是非易失性的(Flash Memory)。易失性存储介质的 SSD 需要内部电源，来防止掉申数据丢失。

固态硬盘与普通硬盘比较，拥有启动快、数据存取速度快、无噪声、耗电低、经久耐用、防振抗摔等优点，且低容量的固态硬盘比同容量的普遍硬盘体积小、重量轻。目前广泛应用于军事、车载、工控、视频监控、网络监控、网络终端、电力、医疗、航空、导航设备等领域。

2.2.4 多媒体输入设备

与多媒体有关的输入设备种类繁多，在开发和发布多媒体产品的过程中，可以适当选用，如我们熟悉的键盘、鼠标、触摸屏和语音识别设备。如果是为公用机构开发产品，可以使用触摸屏作为输入设备。如果产品被喜欢在教室里走来走去的教师使用，可以选择遥控的手持鼠标。如果创建大量使用计算机绘制的美术作品，可考虑使用扫描仪等。下面介绍几种常见的输入设备。

1. 触摸屏

触摸屏是一种可接收触头等输入信号的感应式液晶显示装置，当接触了屏幕上的图形按钮时，屏幕上的触觉反馈系统可根据预先编制的程序驱动各种连接装置，可用以取代机械式的按钮面板，并借由液晶显示画面制造出生动的影音效果。触摸屏作为一种新的计算机输入设备，它是目前最简单、方便、自然的一种人机交互方式。如图 2-4 所示，触摸屏赋予了多媒体崭新的面貌，是极富吸引力的全新多媒体交互设备。

图 2-4 触摸屏

从技术原理角度来讲，触摸屏是一套透明的绝对坐标定位系统，首先它必须保证是透明的，因此它必须通过材料科技来解决透明问题，像数字化仪、写字板、电梯开关，这些都不是触摸屏；其次它是绝对坐标，手指摸哪里就是哪里，不需要第二个动作，不像鼠标，是相对定位的一套系统；再次就是它能检测手指的触摸动作并且判断手指位置，各类触摸屏技术就是围绕"检测手指触摸"而各显神通的。

触摸屏具有坚固耐用、反应速度快、节省空间、易于交流等许多优点。利用这种技术，用户只需用手指轻轻地触碰计算机显示屏上的图符或文字就能实现对主机的操作，从而使人机交互更为直截了当，这种技术大大方便了那些不懂计算机操作的用户。

触摸屏的应用范围非常广泛，比如公共信息的查询系统、工业控制、军事指挥、电子游戏、点歌点菜、多媒体教学等。随着智能手机的普及，触摸屏已经成为最常见的人机交互设备。

从技术原理来区分，触摸屏可分为5个基本种类，下面分别介绍。

(1) 电阻式触摸屏。利用压力感应进行控制，它的主要部分是一块与显示器表面非常配合的电阻薄膜屏，这是一种多层的复合薄膜，它以一层玻璃或硬塑料平板作为基层，表面涂有一层透明氧化金属(透明的导电电阻)导电层，上面再盖有一层外表面硬化处理、光滑防擦的塑料层。它的内表面也涂有一层涂层，在它们之间有许多细小的(小于1/1000英寸，1英寸=2.54厘米)透明隔离点把两层导电层隔开绝缘。当手指触摸屏幕时，两层导电层在触摸点位置就有了接触，电阻发生变化，在X和Y两个方向上产生信号，然后送至触摸屏控制器。控制器侦测到这一接触并计算出(X，Y)的位置，再根据模拟鼠标的方式运作。

(2) 电容式触摸屏。它是利用人体的电流感应进行工作的。电容式触摸屏是一块4层复合玻璃屏，玻璃屏的内表面和夹层各涂有一层ITO，最外层是一薄层矽土玻璃保护层，夹层ITO涂层作为工作面，4个角上引出4个电极，内层ITO为屏蔽层以保证良好的工作环境。当手指触摸在金属层上时，由于人体电场，用户和触摸屏表面形成一个耦合电容，对于高频电流来说，电容是直接导体，于是手指从接触点吸走一个很小的电流。这个电流分别从触摸屏的4个角上的电极中流出，并且流经这4个电极的电流与手指到4个角的距离成正比，控制器通过对这4个电流比例的精确计算，得出触摸点的位置。

(3) 压电式触摸屏。电阻式触摸屏设计简单，成本低，但它受制于其物理局限性，如透光率较低，高线数的大侦测面积造成处理器负担，其应用特性使之易老化从而影响使用寿命。电容式触控支持多点触控功能，拥有更高的透光率、更低的整体功耗，其接触面硬度高，无须按压，使用寿命较长，但精准度不足，不支持手写笔操控。于是衍生了压电式触摸屏。

压电式触控技术介于电阻式与电容式触控技术之间。压电式传感器的触控屏幕同电容式触控屏一样支持多点触控，而且支持任何物体触控，不像电容屏只支持类皮肤的材质触控。这样，压电式触控屏幕可以同时具有电容屏幕的多点触控触感，又具有电阻屏的精准。

(4) 红外线式触摸屏。早期，红外触摸屏存在分辨率低、触摸方式受限制和易受环境干扰而误动作等技术上的局限，因而一度淡出过市场。此后第二代红外屏部分解决了抗光干扰的问题，第三代和第四代在提升分辨率和稳定性能上亦有所改进，但都没有在关键指标或综合性能上有质的飞跃。但是，了解触摸屏技术的人都知道，红外触摸屏不受电流、电压和静电干扰，适宜恶劣的环境条件，红外线技术是触摸屏产品最终的发展趋势。采用声学和其他材料学技术的触屏都有其难以逾越的屏障，如单一传感器的受损、老化，触摸界面怕受污染、破坏性使用，维护繁杂等问题。红外线式触摸屏只要真正实现了高稳定性和高分辨率，必将替代其他技术产品而成为触摸屏市场主流。

(5) 表面声波触摸屏。表面声波是超声波的一种，是在介质表面浅层传播的机械能量波，通过楔形三角基座，可以做到定向、小角度的表面声波能量发射。表面声波性能稳定、易于分析，并且在横波传递过程中具有非常尖锐的频率特性，在无损探伤、造影和退波器方向上应用发展很快，表面声波相关的理论研究、半导体材料技术、声导材料技术、检测技术等都已经相当成熟。表面声波触摸屏的触摸屏部分可以是一块平面、球面或是柱面的玻璃平板，安装在CRT、LED、LCD或是等离子显示器屏幕的前面。玻璃屏的左上角和右下角各固定了竖直和水平方向的超声波发射换能器，右上角则固定了两个相应的超声波接收换能器。玻璃屏的4个周边则刻有45°角由疏到密间隔非常精密的反射条纹。

2. 平面扫描仪

扫描仪(scanner)，是利用光电技术和数字处理技术，以扫描方式将图形或图像信息转换为数字信号的装置。扫描仪把照片、文本页面、图纸、美术图画、照相底片、纺织品、标牌面板、印制板样品等作为扫描对象，将原始的线条、图形、文字、照片、平面实物转换成可以编辑的文件。

扫描仪的类型有滚筒式扫描仪、平板式扫描仪、笔式扫描仪、便携式扫描仪、馈纸式扫描仪、胶片扫描仪、底片扫描仪、名片扫描仪和彩色平板式扫描仪。

便携式扫描仪出现于2000年前后，刚开始的扫描宽度大约只有四号汉字大小，使用时，贴在纸上一行一行地扫描，主要用于文字识别。便携式扫描仪小巧、方便，受到广大企事业单位办公人员的喜爱。图2-5所示为便携式扫描仪。

滚筒式扫描仪一般使用光电倍增管(Photo Multiplier Tube，PMT)，因此它的密度范围较大，而且能够分辨出图像更细微的层次变化；而平板式扫描仪使用的则是电荷耦合器件(Charged Coupled Device，CCD)，故其扫描的密度范围较小。

馈纸式扫描仪产生于20世纪90年代初，由于平板式扫描仪价格昂贵，手持式扫描仪扫描宽度小，为满足A4幅面文件扫描的需要，这种产品被适时推出，它有彩色和灰度两种，彩色一般为24位彩色。图2-6所示为自动馈纸式扫描仪。

图2-5 便携式扫描仪

图2-6 自动馈纸式扫描仪

最常见的扫描仪是彩色平板式扫描仪，它的分辨率可达到19200点/英寸(dpi)或者更高。注意，扫描后的图像，尤其是分辨率很高的彩色图像，会占用较大的硬盘存储空间。

扫描仪的主要性能指标如下。

(1) 扫描分辨率。扫描分辨率以每英寸多少像素点(dpi)表示，分辨率越高，扫描的图像越清晰。

(2) 色彩深度(位数)。色彩深度也常称为扫描色彩精度。扫描仪将原图上每一像素的色彩用R(红)、G(绿)、B(蓝)3种基色表示，每个基色又分若干灰度级别，然后以数字形式表达这些信息，这就是色彩深度。通常每一像素点上的颜色用若干位二进制数据位数(bit)表示，如色彩深度24位，表示每一像素的颜色用24位二进制数表示，它可以表达2的24次方即16 777 216种颜色。数值越大，色彩深度越高，灰度级别就越多，图像色彩就越丰富多彩。

(3) 扫描速度。在不影响扫描图像精度质量的前提下，扫描速度越快越好。扫描速度通常用扫描指定的分辨率和扫描图像尺寸所用的时间来表示。扫描速度与扫描分辨率、图像的色彩模式及扫描幅面的大小有关，当扫描分辨率较低、图像颜色少、扫描幅面小时，扫描速度就快。

(4) 扫描幅面。扫描幅面是指扫描仪能够扫描图像的最大面积尺寸，常见的有A4、A3、A1、A0等幅面，大多数平板式扫描仪的扫描面积为21cm×29.7cm，即A4幅面。

3. 三维扫描仪

三维扫描仪(3D Scanner)用来侦测并分析现实世界中物体或环境的形状(几何构造)与外观数据(如颜色、表面反照率等性质)。收集到的数据常被用来进行三维重建计算，在虚拟世界中创建实际物体的数字模型。这些模型具有相当广泛的用途，包括工业设计、瑕疵检测、逆向工程、机器人导引、地貌测量、医学信息、生物信息、刑事鉴定、数字文物典藏、电影制片、游戏创作素材等都可见其应用。三维扫描仪的原理技术很多，各种不同的重建技术都有其优缺点，成本也有高低之分。目前并无一体通用的重建技术，仪器与方法往往受限于物体的表面特性。例如光学技术不易处理闪亮、镜面或半透明的表面，而激光技术不适用于脆弱或易变质的表面。

三维扫描仪功能是创建物体几何表面的点云，这些点可用来插补成物体的表面形状，越密集的点云可以创建更精确的模型(这个过程称作三维重建)。若扫描仪能够取得表面颜色，则可进一步在重建的表面上粘贴材质贴图，亦即所谓的材质映射。图2-7所示为三维扫描仪。

按照测量方法划分，三维扫描仪主要分为以下几种类型。

(1) 接触式三维扫描仪。通过实际触碰物体表面的方式计算深度，如坐标测量机即典型的接触式三维扫描仪。此方法相当精确，常被用于工程制造产业，然而因其在扫描过程中必须接触物体，待测物有遭到探针破坏损毁之可能，因此不适用于高价值对象如古文物、遗迹等的重建作业。此外，相较于其他方法，接触式扫描需要较长的时间，现今最快的坐标测量机每秒能完成数百次测量，而光学技术如激光扫描仪的运作频率则为1万~500万次每秒。非接触主动式扫描是指将额外的能量投射至物体，借由能量的反射来计算三维空间信息。常见的投射能量有一般的可见光、高能光束、超音波与X射线。

(2) 时差测距三维扫描仪。这是一种主动式的扫描仪，其使用激光探测目标物。图2-8所示是一款以时差测距为主要技术的激光测距仪。此激光测距仪确定仪器到目标物表面距离的方式，是由测定仪器所发出的激光脉冲往返一趟的时间换算而得，即仪器发射一个激光光脉冲，激光打到物体表面后反射，再由仪器内的探测器接收信号并记录时间。由于光速c为一已知条件，光信号往返一趟的时间即可换算为信号所行走的距离，此距离又为仪器到物体表面距离的2倍，故若令t为光信号往返一趟的时间，则光信号行走的距离等于$c×t$。显而易见，时差测距式的

3D 激光扫描仪,其测量精度受我们能多准确地测量时间 t 的影响,因为大约 3.3 ps(皮秒)的时间,光信号就走了 1cm。

激光测距仪每发射一道激光信号只能测量单一点到仪器的距离。因此,扫描仪若要扫描完整的视野,就必须使每个激光信号以不同的角度发射。而此款激光测距仪即可通过本身的水平旋转或系统内部的旋转镜达成此目的。旋转镜由于较轻便、可快速旋转扫描且精度较高,是较广泛的应用方式。典型时差测距式的激光扫描仪,每秒可测量 1 万~10 万个目标点。

图 2-7 三维扫描仪　　　　　　　图 2-8 激光测距仪

(3) 三角测距三维扫描仪。它也属于以激光去侦测环境的扫描仪。三角测距法 3D 激光扫描仪发射一道激光到待测物上,并利用摄影机查找待测物上的激光光点。随着待测物(距离三角测距法 3D 激光扫描仪)距离的不同,激光光点在摄影机画面中的位置亦有所不同。这项技术之所以被称为三角测距法,是因为激光光点、摄影机与激光本身构成一个三角形。在这个三角形中,激光与摄影机的距离、激光在三角形中的角度,是我们已知的条件。通过摄影机画面中激光光点的位置,我们可以确定摄影机位于三角形中的角度。这三个条件可以确定一个三角形,并可计算出待测物的距离。在很多案例中,人们以一线形激光条纹取代单一激光光点,将激光条纹对待测物扫描,大幅加速了整个测量的进程。

手持激光扫描仪通过上述的三角形测距法构建出 3D 图形:通过手持式设备,对待测物发射出激光光点或线性激光。以两个或两个以上的侦测器(电耦组件或位置传感组件)测量待测物的表面到手持激光产品的距离,还需要借助特定参考点,通常是用具黏性、可反射的贴片作为扫描仪在空间中定位及校准的参考点。这些扫描仪获得的数据会被导入计算机中,并由软件转换成 3D 模型。手持式激光扫描仪,通常还会综合被动式扫描(可见光)获得的数据(如待测物的结构、色彩分布),构建出更完整的待测物 3D 模型。

(4) 结构光源三维扫描仪。将一维或二维的图像投影至被测物上,根据图像的形变情形,判断被测物的表面形状,可以非常快的速度进行扫描,相对于一次测量一点的探头,此种方法可以一次测量多点或大片区域,故能用于动态测量。

(5) 非接触被动式扫描三维扫描仪。被动式扫描仪本身并不发射任何辐射线(如激光),而是以测量由待测物表面反射周遭辐射线的方法,达到预期的效果。由于环境中的可见光辐射,是相当容易取得并利用的,大部分这类型的扫描仪以侦测环境的可见光为主。但相对于可见光的其他辐射线,如红外线,也是能被应用于这项用途的。因为大部分情况下,被动式扫描法并不需要规格太特殊的硬件支持,这类被动式产品往往相当便宜。

4. 语音识别系统

为了在与多媒体产品交互时无须使用双手，可以使用语音识别系统。语音识别技术的应用可以分为两个发展方向：一个方向是大词汇量连续语音识别系统，主要应用于计算机的听写机，以及与电话网或者互联网相结合的语音信息查询服务系统，这些系统都是在计算机平台上实现的；另外一个重要的发展方向是小型化、便携式语音产品的应用，如无线手机上的拨号、汽车设备的语音控制、智能玩具、家电遥控等方面的应用，这些应用系统大都使用专门的第三方软件来实现，特别是近几年来迅速发展的语音信号处理专用芯片和语音识别片上系统的出现。

5. 数码相机

数码相机是 20 世纪 90 年代后期迅速流行起来的一种新型照相机。数码相机在影像拍摄方面和外形上与普通相机大致相同(如图 2-9 所示)，可以拍摄各类静止画面，还可以拍摄一段短时间的动态影像。

图 2-9　数码相机

数码相机与传统相机在影像摄取的光学系统方面非常类似，都是用光学镜头将拍摄的影像在像面上成像。在拍摄时，光学镜头使被摄对象成像在 CCD 或 CMOS 芯片上，光照射引起内部电荷重新排列，从而将光信号转换为电信号，由模数转换器(ADC)将模拟电信号转换为数字信号，再经专用芯片将这些数字信号加以压缩，以压缩的数字信号形式(图像文件格式如 JPEG)记录在存储器或存储卡上。数码相机可以利用自身的 LCD 液晶显示器及时查看拍摄效果，不满意的照片可以立即删除重拍，其存储卡可以重复使用。记录的图片信息可通过数据接口直接传输到计算机中存储、显示、打印。

数码相机拍摄的影像信息是记录在数码存储卡中的，存储卡有内置式存储器和可插入式存储卡两种。内置式存储器固化在相机中，存储容量有限，存满后需将存储内容转入计算机中使其存储空间释放后才能再存；可插入式存储卡插入相机中使用，存满后可换卡。可插入式存储卡有记忆棒(Memory Stick)、SD 卡(MiniSD Card 和 SD Card)、MMC(Multi-Media Card)、SM(Smart Media)卡、XD 卡(XD-Picture Card)、CF(Compact Flash)卡等，如图 2-10 所示，各种卡又有不同规格的存储容量，如 32GB、64GB、256GB 等。

图 2-10　数码相机上使用的各种存储卡

数码相机拍摄好的数字照片可以直接转入计算机中处理，减少了传统照片洗印、扫描才能进入计算机中使用的环节，使图片的数字化处理更为方便。数码相机已成为重要的计算机外部设备。

数码相机的质量取决于其性能指标，主要的性能指标如下所示。

(1) 分辨率。与显示器、扫描仪一样，数码相机最重要的性能指标是分辨率，又称解析度。数码相机的分辨率一般以拍摄的图像有多少像素点表示，像素点越多，成像质量越高，输出打印的照片幅面可以更大些。同时，像素点越多，所需的存储空间越大，相配套的存储卡也需更大。数码相机的分辨率由电荷耦合器件 CCD 或 CMOS 芯片的大小和质量决定，所以，对应的指标是传感器的大小和类型。如高档的数码相机指标有 2000 万像素甚至更高、4/3 英寸 CMOS，普通家用的数码相机指标也在 1000 万像素以上。

(2) 色彩深度。和扫描仪一样，色彩深度也称为色彩位数，是描述数码相机色彩分辨能力的技术指标，也是用二进制位数表示，位数越高，其色彩还原越细腻。24 位的色彩深度其色彩显示已很漂亮了。

(3) 存储卡容量。它反映数码相机存储能力的指标，主要指内置存储器的存储容量。一般以字节单位表示。字节数越多其存储容量越大，能够保存的信息量就越大。

(4) 输出接口。它是指与计算机连接的接口，现在大多数数码相机都采用 USB 接口与计算机相连，还有的用 IEEE1394 接口，使数据传输速度更快。

与传统相机一样，数码相机还有其他重要的光学和机械性能指标，如光圈、焦距、变焦倍数、快门速度、最小拍摄距离、曝光形式、感光度设定等。

6. 数码摄像机

数码摄像机(DV)用于拍摄连续的活动影像，是多媒体计算机的视频输入设备，如图 2-11 所示。与传统摄像机不同的是，数码摄像机记录的是数字视频影像，是在传统摄像机的基础上将模拟信号记录方式转变为数字信息记录。它与数码相机的静止图像不一样，数码摄像机记录的是运动图像和同步声音。由于运动图像是由静止图像连续播放形成的，以每秒若干帧的连续画面闪现而成，因此数码摄像机除了具有与数码相机一样的基本光学、机械系统、成像面上的 CCD 芯片以外，还必须具有高速连续拍摄以及与之相适应的感光度适应能力和快速的数据压缩能力。记录介质主要是 DV 录像带、硬盘、闪存。现在的数码摄像机一般也能拍摄照片，并用记忆棒存储。

图 2-11　数码摄像机

数码摄像机的主要性能指标如下。

(1) 分辨率与帧频。与数码相机一样,最重要的性能指标是分辨率,不同的是数码摄像机的分辨率应与当前的显示设备相适应。而每秒拍摄的图像帧数(帧频)是数码摄像机的特有参数。为适应电视制式,一般有 720×576 像素 25f/s(PAL)、720×480 像素 30f/s(NTSC)和 3840×2160 像素等不同指标。

(2) 色彩深度。和数码相机一样,色彩深度是描述数码摄像机色彩分辨能力的技术指标,只是具体的色彩记录方式不同。数码相机和扫描仪用 R(红)、G(绿)、B(蓝)3 种基色表示,数码摄像机用亮度信号和红/蓝色差信号(YUV 与 YIQ 色彩空间)记录。

(3) 传输速率。数码摄像机拍摄后一般会将影像资料传输到计算机或电视机,由于影像资料的数据量很大,所以必须对其数据传输速率提出要求,以每秒传输数据量表示,如 100Mb/s 等。

(4) 音频质量。当前的数码摄像机同步录音质量能达到或超过 CD 的质量。

(5) 拍照像素。摄像机一般都可以拍照,一般拍照像素都在 1000 万像素以上。

2.2.5 多媒体输出设备

多媒体产品中,音频和视频部件的演示需要一些硬件:话筒、放大器、显示器等。当然这些硬件的质量越高,演示的效果也就越好。录音的质量受话筒的口径和电缆的影响,单向话筒有助于过滤掉外部的噪声,优质的电缆能减少来自周围其他电子设备的噪声。三维显示设备和三维打印机的出现带来了革命性的改变。

1. 音频设备

音频设备包括的产品类型很多,一般可以分为以下几种:功放机、音箱、多媒体控制台、数字调音台、合成器、中高频音箱、话筒、PC 中的声卡、耳机等,其他周边音频设备有专业话筒系列、耳机、收扩音系统等。

音质是判定音频设备好坏的重要标准,其中包括信噪比、采样位数、采样频率、总谐波失真等指标,这些参数的高低决定了音频设备的音质。

功放是音响系统中最基本的设备,它的任务是把来自信号源(专业音响系统中则是来自调音台)的微弱电信号进行放大以驱动扬声器发出声音。

调音台又称调音控制台,如图 2-12 所示,它将多路输入信号进行放大、混合、分配、音质修饰和音响效果加工,是现代电台广播、舞台扩音、音响节目制作等系统中进行播送和录制节目的重要设备。调音台按信号出来方式可分为:模拟式调音台和数字式调音台。

图 2-12　调音台

2. 显示器

从早期的黑白世界到彩色世界，显示器走过了漫长而艰辛的历程，随着显示器技术的不断发展，显示器的分类也越来越明细，根据制造材料及技术的不同，可分为阴极射线管显示器 CRT、LCD(液晶显示器)、LED、3D 显示器、等离子显示器(PDP)等，下面分别进行介绍。

1) CRT

CRT 是一种使用阴极射线管(Cathode Ray Tube)的显示器，阴极射线管主要由 5 部分组成：电子枪(Electron Gun)、偏转线圈(Deflection coils)、荫罩(Shadow mask)、荧光粉层(Phosphor)和玻璃外壳。它是应用最广泛的显示器之一。

2) LCD

LCD 即液晶显示器，优点是机身薄，占地小，辐射小，给人以一种健康产品的形象。

LCD 的工作原理：在显示器内部有很多液晶粒子，它们有规律地排列成一定的形状，并且它们每一面的颜色都不同，分为红色、绿色和蓝色。这三原色能还原成任意的其他颜色，当显示器接收到电脑的显示数据时会控制每个液晶粒子转动到不同颜色的面，来组合成不同的颜色和图像。

3) LED

LED(Light Emitting Diode，发光二极管)是一种通过控制半导体发光二极管的显示方式，用来显示文字、图形、图像、动画、视频、录像信号等各种信息的显示屏幕。

LED 显示器集微电子技术、计算机技术、信息处理于一体，以其色彩鲜艳、动态范围广、亮度高、寿命长、工作稳定可靠等优点，成为最具优势的新一代显示媒体，LED 显示器已广泛应用于大型广场、商业广告、体育场馆、信息传播、新闻发布、证券交易等，可以满足不同环境的需要。

4) 3D 显示器

欧美等发达国家于 20 世纪 80 年代就进行立体显示技术的研发，于 20 世纪 90 年代陆续获得不同程度的研究成果，现已开发出须佩戴立体眼镜和无须佩戴立体眼镜的两大立体显示技术体系。在技术上有所谓的"真 3D"技术。这种技术利用"视差栅栏"使两只眼睛分别接收不同的图像来形成立体效果。平面显示器要形成立体感的影像，必须至少提供两组相位不同的图像。其中，快门式 3D 技术和不闪式 3D 技术是如今显示器中最常使用的两种技术。

- 快门式 3D 技术

快门式 3D 技术主要是通过提高画面的快速刷新率(至少要达到 120Hz)来实现 3D 效果，属于主动式 3D 技术。当 3D 信号输入到显示设备(诸如显示器、投影机等)后，120Hz 刷新率的图像便以帧序列的格式实现左右帧交替产生，通过红外发射器将这些帧信号传输出去，负责接收的 3D 眼镜刷新并同步实现左右眼观看对应的图像，并且保持与 2D 视像相同的帧数。观众的两只眼睛看到快速切换的不同画面，并且在大脑中产生错觉(摄像机拍摄不出来效果)，便观看到立体影像。

快门式 3D 技术的缺点：①眼镜是需要配备电池的，而且眼镜必须要戴着才能欣赏电视节目，那么电池产生电流的同时发射出来的电磁波产生辐射，会诱发想不到的病变。②画面闪烁的问题，主动快门式 3D 眼镜左右两侧开闭的频率均为 50~60Hz，也就是说两个镜片每秒各要开合 50~60 次，即使是如此快速，用户眼睛仍然是可以感觉得到，如果长时间观看，眼球的负担将会增加。③亮度大打折扣，带上这种加入黑膜的 3D 眼镜以后，每只眼睛实际上只能得到一半的光，就好像戴了墨镜看电视一样，并且眼睛很容易疲劳。

- 不闪式 3D 技术

不闪式 3D 的画面是由左眼和右眼各读出 540 条线后，两眼的影像在大脑重合，所以大脑所认知的影像是 1080 条线，因此可以确定不闪式为全高清。

不闪式 3D 技术的优越性。①无闪烁，更健康。②高亮度，更明亮：色彩更好，电影更多细节、游戏特效更震撼。③无辐射，更舒适的眼镜：不闪式 3D 眼镜不含电子元器件，无辐射，而且结构简单，重量(25g 左右)不足快门式 3D 眼镜(80g 以上)的 1/2，更轻便。④无重影，更逼真：不闪式 3D 技术的色彩损失是最小的，色彩显示更为准确，更接近其原始值。鉴于眼镜的透镜本身几乎没有任何颜色，对用于偏振光系统的节目内容进行色彩纠正也更为容易。尤其是肤色，在一个偏振光系统中，看上去更为真实可信。⑤价格合理，性价比高：不闪式 3D 显示器"等同于"普通显示器，在不用购买及安装昂贵 GPU 的状态下即可进入 3D 世界，它的主机配置总价位比快门式 3D 的便宜 2~4 倍，性价比高。

5) 等离子显示器 PDP

等离子显示器(Plasma Display Panel，PDP)是采用了近几年来高速发展的等离子平面屏幕技术的新一代显示设备。

等离子显示器的成像原理：等离子显示技术的成像原理是在显示屏上排列上千个密封的小低压气体室，通过电流激发使其发出肉眼看不见的紫外光，然后紫外光碰击后面玻璃上的红、绿、蓝 3 色荧光体发出肉眼能看到的可见光，以此成像。

等离子显示器的优越性：厚度薄、分辨率高、占用空间少且可作为家中的壁挂电视使用，代表了未来显示器的发展趋势。它的技术优势主要表现在以下几个方面。

(1) 等离子显示器的体积小、重量轻、无辐射。

(2) 等离子各个发射单元的结构完全相同，因此不会出现显像管常见的图像的几何变形。

(3) 等离子屏幕亮度非常均匀，没有亮区和暗区；而传统显像管的屏幕中心总是比四周亮度要高一些。

(4) 等离子不会受磁场的影响，具有更好的环境适应能力。

(5) 等离子屏幕不存在聚集的问题。因此，显像管某些区域因聚焦不良或时间已久开始散焦的问题得以解决，不会产生显像管的色彩漂移现象。

(6) 面平直使大屏幕边角处的失真和颜色纯度变化得到彻底改善，高亮度、大视角、全彩色和高对比度，使等离子图像更加清晰，色彩更加鲜艳，效果更加理想。

3. 投影仪

在演示内容时，若观众很多，大家无法围在计算机显示器的周围观看，就需要将屏幕投影到大屏幕或者是白色的墙壁上。按成像原理，投影仪可分为 3 种，下面分别进行介绍。

(1) CRT 三枪投影机。作为成像器件，它是实现最早、应用最为广泛的一种显示技术。这种投影仪可把输入信号源分解成 R(红)、G(绿)、B(蓝)，分别对应 3 个 CRT 投影管，发光系统通过放大、会聚，在大屏幕上显示出彩色图像。由于使用内光源，它也叫主动式投影方式。CRT 技术成熟，显示的图像色彩丰富，还原性好，具有丰富的几何失真调整能力；但其重要技术指标图像分辨率与亮度相互制约，直接影响 CRT 投影仪的亮度值，到目前为止，其亮度值始终徘徊在 300 lm 以下。另外 CRT 投影仪操作复杂，特别是会聚调整烦琐，机身体积大，只适合安装于环境光较弱、相对固定的场所，不宜搬动。

(2) LCD 投影仪。LCD 投影仪可以分成液晶板投影仪和液晶光阀投影仪，前者是投影仪市场上的主要产品。液晶是介于液体和固体之间的物质，本身不发光，工作性质受温度影响很大，其工作温度为-55～+77℃。投影仪利用液晶的光电效应，即液晶分子的排列在电场作用下发生变化，影响其液晶单元投影仪的透光率或反射率，从而影响它的光学性质，产生具有不同灰度层次及颜色的图像。由于 LCD 投影仪色彩还原较好、分辨率可达 SXGA 标准，体积小，重量轻，携带起来也非常方便，是投影仪市场上的主流产品。按照液晶板的片数，LCD 投影仪分为三片机和单片机，单板投影仪的机型已经很少，我们看到最多的是三片机。

普通的 LCD 投影仪具有色彩好、价格低和亮度均匀等多方面优势，因此目前逐渐普及到家庭和小型商用场所之中。

液晶光阀投影仪代表了液晶投影仪的高端产品，它采用 CRT 管和液晶光阀作为成像器件，是 CRT 投影仪与液晶、光阀相结合的产物。它具有非常高的亮度和分辨率，适用于环境光较强，投影屏幕很大的场合，如超大规模的指挥中心、会议中心或娱乐场所等。

(3) DLP 投影机。数码光处理投影机是美国德州仪器公司以数字微镜装置 DMD 芯片作为成像器件，通过调节反射光实现投射图像的一种投影技术。它与液晶投影仪有很大的不同，它的成像是通过成千上万个微小的镜片反射光线来实现的。

从技术角度来看，DLP 投影机主要具有原生对比度高、机器小型化、光路采用封闭式三大特点。DMD 芯片采用的是机械式工作方式，镜片的移动可控性更高，原生对比度较高就在意料之中了。DLP 投影机采用的是反射式原理，实现高开口率更为简单，相同配置的产品 DLP 光路系统更小，机器可以做到更小，如图 2-13 所示。另外，DMD 芯片采用的是半导体结构，在高温下运作，镜片也不易发生太大的变化，所以 DLP 投影机采用封闭式光路，降低了灰尘进入的概率。

图 2-13 DLP 投影机

4. 打印机

打印机的种类很多，按所采用的技术，分柱形、球形、喷墨式、热敏式、激光式、静电式、磁式、发光二极管式等打印机。衡量打印机好坏的指标有 3 项：打印分辨率，打印速度和噪声。下面介绍几类常见的打印机。

(1) 针式打印机。针式打印机在打印机历史的很长一段时间上曾经占有着重要的地位，从 9 针到 24 针，可以说它的历史贯穿着打印机几十年的始终。针式打印机之所以在很长的一段时间内能长时间流行不衰，这与它极低的打印成本和很好的易用性以及单据打印的特殊用途是分不开的。当然，它很低的打印质量、很大的工作噪声也是它无法适应高质量、高速度的商用打印需要的原因，所以现在只有在银行、超市等用于票单打印的地方还可以看见它的踪迹。

(2) 彩色喷墨打印机。因其有着良好的打印效果与较低价位的优点因而占领了广大中低端市场。此外喷墨打印机还具有更为灵活的纸张处理能力，在打印介质的选择上，喷墨打印机也具有一定的优势。它既可以打印信封、信纸等普通介质，还可以打印各种胶片、照片纸、光盘封面、卷纸、T恤转印纸等特殊介质。

(3) 激光打印机。激光打印机是高科技发展的一种新产物，也是有望代替喷墨打印机的一种机型，该打印机分为黑白和彩色两种，它为我们提供了更高质量、更快速、更低成本的打印方式。其中低端黑白激光打印机的价格已经降到了几百元，达到了普通用户可以接受的水平。虽然激光打印机的价格要比喷墨打印机贵，但从单页的打印成本上讲，激光打印机则要便宜很多。

(4) 三维打印机。三维打印机是快速成型(Rapid Prototyping，RP)的一种工艺，采用层层堆积的方式分层制作出三维模型，其运行过程类似于传统打印机。传统打印机是把墨水打印到纸质上形成二维的平面图纸，而三维打印机是把液态光敏树脂材料、熔融的塑料丝、石膏粉等材料通过喷射黏结剂或挤出等方式实现层层堆积叠加形成三维实体。

快速成型技术(简称 RP)是近年来制造技术领域的一次重大突破。快速成型是将 CAD、CAM、CNC、精密伺服驱动、光电子和新材料等先进技术集于一体，依据由 CAD 构造的产品三维模型，对其进行分层切片，得到各层截面的轮廓。按照这些轮廓，激光束选择性地喷射，固化一层层液态树脂(或切割一层层的纸，或烧结一层层的粉末材料)，或喷射源选择性地喷射一层层的黏结剂或热熔材料等，形成各截面，逐步叠加成三维产品。它将一个复杂的三维加工简化成一系列二维加工的组合。

(5) 其他打印机。除了上述打印机，还有热转印打印机和大幅面打印机等几种应用于专业方面的打印机机型。热转印打印机是利用透明染料进行打印的，它的优势在于专业高质量的图像打印方面，可以打印出接近于照片的连续色调的图片，一般用于印前及专业图形输出。大幅面打印机，它的打印原理与喷墨打印机基本相同，但打印幅宽一般都能达到 24 英寸(61cm)以上。它的主要用途一直集中在工程与建筑领域。但随着其墨水耐久性的提高和图形解析度的增加，大幅面打印机也开始被越来越多地应用于广告制作、大幅摄影、艺术写真和室内装潢等装饰宣传的领域中。

2.3　多媒体计算机的软件系统

硬件系统是多媒体系统的基础，软件系统是多媒体信息的支撑平台，它们必须协同工作，才能表现出多媒体系统的巨大魅力。多媒体计算机的软件系统主要包括多媒体操作系统、各种驱动程序、多媒体素材采集处理软件、多媒体创作集成工具和多媒体应用软件。

除此之外，还有多媒体数据库管理系统、多媒体压缩/解压缩软件、多媒体声像同步软件、多媒体通信软件等。特别需要指出的是，多媒体系统在不同领域中的应用需要有多种开发工具，它们提供了方便直观的创作途径，一些多媒体开发软件本身就提供了图形、色彩板、声音、动画、图像及各种媒体文件的转换与编辑手段。

多媒体计算机的软件系统是以操作系统为核心的。如今的多媒体操作系统和主流操作系统的界限越来越模糊，目前最新的桌面操作系统 Windows 10 和 macOS 11.0 Beta 5 以及移动系统 iOS 14.0 Beta 7 和 Android 11 已经属于多媒体计算机操作系统。

驱动程序一般由硬件生产厂家提供，随硬件一起捆绑销售。当硬件与计算机连接好后，在主机上插入光盘，安装好驱动程序，硬件即可正常工作。现在多数硬件都能够即插即用，这给广大用户提供了极大的便利。

多媒体作品中大都包含文本、图形、图像、声音、影像、动画等多种媒体素材。多媒体创作的前期工作就是要进行各种媒体素材的采集、设计、制作、加工、处理，完成素材的准备，这些工作需要使用众多的素材采集制作软件。

2.3.1 文本素材制作软件

常见的文本制作软件如下。
- Office 系列的 Word 具有强大的文字编辑排版、图文混排、表格制作功能，可以完成普通及特殊文档的排版要求。
- 金山公司的 WPS、Windows 系统自带的写字板、记事本等。
- OCR(光学字符识别)软件对用扫描仪获取的含文字的图片资料进行文字识别，并转换成文本素材资料。
- Cool 3D：Ulead 公司的文字软件，可以生成效果丰富的静态文字和动态文字。
- 手写输入、语音输入也是文字素材获取的重要手段。

2.3.2 图形素材制作软件

图形和图像是不同的多媒体元素，但现在的应用软件力求功能强大，以图形设计为主的软件也有一定的图像处理能力，以图像处理为主的软件也有一定的绘图能力。
- Autodesk 公司的 AutoCAD 是一款深受设计工程师欢迎的软件，可设计制作复杂的图形素材。
- Corel 公司的 CorelDRAW 能够制作具有细致材质效果的图形素材。
- Adobe 公司的 Illustrator 和 FreeHand 也是不错的矢量图形软件。

2.3.3 图像素材制作软件

图像素材可以利用数码相机、扫描仪等设备或者抓图工具获取，再用图像处理软件对原始图片加工处理。
- Adobe 公司的 Photoshop 是一款功能强大的图像处理软件，它提供了丰富的图像编辑和绘画功能，可以进行各种特效制作，广泛应用于数码绘画、广告设计、彩色印刷、建筑装潢、网页设计等领域。
- Windows 中的"画图"程序也可以做简单的图像绘制与处理。
- 常见的抓图工具有 SnagIt、HyperSnap-Dx、Snapview、Capture Professional 和 QQ 截屏等，它们各有千秋，用户可以根据自己的需要选择。

2.3.4 音频素材制作软件

音频素材制作软件是指能够配合硬件完成音频录制、编辑、播放的软件。
- Windows 中自带的"录音机"程序，能进行音频采集、剪辑、合成、混音等编辑处理。

- Adobe Systems 公司推出的 Cool Edit 是一款音频处理能力较强的数字音频处理软件，它能够高质量地完成录音、编辑、合成等多种任务，还能对音频进行降噪、扩音、特技等特殊处理，能以多种格式保存音频文件，还可以将音频直接压缩为 MP3、RM 等文件格式。
- Gold Wave：一个功能强大的数字音乐编辑器，是一个集声音编辑、播放、录制和转换的音频工具。它体积小巧，功能却无比强大，可以对音频内容进行转换格式等处理，支持许多格式的音频文件，包括 WAV、OGG、VOC、IFF、AIFF、AIFC、AU、SND、MP3、MAT、DWD、SMP、VOX、SDS、AVI、MOV、APE 等音频格式。
- Adobe Audition：使用简便的音频处理软件。
- Sound foge：功能完善的音频处理软件。

音频的播放软件更是不胜枚举，Windows 自带的 Media Player 能够播放多种格式的数字音频媒体，Winamp、RealPlayer、Foobar 2000、iTunes 等都是功能强大的音频播放器。

2.3.5 视频素材制作软件

视频素材制作软件是指能够进行视频信息采集、编辑、剪辑、特效处理、视频播放的软件。

- Adobe 公司开发的功能强大的非线性视频编辑软件 Premiere 是一款专业的视频处理软件，融合采集、编辑、合成等功能于一身，能对视频、音频、动画、图片、文本进行编辑加工，并最终生成电影文件。Premiere 能够配合多种视频卡进行实时视频捕获和视频输出，用多轨的影像与声音合成剪辑方式来制作多种动态影像格式的影片，操作界面丰富，能够满足专业化的剪辑需求。在影视制作领域，Premiere 已经取得了巨大的成功，现广泛应用于电视编辑、广告制作、电影剪辑等专业领域，成为 PC 和 MAC 平台上应用最为广泛的视频编辑软件。
- Ulead 公司的 Media Studio Pro 也是常用的视频处理软件，它是一套整合完好、功能齐全的视频编辑组件式软件，其中主要的编辑应用程序涵盖了视频编辑、影片特效、2D 动画制作等。
- Ulead 公司的另一款"会声会影"软件，则是针对家庭娱乐、个人纪录片制作之用的简便型视频编辑软件，还可用它制作动态电子贺卡、发送视频 E-mail 等。

视频播放软件有 Windows 自带的 Media Player、RealPlayer 等，它们都很受欢迎。

2.3.6 动画素材制作软件

动画素材制作软件是指能够进行动画素材创作、编辑的软件。

- Adobe Animate CC 是用于矢量图编辑与动画制作的专业软件，它具有较强的平面(二维)动画制作功能，图像质量较高。使用 Adobe Animate CC 创作的动画是矢量动画，对它进行放大、缩小时，都不会产生变形，并且 Adobe Animate CC 生成的动画文件数据量很小，易于网上传输，所以 Adobe Animate CC 是网页动画制作的首选工具。
- Ulead GIF Animator 也是动画制作领域中的佼佼者，它用于制作 GIF 动画，具有功能强大、操作使用简便的特点。三维动画以其超强的视觉感受日益深入人们的生活，制作三维动画已成为用户的普遍要求。
- Autodesk 公司推出的 3D Studio Max 是一款最具有代表性的三维动画制作软件,它以其方便的操作界面、强大的制作功能、出色的动画效果,为普通用户提供了具有专业水准的三维动画制作系统。它在建模技术、材质编辑、动画设计、渲染输出等方面都有其独到的特色,被广泛用于多媒体系统开发、广告制作、教学演示等领域。
- Maxon Computer 公司开发的 Cinema 4D 软件以极高的运算速度和强大的渲染插件著称,很多模块的功能在同类软件中代表科技进步的成果,并且在用其描绘的各类电影中表现突出,在广告、电影、工业设计等方面应用广泛。
- Adobe 公司开发的 After Effects 是一款视频剪辑及设计软件,是制作动态影像设计不可或缺的辅助工具,也是视频后期合成处理的专业非线性编辑软件。其应用范围广泛,涵盖影片、电影、广告、多媒体以及网页等。
- Ulead 公司的 Cool 3D 是一款专门制作三维动画文字的软件,被广泛用于制作各种三维静态、动态字幕、多媒体作品的标题等。

2.3.7 多媒体创作集成工具

多媒体创作集成工具是多媒体应用软件的开发工具,它作为多媒体作品的创作与开发平台,能够按照用户的要求组织、编辑、集成各种媒体素材并进行统一的媒体信息管理,将多媒体信息组合成一个结构完整的具有交互功能的多媒体演播作品。多媒体创作集成工具很多,不同的创作工具提供的应用开发环境有所不同,每一种工具都具有自己的功能和特点,适用于不同的应用范围。我们可按自己的创作需要进行选择。

- PowerPoint 是 Microsoft Office 系列组件之一,它是一种以页面制作为基础的多媒体集成工具,能够制作出各种形式的电子演讲稿、多媒体演示课件、幻灯片广告,是应用最广泛的幻灯片制作工具。
- Animate 是一种创作工具,设计人员和开发人员可使用它来创建演示文稿、应用程序和其他允许用户交互的内容。Animate 可以包含简单的动画、视频内容、复杂演示文稿和应用程序以及介于它们之间的任何内容。通常,使用 Animate 创作的各个内容单元称为应用程序,即使它们可能只是很简单的动画,也可以通过添加图片、声音、视频和特殊效果,构建包含丰富媒体的 Animate 应用程序。
- 网页编辑器 Adobe Dreamweaver,是集网页制作和管理网站于一身的所见即所得的网页编辑器,利用它可以轻而易举地制作出跨越平台限制和跨越浏览器限制的充满动感的网页。Adobe Dreamweaver 使用所见即所得的接口,也有 HTML 编辑的功能。
- 以传统程序设计语言作为多媒体集成工具,也是多媒体创作中常用的一种方法。Visual Basic 是专业开发人员喜欢选用的多媒体程序设计语言。它提供了直观的可视化的用户界面设计方法,采用面向对象、事件驱动的编程机制,可以非常方便快捷地创建多媒体、图形界面等应用程序,特别适合于控制和计算要求较高的复杂产品的开发。但 Visual Basic 涉及代码编程,因此对创作人员要求较高,适合专业开发人员。

2.3.8 多媒体应用软件

多媒体应用软件是提供给用户直接使用的多媒体作品软件，是用多媒体开发工具将文本、图形、图像、声音、视频影像、动画等媒体信息编辑集成后，封装打包，使之能脱离原开发制作环境而独立运行的多媒体应用软件，如各种多媒体电子出版物、教学课件、多媒体演示系统、咨询服务系统等。用户只需按开发者提供的使用说明安装或操作软件即可。

2.4 本章小结

本章主要介绍了多媒体计算机系统的概念和构成，重点对硬件系统和软件系统进行了介绍，使读者对多媒体计算机有一个全面的了解。

2.5 习　题

一、填空题

1. 多媒体计算机硬件系统主要包括＿＿＿＿＿＿、＿＿＿＿＿＿、＿＿＿＿＿＿、＿＿＿＿＿＿。
2. 个人多媒体计算机标准的英文缩写是＿＿＿＿＿＿。
3. 扫描仪有多种类型，按其工作方式分为＿＿＿＿＿＿、＿＿＿＿＿＿、＿＿＿＿＿＿和＿＿＿＿＿＿4类。
4. 按照测量方法分，三维扫描仪主要分为以下类型：＿＿＿＿＿＿、＿＿＿＿＿＿、＿＿＿＿＿＿、＿＿＿＿＿＿。
5. 在通用的多媒体操作系统中，比较常用的有以下几类：＿＿＿＿＿＿、＿＿＿＿＿＿、＿＿＿＿＿＿。
6. 触摸屏可分为5个种类，它们是：＿＿＿＿＿＿、＿＿＿＿＿＿、＿＿＿＿＿＿、＿＿＿＿＿＿、＿＿＿＿＿＿。

二、选择题(可多选)

1. 下列配置中哪些是 MPC 必不可少的＿＿＿＿＿＿。
   (1) CD-ROM 驱动器
   (2) 高质量的音频卡
   (3) 高分辨率的图形、图像显示
   (4) 高质量的视频采集卡
   A. (1)　　　B. (1)(2)　　　C. (1)(2)(3)　　　D. 全部
2. 下面硬件设备中＿＿＿＿＿＿是多媒体计算机硬件系统应包括的。
   (1) 计算机最基本的硬件设备
   (2) CD-ROM

(3) 音频输入、输出和处理设备
(4) 多媒体通信传输设备
    A. (1)　　　　　　B. (1)(2)　　　　C. (1)(2)(3)　　　　D. 全部
3. 扫描仪的性能直接影响图片扫描质量，其主要性能指标有：_____。
    (1) 扫描分辨率
    (2) 色彩深度
    (3) 扫描速度
    (4) 扫描幅面
    A. (1)(3)　　　　B. (2)(4)　　　　C. (1)(2)(3)　　　　D. 全部
4. 目前音频卡的主要功能有_____。
    (1) 音频的录制与播放
    (2) 语音识别
    (3) 音频的编辑与合成
    (4) MIDI 接口
    A. (1)(2)(3)　　　B. (1)(2)(4)　　　C. (1)(3)　　　　D. 全部
5. 以下选项中，用于采集视频信号，它将录像带、影碟中的视频影像采样后进行数字化处理，以数字视频文件的形式存入计算机中的是_____。
    A. 视频压缩卡　　　　B. 视频捕捉卡
    C. 视频输出卡　　　　D. MPEG 影音解压卡
6. 常见的压缩卡有硬件压缩卡和软件压缩卡，下列说法正确的是_____。
    A. 硬件压缩卡的压缩比一般不超过 1∶6
    B. 软件压缩卡的压缩比一般不超过 1∶9
    C. 硬件压缩卡的压缩比由软件而定，没有固定标准
    D. 软件压缩卡的压缩比由软件而定，没有固定标准
7. 下列多媒体创作工具的描述中，正确的是_____。
    A. Microsoft PowerPoint 是幻灯片式的
    B. Authorware 是流程图式的以图标为基础的多媒体制作工具
    C. Flash 可以包含简单的动画、视频内容、复杂演示文稿
    D. Dreamweaver 是集网页制作和管理网站于一身的所见即所得的网页编辑器

三、简答题

1. 声卡的主要功能包括哪些？
2. 简述显卡的工作过程。
3. 移动硬盘的特点有哪些？
4. 简述扫描仪的工作原理。
5. 数码相机的性能指标有哪些？

四、实验

1. 在不同的环境里找 4 台不同的计算机，画出它们的部件框图，包括输入设备、输出设备和网络/互联网的连接设备。它们有哪些共同的设备？其中是否有"标准的"计算机？今天的大多数计算机是否有一个"标准"？记录调查结果。

2. 多数输入和输出设备都有一定的分辨率。在互联网上找到一台 CRT 显示器、一台液晶显示器、一台扫描仪和一台数码相机的参数说明书。记录下每个产品的制造商、型号以及分辨率。记录调查结果。

3. 访问 3 个关于文字处理软件的网站，找到一个总结其各自性能的页面。列出每一个文字处理软件可以导入和导出的文件格式。它们是否支持 RTF、HTML？是否可以导入图像、声音、视频剪辑？用什么"容器"来承载这些媒体？有什么共同的特征？有什么独有的特征？记录调查结果。

4. 访问 3 个图像编辑软件的网站，找到一个总结其各自性能的页面。列出每个软件可以导入和导出的格式。它们是否支持图层？是否允许用户执行"撤销"操作？是否支持矢量图，或者只支持位图图像？支持哪些插件？有什么共同的特征？有什么独有的特征？记录调查结果。

第3章 文本处理技术

文本(Text)是多媒体信息最基本的表示形式之一,历史证明,文本传递的信息仍然具有深远的影响力。随着互联网的蓬勃发展,文本比以往任何时候都重要。即使一个简单的词语也会有多种意义,因此,开始处理文本时,选择准确和简明的词汇是很重要的。今天的诗人和词作者往往将很长的散文浓缩成几个意义深刻的字。广告创意将整个产品系列的理念用带有鼓动性的几个字、商标或者口号表达出来。

多媒体制作者需要方便地组织单词、符号、声音和图片,将它们与文本混合在一起,创建集成的工具和界面,与其他媒体相比,文本是最容易处理、占用存储空间最少、最方便利用计算机输入和存储的媒体。

本章的学习目标:
- 理解文本的基本知识
- 掌握常用的文本获取方法
- 掌握文本的编辑

3.1 文本信息在计算机中的表示

文本是以文字和各种专用符号表达的信息形式,它是现实世界中使用最多的一种信息存储和传递方式,主要用于对信息的描述性表示。计算机系统通过指定的二进制编码来存储数字、字母和其他字符。在计算机系统中,西文字符和汉字的编码方式是不同的。

3.1.1 西文编码

在计算机中,西文采用 ASCII 码(American Standard Code for Information Interchange,美国信息交换标准代码)表示,包括数字、字母、特殊符号等。ASCII 码表是基于罗马字母表的一套计算机编码方案。它主要用于显示现代英语和其他西欧语言,是现今通用的单字节编码系统,也是使用最广泛的一种编码。

ASCII 码用 7 位二进制数表示一个字符,共能表示 $2^7=128$ 个不同的字符,包括了计算机处理信息常用的 26 个英文大写字母 A~Z、26 个英文小写字母 a~z、数字符号 0~9、算术与逻辑运算符号、标点符号等。在计算机系统中,每一个西文字符均对应一个 ASCII 码,例如字母"A"的 ASCII 码值为十进制数 65,小写字母"a"的 ASCII 码值为十进制数 97。

另外，还有扩展的 ASCII 码，它用 8 位二进制数表示一个字符的编码，其最高位(b7)总是1，所以可表示 2^7=128 个不同的字符，也称为扩展字符集。ASCII 扩展字符集比 ASCII 字符集扩充出来的符号包括表格符号、计算符号、希腊字母和特殊的拉丁符号。

3.1.2 汉字编码

与西文字符相比，汉字数量大、字形复杂、同音字多，这就给汉字在计算机内部的存储、传输、交换、输入、输出等带来一系列问题。为了能直接使用英文标准键盘输入汉字，必须为汉字设计相应的编码，以适应计算机处理汉字的需要。

1. 国标码

我国国家标准局于 1981 年 5 月颁布了《信息交换用汉字编码字符集 基本集》，代号为 GB 2312—1980，是国家规定的用于汉字信息处理使用的代码依据，这种编码称为国标码，由连续两个字节组成。在国标码字符集中共收录 6763 个常用汉字和 682 个数字和图形字符，其中一级汉字 3755 个，按拼音顺序排列，二级汉字 3008 个，按部首排列。

国标 GB 2312—1980 规定，所有的汉字与符号组成一个 94×94 的方阵，在此方阵中，每一行称为一个"区"(区号为 01~94)，每一列称为一个"位"(位号为 01~94)，该方阵实际组成了一个具有 94 个区，每个区内有 94 位的汉字字符集，每一个汉字或符号在码表中都有一个唯一的位置编码，称为该字符的区位码。如"刘"字在代码表中处于 33 区第 85 位，区位码即为"3385"。

使用区位码方法输入汉字时，必须先在表中查找到汉字并找出对应的代码，才能输入。使用区位码输入汉字的优点是没有重码，而且输入码与内码编码的转换比较方便。

国标码由区位码转换得到，其转换方法为：先将十进制区位码转换为十六进制的区位码，这样就得了一个与国标码有一个相对位置差的代码，再将这个代码的第一个字节和第二个字节分别加上 20H，就得到国标码。如果是十进制，在两个字节上分别加上 32 即可。如"刘"字的国标码为"4175H"，它是经过下面的转换得到的：3385D→2155H+2020H→4175H。

2. 机内码

国标码是汉字信息交换的标准编码，但因其两字节的最高位为 0，与 ASCII 码发生冲突，如"刘"字，国标码为 41H 和 75H，而西文字符"A"和"u"的 ASCII 也为 41H 和 75H，现假如内存中有两个字节为 41H 和 75H，这到底是一个汉字，还是两个西文字符"A"和"u"？于是就出现了二义性。显然，国标码是不可能在计算机内部直接采用的。于是，汉字的机内码采用变形国标码。其变换方法为：将国标码的每个字节都加上 128，即将两个字节的最高位由 0 改 1，其余 7 位不变。也就是说，如果国标码是十六进制的，直接加上 8080H 即可。如前面所说，"刘"字的国标码为"4175H"，前字节为"01000001B"，后字节为"01110101B"，高位改成 1 作为"11000001B"和"11110101B"，即为"C1F5H"，因此，"刘"字的机内码就是"C1F5H"。显然，汉字机内码的每个字节都大于 128，这就解决了与西文字符的 ASCII 码冲突的问题。

3. 输入码

汉字输入码是使用英文键盘输入汉字时的编码。目前，我国已推出的输入码有数百种，但用户使用较多的只有十几种。按编码依据大体可分为顺序码、音码、形码、音形码 4 类。现在最普及的输入码是拼音输入法(如紫光拼音输入法、搜狗拼音输入法等)和五笔输入法。如"刘"字，用全拼，输入码为"liu"，用五笔字型则输入码为"yjh"。

需要指出的是，不管采用什么样的编码输入法(如拼音、五笔字型等)来输入一个汉字，其机内码都是相同的。

3.1.3 Unicode 编码

Unicode(统一字符编码标准，又叫万国码、单一码)是一种在计算机上使用的字符编码。从 1990 年开始，来自许多知名计算机公司的语言学家、信息专家和工程师携手合作，对多种文字文本和字符进行 16 位编码，最后形成了一个统一的编码方案，为每种语言中的每个字符设定了统一并且唯一的二进制编码，以满足跨语言、跨平台进行文本转换、处理的要求。

Unicode 于 1994 年被正式公布，Unicode 标准中包含了超过 18000 个汉字(中国、日本和韩国使用的象形文字)，以后的版本中还将包括一些生僻字，如楔形文字、象形文字和古代汉字。此外，Unicode 标准中还保留了一些字符编码空间，用于用户的专门用途。随着计算机技术的发展，Unicode 面世后得到普及。13.0.0 版本于 2020 年 3 月正式推出。

在 Unicode 中，中文范围是 4E00~9FBF，图 3-1 所示是 4E00 开始的汉字字符表，其中 CJK Unified Ideographs 表示中日韩统一表意文字。

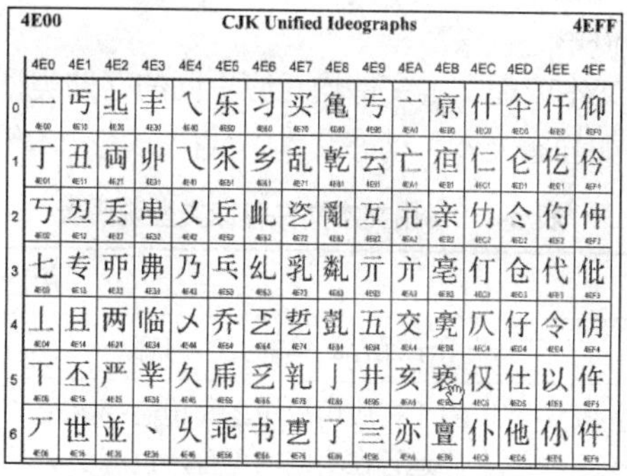

图 3-1 Unicode 中的汉字字符表

有关 Unicode 编码标准的更详细内容，用户可以登录 Unicode 组织的网站进行浏览(http://www.unicode.org)。

3.2 文本的类型

文本信息在计算机系统中是以不同形式存储的，通常有以下 3 种类型。

1. 无格式文本

无格式文本只存储文字信息本身，文字以固定的大小和风格输出，因而也称为纯文本，通常保存为.txt 类型的文件。一般使用简单的文本编辑软件即可进行编辑，如 Windows 操作系统中的

"记事本"。使用"记事本"软件,用户无法定义文本格式和版面格式,只能进行最基本的文本编辑和临时的简单格式处理。由于是纯文本文件,因此这些简单格式不能随文字内容一起保存。因此,如果在另一台计算机上浏览这个文件,用户看到的将是打开程序所指定的某种字体。

2. 格式文本

格式文本不仅包含文字的基本信息,还包括文字的字号、颜色、字体以及其他用于规定输出格式的排版(如表格、分栏等)信息。编辑这类文件,可设置文本的字体、字号、颜色、字形(正常、加粗、斜体、下画线、上标、下标等)、字间距、行间距和段间距等。格式文本要用功能较强的文字处理软件来编辑,如 Microsoft Word 和金山 WPS 等。通过这些软件,用户可以定义和编辑文本的格式和版面信息。文本中有不同颜色、不同字体、不同字号和不同风格的定义,也有页边距、行距、表格、分栏等版面格式的定义。所以,格式文本是计算机文字处理的重要内容之一。

3. 超文本

超文本是以非线性方式组织的,它将文本内容按其内容含义分割成不同的文本块,再按其固有的逻辑关系通过超链接组织成非线性的网状结构,从而提供了一种符合人们思维习惯的联想式阅读方式。纯粹的超文本文件是由超文本标记语言(HTML)和被分割的不同文本块按照 HTML 规定的格式要求组成的。

超文本中的内容不仅包含文本块,而且还包含图片、声音、视频、动画等多种媒体信息,而且可以通过超链接实现各种媒体信息的组合使用,这种超文本又被称为超媒体。目前流行于 Internet 上的网页大多是超媒体。

在计算机系统中,各类文本或超文本文件均对应不同的存储类型,存储类型之间的差别反映了文件内容中的技术差别,如静态文本、动态文本、代码分离文本等,具体内容如表 3-1 所示。

表 3-1 常用文本文件存储类型说明表

文件类型	说明	用途
.txt	纯文本文件	用于保存简单的文字内容
.rtf	跨平台格式文本	用于在应用程序之间传输带格式文字文档的文件类型,即使应用程序运行在不同的平台,也可以实现文件交换
.tiff	标签图像文件格式	用来存储包括照片和艺术图在内的图像
.doc/.docx	Word 文件	用于保存 Windows 平台的 Word 文件
.ppt	PowerPoint 演示文档	用于保存 Windows 平台的 PowerPoint 文件
.pdf	便携式文件	用于保存 Windows 平台的 PDF 文件
.wps	WPS 文件	用于保存 Windows 平台的 WPS 文件
.htm/.html	静态超文本文件	用于保存 Web 静态网页
.asp	动态超文本文件	用于保存支持 ASP 功能的动态网页
.aspx	动态超文本文件	用于保存支持 ASP.NET 功能的动态网页
.js	脚本超文本文件	用于保存 JavaScript 脚本文件
.css	超文本样式文件	用于定义以超文本格式保存的网页样式

3.3 获取文本信息

文本信息的获取主要是指利用不同的设备和输入途径，快速准确地输入文本信息的方法。一般情况下计算机系统是通过英文键盘来输入英文信息的，中文信息的输入方法也一样，但这并不等于所有的文本信息只能通过键盘来输入。在多媒体应用项目的开发过程中，首先要解决的就是文本信息的输入问题，有的应用由于涉及的内容非常广泛，需要在短时间内输入大量的文本信息，仅靠键盘输入很难满足需要。事实上，随着多媒体技术的发展，人们已经开发出了手写输入、语音输入、OCR 识别输入等多种文本信息输入方法，下面分别进行简单介绍。

3.3.1 键盘输入

键盘输入是传统的文本输入方法，是随时可用的主要输入方法。通过键盘，可直接输入英文信息，而中文信息则需通过不同的中文输入法来完成。常用的中文输入法有搜狗拼音输入法、五笔字型输入法和微软拼音输入法等。一般来说，使用键盘输入信息，特别是中文信息时，需要经过不断地练习，才能熟练掌握一种汉字输入方法。

3.3.2 手写输入

手写输入法是近年来一种比较成熟的人性化中英文输入法，适合于不习惯键盘操作的人群和没有标准英文键盘的场合。传统的手写输入系统由一个手写笔、一块手写板和手写识别软件三部分组成，使用时只要把手写板与计算机主机正确连接，并安装识别软件，即可像真正在纸上写字一样向计算机输入信息。

现在很多输入法都配备有手写输入方式，如图 3-2 所示为某输入法工具栏。

通过单击"手写输入"框可以选择手写输入的方式输入文本，这样计算机不需要配备专用的手写输入系统也可以输入文本。

现在常用的掌上电脑、部分笔记本电脑以及手机产品都可以通过触摸屏手写输入文本。

图 3-2 输入法工具栏

3.3.3 语音输入

语音输入是通过计算机系统中的音频处理系统(主要包括声卡和麦克风)，采集人的语音信息，再经过语音识别处理，将语音内容转换为对应的文字来完成输入的。利用语音识别技术将声音通过计算机转换为文本，是最方便、最自然、最快捷的文本输入方式。语音输入的最大特点是只要会说话，就能把信息输入到计算机中，但在具体使用之前需经过短时间的语音"适应"训练。

当第一次使用语音输入时，系统强调要做好麦克风的调试，并做简短的语音适应性训练。

语音训练的目的，主要是通过朗读使语音识别软件学习并适应使用者的发音方式和发音习惯。一般来说，语音训练需要朗读一段完整的文本，文本内容是由识别软件自行准备的，训练时间需要几分钟。朗读训练的词句越多，今后语音识别输入时的正确率就越高，其正确率可以超过90%。

训练完成后，就可以用正常说话的语速朗读要输入的文本内容，计算机就会逐字逐句将其识别成文字。如果发现识别错误，可以实时修改错误的内容。

现在很多输入法都配备有语音输入方式，通过单击"语音输入"框可以选择语音输入的方式输入文本。

3.3.4 扫描输入

扫描输入的核心是光学字符识别技术(Optical Character Recognition，OCR)，该技术能够从扫描的图像中识别出文字。OCR 输入就是指用扫描仪将印刷文字以图像的方式扫描到计算机系统中，再用 OCR 文字识别软件将图像中的文字识别出来，并转换为文本格式的文件，完成文本信息的输入。

使用扫描输入之前，首先要安装扫描仪，并安装相应的 OCR 识别软件。使用扫描输入一般要经过以下 3 个步骤。

(1) 扫描：通过扫描仪将文本资料扫描成图片输入到计算机。注意，扫描线数要在 300 线以上，图片格式为非压缩的 TIFF 格式。扫描文本文件如图 3-3 所示。

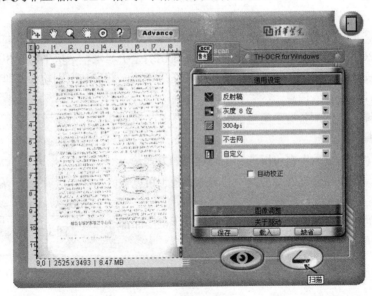

图 3-3　扫描文本文件

(2) 纠偏和翻转：由于被扫描的文本内容是手工放置在扫描仪平板上的，因此很难保证被扫描文本与扫描范围的垂直关系，此时可使用识别软件的纠偏校正功能，将扫描得到的图片校正，以便正确识别。当然有时为了得到比较好的扫描结果，扫描对象也可以采取反向放置的方式，在识别前先进行翻转即可。纠偏和翻转按钮如图 3-4 所示。

(3) 识别：选择要识别的文字区域开始识别，如图 3-5 所示。识别完成后，将识别结果以文本文件的形式保存。如果识别的某些文字有错，系统会以不同颜色标记可能不正确的文字并提供对照，用户可手工修改，如图 3-6 所示。

第 3 章　文本处理技术

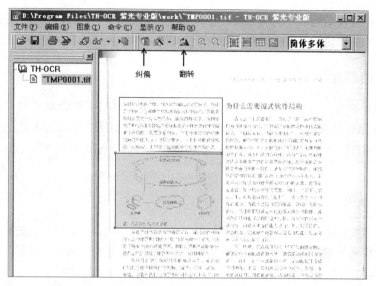

图 3-4　纠偏和翻转按钮

图 3-5　进行识别

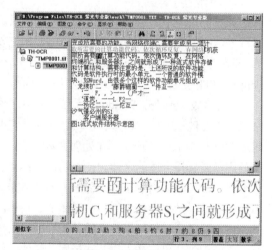

图 3-6　手工修改文字

　　OCR 输入适合于将印刷文字重新输入到计算机中,能够在短时间内输入大量信息,可应用于档案、资料整理和多媒体应用系统的文本输入。

3.4　处理文本信息

　　处理文本信息是指根据不同的要求和使用目的,选择相应的文本格式,进行内容、形式(版面)、风格等的编辑与设计工作,并通过设计特殊图片,符号和效果来美化文本。文本信息处理的复杂情况根据文本结构的不同而不同。对于格式文本来说，内容输入完成后，还需要进行相关的处理，比如版面设计、风格设计、文字属性编辑、特殊效果处理、打印输出等。

3.4.1 文本信息处理

文本信息是格式文本的内容，是主体部分。文本属性信息、版面信息用来表现和反映文本的形式。内容与形式的适当搭配是格式文本处理的基本要求。格式文本处理的主要目的是出版发行(包括打印、电子发行等)。除了创意和设计风格外，格式文本处理在技术方面包括以下内容。

1. 版面格式设置

在进行格式文本处理时，主要内容就是根据应用目的和场合，选择合适的版面格式，并通过文字处理软件进行设置。版面格式设置主要包括页边距、页眉及页脚的设置，版心区域文字的排列方向(横向、纵向)和纸张类型(空白纸、横格纸、竖格纸)等内容。

2. 文字属性编辑

文本中的文字属性包括文字的字体(Font)、字号(Size)、风格(Style)、颜色(Color)、对齐方式(Align)等内容，属性编辑就是通过相应的操作实现对这些属性值的设置和修改。

1) 字体

计算机系统中的字体由安装的字库来提供。字库有两个来源：一是安装操作系统时由系统自行安装的字库；二是用户自己根据需要扩充安装的各种专业字库或艺术字库。无论是哪种字库，通常都安装在 Windows 系统下的 Fonts 目录中。字体文件的扩展名多为 fon 及 TTF(True Type Fonts)。TTF 支持无级缩放，美观实用，因此一般字体都是 TTF 形式。

除了英文字体外，Windows 系统还提供了许多中文字体，主要包括宋体、仿宋、黑体、楷体、隶书、行楷等近 20 种，如图 3-7 所示。在处理文本时，应根据文本的使用需要选择合适的字体。宋体字形工整，结构匀称，清晰明快，一般多用于正文；仿宋体笔画清秀、纤细，多用于诗歌、散文及作者姓名；黑体笔画较粗，笔法自然，庄重严谨，一般用于文章的各类标题；楷体写法自然，柔中带刚，可作插入语及注释用。其他字体多为修饰性艺术字体，可根据文本内容和版面风格灵活选择。

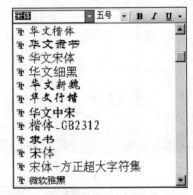

图 3-7 Windows 系统提供的中文字体

2) 字号

字的大小用两种方式来描述。汉字的大小通常用规定大小的字号来描述，分为初号、小初号、一号、二号等，最大为初号，最小为八号。西文字符通常则是直接给出字符的大小，以"磅"(Point)为单位，最小为 5 磅，最大为 72 磅。"磅"值越大，字就越大。对于汉字也可以在字号设置框内直接输入"磅"值。汉字字号与"磅"以及毫米之间的对应关系如表 3-2 所示。

在字号的选择上,如果没有特殊要求,正文内容的文字大小一般选择五号。

表 3-2 汉字字号与"磅"以及毫米之间的对应关系

字号	"磅"值	毫米	字号	"磅"值	毫米
初号	42	14.82	四号	14	4.94
小初号	36	12.70	小四号	12	4.32
一号	26	9.17	五号	10.5	3.70
小一号	24	8.47	小五号	9	3.18
二号	22	7.76	六号	7.5	2.65
小二号	18	6.35	小六号	6.5	2.29
三号	16	5.64	七号	5.5	1.94
小三号	15	5.29	八号	5	1.74

3) 风格

字体的风格主要指在选定的字体、字号基础上,在造型方面有所变化,从而表现出不同的风格。具体风格选项有:普通、加粗、斜体、下画线、字符边框、字符底纹和阴影等。在具体应用中,可以通过文字处理软件的风格选项设置文字的不同风格,使整个文本显得活泼、多样。

4) 颜色

格式文本中的文字属性还包含了显示颜色。多媒体计算机的显示系统均提供真彩显示,所以对于文字也有丰富的颜色供选择。在文字处理过程中,可通过颜色选择与修改操作对文字指定任何显示颜色,使整个文本更加丰富多彩。

5) 对齐方式

文字的对齐方式主要有:左对齐、右对齐、居中、两端对齐以及分散对齐等,使用时可根据需要进行选择。

在文本处理过程中,可通过文字处理软件的相应操作,方便地设置和修改文本内容的这些属性。但对于正式的印刷出版物来说,不同类型的出版物都有各自的字体、字号和格式等的使用规定,所以文字属性的设置应符合相关格式规定和大众化的审美标准。

3. 非文本内容排版

除了以上的格式处理之外,目前的文字处理软件在处理格式文本时,还具有在文本的不同位置插入非文本内容的功能,如插入图片、表格、数学公式、文本框等。合理地使用和处理这些内容,不仅可实现版面中文字、图片、表格等表现形式的综合利用,还能将格式文本应用于科技资料处理中,以增加格式文本的表现力和说服力。

3.4.2 Word 文字处理软件

Word 文字处理软件是 Microsoft 公司开发的办公套件 Microsoft Office 中的一个专门用来进行文字处理的软件。Windows 平台下的 Word 文字处理软件经历了很多版本,且每个版本都提供了简体中文版。图 3-8 所示为 Word 2019 中文版界面。

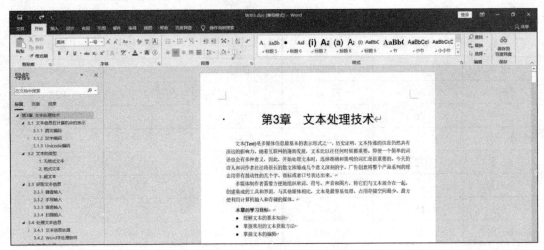

图 3-8　Word 2019 中文版界面

在计算机系统中，中文版的 Word 文字处理软件是最为常用的文字处理软件，它具有友好易用的用户界面，操作简单直观，文字处理功能强大等特点，其主要功能如下。

- 内容编辑：键盘和鼠标结合，可以方便地进行插入、修改、删除、复制等操作。
- 图文混排：Word 具有强大的图形处理能力。在 Word 文档中可任意地链接或插入各种剪贴画、图片、图像、艺术字或声音等对象，从而很容易地实现图文混排，获得图文并茂的效果。
- 表格功能：Word 对表格的处理独具一格，与其他文字处理软件的表格功能相比更显得灵活。Word 提供了多种风格的表格模式，可以根据表格内容的宽度自动调节表格的列宽，还可以对数据进行汇总计算及逻辑处理。
- 排版功能：Word 提供了丰富的字体、字号、样式、颜色、艺术字处理功能以及灵活、规范的版面格式定义和不同风格的排版形式，可以快速设置字符格式与文本段落格式；可以插入页眉或页脚等对象；可以选定用来打印文档的纸张大小；可以设定打印纸的上、下、左、右页边距。此外，Word 还会根据纸张的大小及页边距来自动调整文本的位置，并运用不同风格的外观，以满足各种版面的印刷要求。Word 真正实现了"所见即所得"的功能，提高了排版工作的效率。
- 特殊功能：主要有公式编辑、文件格式转换、打印预览、连接 Internet 进行网页浏览及制作网页功能等。

3.5　本章小结

本章介绍了文本信息处理的相关技术。主要内容包括文本的概念及编码方案，文本的类型及文本的获取，最后介绍了文本的处理。

3.6 习题

一、填空题

1. 在计算机系统中，计算机只处理_____。通过指定的二进制数来存储_____、_____和其他字符。
2. 文本信息在计算机系统中是以不同形式的文本存储的，通常有以下 3 种类型_____、_____、_____。
3. 随着多媒体技术的发展，人们已经开发出了_____、_____、_____等多种文本信息输入方法。
4. 在计算机中，西文采用_____表示，包括_____、_____等。
5. 常规的手写输入系统由_____、_____和_____三部分组成，使用时只要把手写板与计算机主机正确连接，并安装识别软件，即可像真正在纸上写字一样向计算机输入信息。

二、选择题(可多选)

1. HTML 的独特之处在于_____。
   A. 链接　　　B. 排版　　　C. 超文本　　　D. 交互
2. 多媒体计算机技术处理的文字用英文表示为_____。
   A. Sound　　　B. Text　　　C. Graph　　　D. Photo
3. 获取文本信息的方式有_____。
   A. 手写输入　　　B. 语音输入　　　C. 扫描输入　　　D. 键盘输入
4. 下列_____是为汉字设计的相应编码。
   A. 国标码　　　B. 机内码　　　C. 输入码　　　D. 万国码
5. 下面有关 ASCII 码的说法中不正确的是_____。
   A. 用 8 位二进制数表示一个字符
   B. 每一个西文字符均对应一个 ASCII 码
   C. ASCII 码表是基于罗马字母表的一套计算机编码方案
   D. 包括了计算机处理信息常用的英文字母、数字、算术与逻辑运算符号、标点符号等

三、简答题

1. 简述区位码转换成国标码的方法。
2. 文字属性编辑的内容包括哪些？
3. 使用扫描输入的一般步骤是什么？
4. 超文本和超媒体的联系与区别有哪些？
5. 中文版 Word 文字处理软件的主要功能有哪些？

四、实验

1. 访问一个网站，并打印出其中一个页面，然后用另一台计算机访问该页面(最好是另一种操作系统)，并打印它，比较这两个页面。打印出来的页面是否有不同？为什么？

2. 访问一台计算机，找出两个可以处理文本的应用程序。用各种样式和字体输入一些文本，然后打印出这些结果，对于每一个结果，列出以下参数：

(1) 应用程序的名称。

(2) 应用程序改变文本的方式。可以很方便地改变字体、颜色、样式和间距吗？

第 4 章

图形图像处理技术

图形图像是多媒体中携带视觉信息的极其重要的媒体。在日常生活中人们发现,有时用语言和文字难以表达的事物,用一幅图就能很准确地表达。随着计算机技术的发展,计算机图形图像处理技术发展迅速,广泛应用于商贸、艺术、科技、教育等领域。多媒体技术借助计算机图形图像处理技术得到了迅猛发展,同时,又为计算机图形图像处理技术的应用开拓了更为广阔的前景。本章主要介绍图形图像的基础知识和图形图像的处理技术。

本章的学习目标:
- 理解和掌握图形图像的基础知识
- 理解和掌握图像文件格式
- 熟练掌握图像的获取方式
- 掌握并运用 Photoshop 软件

4.1 图形图像基础知识

图形图像作为一种视觉媒体,很久以前就已经成为人类信息传输、思想表达的重要方式之一。它的特点是生动形象、直观可见。在多媒体技术中,图形图像技术是一个十分重要的多媒体技术分支。

4.1.1 图形与图像

传统上图形和图像是近义词或同义词,但在多媒体技术中要给它们一个严格的定义,它们其实是完全不同的两类元素。

1. 图形

图形处理是计算机信息处理的一个重要分支,被称为计算机图形学,主要研究二维和三维空间图形的矢量表示、生成、处理、输出等内容。具体来说,就是利用计算机系统对点、线、面等数学模型进行存储、修改、处理(包括几何变换、曲线拟合、曲面拟合、纹理产生与着色等)和显示等操作,通过几何属性表现物体和场景。矢量图形处理技术广泛应用于计算机辅助设计(CAD)与计算机辅助制造(CAM)、计算机动画、创意设计、可视化科学计算以及地形地貌和自然资源模拟等领域。

2. 图像处理

图像处理是指对位图图像所进行的数字化处理、压缩、存储和传输等，具体的处理技术包括图像变换、图像增强、图像分割、图像理解、图像识别等。在整个处理过程中，图像以位图方式存储和传输，而且需要通过适当的数据压缩方法来减少数据量，图像输出时再通过解压缩方法还原图像。图像处理技术广泛应用于遥感、军事、工业、农业、航空航天、医学等领域。

3. 图形、图像的区别与联系

图形、图像的区别如表 4-1 所示。

表 4-1　图形和图像的区别

项目	图形	图像
来源	图形是人们通过计算机设计和构造出来的，来源于主观	图像是通过摄像机或扫描仪等设备输入的，来源于客观
目的	构造出图形	图像处理是景物或图像的分析技术
过程	给定几何参数，生成图形	研究如何从图像中提取物体的模型
用途	设计、仿真、模拟	模式识别、景物分析、计算机视觉
结构	参数图、矢量图	位图、点阵图

尽管图形与图像的处理思想与技术各有不同，但在实际应用中，两者并未截然分开，而是相互联系的。因为它们都用光栅式的显示器来显示，而且将两者结合起来可以创造更完美的视觉效果。

由于图形处理涉及更多的专业知识，专业性较强，因此本章不对图形处理做更详细的介绍，但现在的图像应用软件也都含有一些基本的图形功能。

4.1.2　分辨率

分辨率用于衡量图像细节的表现能力。在图形图像处理过程中，经常涉及的分辨率概念有以下几种。

- 图像分辨率

图像分辨率(Image Resolution)是指单位图像线性尺寸中所包含的像素数目，通常以像素/英寸(pixel per inch，ppi)为计量单位。打印尺寸相同的两幅图像时，高分辨率的图像比低分辨率的图像所包含的像素多。例如，打印尺寸为 1×1 平方英寸的图像，如果图像分辨率为 72ppi，则所包含的像素数目为 72×72=5184。如果分辨率为 300ppi，则图像中包含的像素数目为 90000。高分辨率的图像在单位区域内使用更多的像素表示，打印时它们能够比低分辨率的图像显示出更详细和更精细的颜色变化。如果制作的图像用于计算机屏幕显示，则图像分辨率只需满足典型的显示器分辨率(72ppi 或 96ppi)即可。如果图像用于打印输出，则必须使用较高的分辨率(150ppi 或 300ppi)，低分辨率的图像打印输出时会出现明显的颗粒和锯齿边缘。需要注意的是，如果原始图像的分辨率较低，由于图像中包含的原始像素的数目不能改变，因此简单地提高图像分辨率不会提高图像品质。

- 显示分辨率

显示分辨率(Display Resolution)是指显示器上单位长度显示的像素或点的数目，通常以点/英寸(dot per inch，dpi)为计量单位。显示器分辨率决定于显示器尺寸及其像素设置。PC 显示器典型的分辨率为 96dpi。在操作过程中，图像像素被转换成显示器像素或点，这样，当图像的分辨率高于显示器的分辨率时，图像在屏幕上显示的尺寸比实际的打印尺寸要大。例如，在 96dpi 的显示器上显示 1×1 平方英寸、192ppi 的图像时，屏幕上将以 2×2 平方英寸的区域显示。

通常，人们把显示分辨率理解为屏幕纵向、横向像素的乘积，例如 800×600 代表横向 800 像素，纵向 600 像素。事实上，这样理解的分辨率与所用的显示模式有关。显示模式不同，屏幕纵、横向的像素点个数也就不同，单位长度像素点的数目也就不同。同一图像在不同显示分辨率下的显示尺寸各不相同，显示尺寸随分辨率的增大而变小。

- 打印分辨率

打印分辨率是指打印机每英寸产生的油墨点数，单位是 dpi，表示每平方英寸印刷的网点数。大多数激光打印机的输出分辨率为 600dpi，高档的激光照排机的输出分辨率在 1200dpi 以上。需要说明的是，印刷行业计算的网点大小(Dot)和计算机屏幕上显示的像素(Pixel)是不同的。

- 扫描分辨率

扫描分辨率是指每英寸扫描所得到的点，单位也是 dpi。它表示一台扫描仪输入图像的细微程度，数值越大，表示被扫描的图像转换为数字化图像越逼真，扫描仪质量也越好。

4.2 图像数字化基础

把自然的影像转换成数字化图像的过程就是图像的数字化。下面介绍在数字化过程中涉及的概念。

4.2.1 颜色的基本概念

- 三基色和混色

自然界常见的各种彩色光，都可由红(R)、绿(G)、蓝(B) 3 种颜色光按不同比例相配而成。同样，绝大多数颜色也可以分解成红、绿、蓝 3 种色光，这就是最基本的三基色原理。三基色原理普遍应用在电视机、显视器和扫描仪中。当然三基色的选择不是唯一的，也可以选择其他 3 种颜色为三基色，但是，3 种颜色必须是相互独立的，即任何一种颜色都不能由其他两种颜色混合而成。由于人眼对红、绿、蓝 3 种色光最敏感，因此由这 3 种颜色相配所得的彩色范围也最广，所以一般都选这 3 种颜色作为基色。

把 3 种基色光按不同比例相加可产生混色光，例如：

红色+绿色=黄色

红色+蓝色=紫色(也称品红)

绿色+蓝色=青色

红色+绿色+蓝色=白色

通常，青色、紫色和黄色分别被称为红、绿、蓝三色的补色。把以上 4 种情况相结合，可以得出：

红色+青色=绿色+紫色=蓝色+黄色=白色

混色原理属于"加性"颜色形成方法，计算机显示器就是采用这种原理显示颜色的。在显示器屏幕的背面涂满了能发出不同色光(红、绿、蓝)的化学物点，当电子束扫描到这些点时，它们就会发光。电子束按逐行扫描方式对屏幕上的所有点进行扫描，扫描一遍就会形成一帧彩色图像。

- 色彩三要素

世界上的色彩千差万别，任何一种色彩都可用亮度、色相和饱和度这3个物理量来描述，即通常所说的色彩三要素。我们人眼看到的彩色光都是这三要素的综合效果。

亮度是光作用于人眼时所引起的明亮程度的感觉，它与被观察物体的发光强度有关。由于强度的不同，有些物体看起来可能亮一些，而有的则暗一些。显然，如果彩色光的强度降到使人眼看不到，其亮度等级就与黑色对应。对于同一物体，照射的光越强，反射的光也越强，也称为越亮；对于不同的物体，在相同照射情况下，反射越强的物体看起来越亮。另外，亮度感还与人类视觉系统的视敏函数有关，即使照射强度相同，不同颜色的光照射同一物体时也会产生不同的亮度。

色相是当人眼看一种或多种波长的光时所产生的彩色感觉，它反映颜色的种类，是决定颜色的基本特性。例如，红色、棕色等都是指色相。某一物体的色相是指该物体在日光照射下所反射的各光谱成分作用于人眼的综合效果，对于透射物体则是透过该物体的光谱综合作用的结果。

饱和度是指颜色的纯度，也可以叫作纯度、彩度或浓度等，即掺入白光的程度，或者是指颜色的深浅程度。对于同一色相的彩色光，饱和度越高，颜色越鲜明。例如，当红色加进白光之后冲淡为粉红色，其基本色相还是红色，但饱和度降低，即淡色的饱和度要低一些。饱和度还与亮度有关，因为若在饱和的彩色光中增加白光的成分，会增加光能，因而变得更亮，但是它的饱和度却有所降低。如果在某色相的彩色光中，掺入别的彩色光，则会引起色相的变化，只有掺入白光时才会引起饱和度的变化。通常，把色相和饱和度统称为色度。

综上所述，任何色彩都由亮度和色度所决定，亮度表示某彩色光的明亮程度，而色度则表示颜色的类别与深浅程度。

4.2.2 计算机中的颜色模式

无论是静态图像处理还是动态图像处理，经常都会涉及用不同颜色模式(或颜色空间)来表示图像颜色的问题。定义不同颜色模式的目的是尽可能有效地描述各种颜色，以便需要时做出选择。不同应用领域一般使用不同的颜色模式，如计算机显示时采用RGB颜色模式，彩色电视信号传输时采用YUV颜色模式，图像打印输出时用CMY颜色模式等。在图像处理过程中，根据用途的不同可选择不同的颜色模式编辑颜色。下面简单介绍一下计算机中常用的颜色模式。

- RGB颜色模式

所谓RGB颜色模式，就是用红(R)、绿(G)、蓝(B)3种基本颜色来表示任意彩色光。根据三基色原理，在RGB颜色模式中，对任意彩色光F，其配色方程可写成：

F=r[R]+g[G]+b[B]

其中：r、g、b分别代表对应色的比例系数，r[R]、g[G]、b[B]分别代表F色光的红、绿、蓝三色分量。在多媒体计算机中，使用最多的是RGB颜色模式。因为多媒体计算机彩色显视器的输入需要 R、G、B 三个颜色分量，通过 3 个分量的不同比例，在显示屏幕上合成所需要的任意颜色，所以不管在多媒体系统中采用什么形式的颜色模式，显示输出时一定要转换成 RGB 颜色模式。

- HSB 颜色模式

HSB 颜色模式是根据日常生活中人眼的视觉特征而制定的一套色彩模式，最接近于人类对色彩辨认的思考方式。HSB 颜色模式以色相(Hue)、饱和度(Saturation)和亮度(Brightness)描述颜色的基本特征。色相是从物体反射或透过物体传播的颜色。在 0°～360°的标准色轮上，色相是按位置度量的。在一般的使用过程中，色相是由颜色名称标识的，比如红、橙或绿色。色相决定彩色光的光谱成分，取决于光的波长，说明彩色光中混入白光的数量。饱和度(有时称为彩度)是指颜色的强度或纯度，用来表示色相中灰色分量所占的比例，它使用从 0%(灰色)～100%(完全饱和)的百分比来度量。在标准色轮上，从中心向边缘的饱和度是递增的。纯光谱色的含量越多，其饱和度越高，彩色光颜色越深。当光谱色掺入白光成分时，饱和度下降，颜色变浅。亮度是指颜色的相对明暗程度，它决定彩色的强度，反映彩色光对视觉的刺激程度，表征了彩色光所含的能量特征(能量大显得亮，反之，则显得暗)。通常，将 0%定义为黑色，100%定义为白色。图像中的亮度对应于黑白图像中的灰度。采用 HSB 颜色模式能够减少彩色图像处理的复杂性，更接近人对颜色的认识和解释。

- CMY 颜色模式

CMY 颜色模式是采用青(Cyan)、品红或洋红(Magenta)、黄(Yellow)3 种基本颜色按一定比例合成颜色的方法。CMY 与 RGB 颜色模式的不同之处在于颜色的产生不是直接来自光线的颜色，而是来自照射在颜料上反射回来的光线。此时，颜料会吸收一部分光线，而未吸收的光线会反射出来，成为视觉判定颜色的依据，这种颜色的产生方式称为减色法。在这种模式下，所有的颜料都加入后才能成为纯黑色，当颜料减少时才开始出现色彩，颜料全部除去后才成为白色。

虽然理论上利用 CMY 三基色混合可以产生各种颜色，但实际上同量的 CMY 混合后并不能产生完善的黑色或灰色，因此在印刷时还必须加上黑色(Black)，由于字母 B 已经用来表示蓝色，因此黑色选用单词 Black 的最后一个字母"K"来表示，这样 CMY 模式又称为 CMYK 颜色模式。

四色印刷是根据 CMYK 颜色模式表示原理发展而来的，所以彩色打印和彩色印刷都是采用 CMYK 颜色模式实现彩色输出的。因此，当要将多媒体计算机上的显示图像通过彩色打印机输出时，系统会自动将 RGB 颜色模式转换为 CMYK 颜色模式表示。从理论上讲，RGB 与 CMYK 颜色模式是互补的，可以互相转换，但实际上因为发射光与反射光的性质完全不同，显示器上看到的颜色不可能精确地在打印机上复制出来，因此同一彩色图像的显示与打印颜色会有细微差别。

- Lab 颜色模式

Lab 颜色模式分别用亮度或光亮度分量(Luminosity)和两个色度分量(a、b)来表示颜色，L 表示亮度，a 表示从洋红色至绿色的范围，b 表示从黄色至蓝色的范围。L 的值域由 0～100，L=50 时，就相当于 50%的黑；a 和 b 的值域都是由+127 至-128，当 a 取值由+127 渐渐过渡到-128 时，a 就是由洋红色渐渐过渡到绿色；同样原理，b 取值+127 时是黄色，取值-128 时是蓝色。所有的颜色就以这 3 个值交互变化所组成。例如，一块色彩的 Lab 值是 L=100，a=30，b=0，这块色彩就是粉红色。

Lab 颜色模式可以表示的颜色最多，颜色更为明亮且与光线和设备无关。不管使用什么设备(如显示器、或扫描仪)创建或输出图像，这种颜色模式产生的颜色都保持一致。Lab 颜色模式的处理速度与 RGB 颜色模式一样，是 CMYK 颜色模式处理速度的数倍。

- 索引颜色模式

索引颜色模式最多使用 256 种颜色，当图像被转换为索引颜色模式时，通常会构建一个调色板存放图像中的颜色并编制颜色索引。如果原图像中的一种颜色没有出现在调色板中，程序会选取已有颜色中最相近的颜色或使用已有颜色模拟该种颜色。

在索引颜色模式下，通过限制调色板中颜色的数目可以减小文件大小，同时保持视觉上的品质不变。在网页中经常需要使用索引颜色模式的图像。

- 位图模式

位图模式的图像只有黑色与白色两种像素，每个像素用 1 位二进制数表示，"0"表示黑色，"1"表示白色。位图模式主要用于早期不能识别颜色和灰度的设备，如果需要表示灰度，则需要通过点的抖动来模拟。位图模式通常用于文字识别。如果扫描需要使用 OCR(光学字符识别)技术识别的图像文件，需将图像转换为位图模式。

- 灰度模式

灰度模式用单一色相表现图像，最多使用 256 级。图像中的每个像素有一个 0(黑色)~255(白色)的亮度值。此外，灰度值也可以用黑色油墨覆盖的百分比来表示(0%表示白色，100%表示黑色)。在将彩色图像转换为灰度模式的图像时，会丢掉原图像中所有的彩色信息。与位图模式相比，灰度模式能够更好地表现高品质的图像效果。

需要注意的是，尽管一些图像处理软件允许将一个灰度模式的图像重新转换为彩色模式的图像，但转换后不可能恢复原先丢失的颜色。所以，在将彩色模式的图像转换为灰度模式的图像时，应尽量保留备份文件。

由于多媒体计算机的显示器是按照 RGB 的颜色模式表示颜色的，因此若要在显示器上显示图像，最后还要转换成 RGB 颜色模式；而在打印输出时，则需要转换为 CMYK 模式。

4.2.3 颜色深度

位图图像中各像素的颜色信息是用二进制数据描述的。二进制的位数就是位图图像的颜色深度。颜色深度决定了图像中可以呈现的颜色的最大数目。目前，颜色深度有 1、4、8、16、24 和 32 几种。例如，颜色深度为 1 时，表示点阵图像中各像素的颜色只有 1 个二进制位，可以表示两种颜色(黑色和白色)；颜色深度为 8 时，表示点阵图像中各像素的颜色为 1 字节(8 位)，可以表示 256 种颜色；颜色深度为 24 时，表示点阵图像中各像素的颜色为 3 字节(24 位)，可以表示 167 77 216 种颜色；颜色深度为 32 时，则用 3 字节分别表示 R、G、B 颜色，而用另一字节来表示图像的其他属性(如透明度等)。当图像的颜色深度达到或超过 24 时，则称这种颜色为真彩色。

4.2.4 图像文件格式

一个图像文件由图像说明和图像数据两部分组成。图像说明部分保存用于说明图像的高度、宽度、格式、颜色深度、调色板及压缩方式等信息；图像数据部分是描述图像每一个像素颜色的数据，这些数据存放的方式由文件格式来确定。

对于图像文件来说，由于存储的内容和压缩方式的不同，其文件格式也就不同，每一种格式都有其特点和用途。在选择输出的图像文件格式时，应考虑图像的用途以及图像文件格式对图像数据类型的要求。在多媒体计算机系统中，不同的文件格式用特定的文件扩展名来表示，常见的图像文件格式有 BMP、GIF、JPEG、TIF、PNG 和 PSD 等。下面介绍几种常用的图像文件格式及其特点。图像处理软件通常会支持多种图像文件格式。

- BMP 格式

BMP 是 Bit Map 的缩写，是 Windows 操作系统中的标准图像文件格式，能够被多种 Windows 应用程序支持。

它采用位映射存储形式，支持 RGB、索引色、灰度和位图颜色模式，不采用其他任何压缩，所以 BMP 文件占用的空间很大。彩色图像存储为 BMP 格式时，每一个像素所占的位数可以是 1bit、4bit、8bit 或 24bit，相对应的颜色从黑白一直到真彩色。利用 Windows 的画图程序可以将图像存储成 BMP 格式的图像文件，该格式结构较简单，每个文件只存放一幅图像。BMP 文件存储数据时，图像的扫描方式是按从左到右、从下到上的顺序。典型的 BMP 图像文件由两部分组成：①位图文件头数据结构，它包含 BMP 图像文件的类型、显示内容等信息；②位图信息数据结构，它包含 BMP 图像的宽、高、压缩方法，以及定义颜色等信息。

- GIF 格式

GIF 是 Graphics Interchange Format 的缩写，是由 CompuServe 公司研发的一种图像格式。它在存储文件时采用 LZW 压缩算法，可以既有效降低文件大小又保持图像的色彩信息。这种文件格式支持 256 色的图像，支持动画和透明，很多应用软件均支持这种格式，所以被广泛应用于网络中。在 Internet 上，GIF 格式已成为页面图片的标准格式。

- JPEG 格式

JPEG 格式文件的后缀名为".jpg"或".jpeg"。JPEG 格式是用 JPEG(Joint Photographic Experts Group，联合图像专家组)压缩标准压缩的图像文件格式，压缩时可将人眼很难分辨的图像信息进行删除，是一种高效率的有损压缩。将图像保存为 JPEG 格式时，可以指定图像的品质和压缩级别。由于其压缩比较大，文件较小，所以应用较广。由于 JPEG 格式会损失数据信息，因此在图像编辑过程中需要以其他格式(如 PSD 格式)保存图像，将图像保存为 JPEG 格式只能作为制作完成后的最后一步操作。

- TIFF 格式

TIFF 是 Tagged Image File Format (标记图像文件格式)的缩写，通常标识为 TIF 类型。它是由 Aldus 和 Microsoft 公司为扫描仪和台式计算机出版软件开发的用来为存储黑白、灰度和彩色图像而定义的存储格式，支持 1~8 位、24 位、32 位(CMYK 模式)或 48 位(RGB 模式)等颜色模式，能保存为压缩和非压缩的格式。几乎所有的绘画、图像编辑和页面排版应用程序，都能处理 TIFF 文件格式。

- PSD 格式

PSD 是 Photoshop Document 的缩写，是 Photoshop 特有的图像文件格式，支持 Photoshop 中所有的图像类型。它可以将所编辑的图像文件中包含的图层、通道和蒙版等信息记录下来。所以，在编辑图像的过程中，通常将文件保存为 PSD 格式，以便于重新读取需要的信息。但是，PSD 格式的图像文件很少被其他软件和工具所支持，所以在图像制作完成后，通常需要转换为一些比较通用的图像格式，以便于输出到其他软件中继续编辑。另外，用 PSD 格式保存图像时，图像没有经过压缩，所以当图层较多时，会占很大的硬盘空间。图像制作完成后，除了保存为通用的格式以外，最好再存储一个 PSD 的文件备份，直到确认不需要在 Photoshop 中再次编辑该图像为止。

- PNG 格式

PNG 是 Portable Network Graphics 的缩写，是为了适应网络传输而设计的一种图像文件格式。PNG 格式一开始就结合 GIF 和 JPG 图像格式的优点，现在大部分绘图软件和浏览器都支持 PNG 图像格式。它采用无损压缩方式，压缩率比较高，有利于网络传输，而且能保留所有与图像品质有关的信息。PNG 格式还支持透明图像制作，可以将图像和网页背景很好地融合在一起。

- SWF 格式

SWF 是 Shockwave Format 的缩写，这种格式的动画图像能够用比较小的文件来表现丰富的多媒体形式。在图像传输上不必等到文件全部下载才能观看，而是可以一边下载一边观看，特别适合于网络传输。现在，SWF 已被大量应用于网页以及进行多媒体演示与交互性设计。

4.2.5 图像文件的大小

- 图像尺寸

图像尺寸分为像素尺寸和输出尺寸两种。图像的像素尺寸是指数字化图像像素的多少，用横向与纵向像素的乘积来表示。需要注意的是，不要把图像像素尺寸与图像分辨率相混淆，描述一幅图像时，这两个参数都要用到。例如，有一幅图像的分辨率为 72ppi，而图像的像素尺寸为 289×246。图像的输出尺寸则是指在给定的输出分辨率下所输出图像的大小。当输出分辨率为 72ppi 时，图像的输出尺寸为 $10.2 \times 8.68 cm^2$，即图像输出尺寸的大小与输出分辨率有直接的关系。

- 图像的数据量

图像的存储、传输、显示等操作都与图像数据大小有关，且数据大小与分辨率、颜色深度有关。设图像垂直方向的像素为 H 位，水平像素为 W 位，颜色深度为 C 位，则一幅图像所拥有的数据量大小为 $B=H \times W \times C/8$，单位为字节(B)。例如，一幅未被压缩的位图图像，如果其水平方向有 320 像素，垂直方向有 240 像素，颜色深度为 16 位，则该幅图像的数据量为：(320×240×16/8)B=153600B=150KB。

4.3 图像的获取

把自然的影像转换成数字化图像的过程叫作图像的数字化，也称为图像获取。该过程的实质是进行模数(A/D)转换，即通过相应的设备和软件，把作为模拟量的自然影像转换成数字量。

4.3.1 获取途径

图像的获取途径主要有以下两种方式。

1. 利用设备进行模数转换

在进行模数转换之前，要先收集图像素材(如印刷品、照片以及实物等)，然后使用计算机的扩展设备转换数字图像。常用的方法如下所示。

(1) 使用彩色扫描仪对照片和印刷品进行扫描，经过少许的加工后，即可得到数字图像；使用数码相机直接拍摄景物，再经过数据线传送到计算机的串行通信接口或 USB 接口，进而保存到计算机的硬盘中。

(2) 使用数码摄像机拍摄景物，然后利用该摄像机驱动程序提供的功能，把数字影像和图片传送到计算机中。一般数字影像通过 IEEE1394 接口传送到计算机中，而数字图片通过 USB 接口传送到计算机中。

2. 从数字图像库、网络上获取图像或通过计算机进行截图

(1) 数字图像库通常使用光盘作为数据载体，它是很多人共同工作的结晶，融入了大量的智慧、时间和精力。数字图像库的图像多采用 PCD 文件格式和 JPEG 文件格式。其中，PCD 文件格式是 Kodak 公司开发的 Photo-CD 光盘格式；JPEG 文件格式是压缩数据文件格式。

(2) 在 Internet 上某些网站也提供合法的图片素材。值得注意的是，在购买素材光盘或从 Internet 上下载图像时，应注意图像是否被授予使用权或转让权、是否要支付费用、是否需要注册等项内容，要合法地使用这些图像。

(3) 当进行软件操作时，有时需要把操作过程记录下来，或把提示的信息保存下来，这时就可以通过计算机使用一些软件进行截图，保存相关的信息。

通过以上途径获取图像时，图像的质量存在差异。用户选择扫描设备的多样性、操作的熟练程度、肉眼直观检查色调平衡、文件格式的选择、压缩比的调整等因素严重影响图像的质量。

4.3.2 图像扫描

图像的扫描过程并不复杂，要想获得高质量的图像除了依靠正确的扫描方法、设定正确的扫描参数、选择合适的颜色深度外，还有后期的技术处理。

扫描就是把平面印刷品进行数字化转换的过程，由扫描仪和相应的软件实现。平面印刷品或照片经过扫描仪扫描，被转换成图像对应的用数字表示的像素矩阵，然后通过信号电缆传送到计算机中。扫描驱动程序是扫描技术的关键一环，在购买扫描仪时由厂家一并提供。计算机中安装了扫描驱动程序后，使用图像处理软件调用扫描驱动程序，然后再进行图像扫描。需要指出的是，扫描驱动程序的基本功能大致相同，但是不同厂家的扫描驱动程序不一样，扩充功能也有所不同。

扫描驱动程序提供的功能主要有(以清华紫光扫描仪为例)如下几种。

- 扫描模式的选择

扫描模式根据需要可在彩色、灰度以及其他模式之间选择。若扫描模式选择的是"彩色 24 位"，则扫描后生成的数字图像是彩色的。扫描模式设置界面如图 4-1 所示。

- 分辨率的设置

扫描分辨率的单位为 dpi。分辨率的数值越大，图像的细节部分越清晰，但图像的数据量会越大。通常根据图像的应用需求选择合适的扫描分辨率。分辨率在图 4-1 所示界面设置。

- 扫描参数的设置

扫描参数包括对比度、亮度、颜色饱和度、RGB 三色比例、颜色分布规律等参数。扫描参数是修正扫描仪偏差的重要控制条件。所有扫描参数完全根据扫描效果确定，没有固定的标准。一般而言，新购置的扫描仪的扫描参数不需要调整。只有当扫描仪使用一段时间后，由于光源亮度降低、CCD 光敏元件老化等因素的影响，导致色彩、清晰度发生偏差，才有必要调整扫描参数，进行效果补偿。扫描参数的设置界面如图 4-2 所示。

图 4-1　扫描模式、分辨率的设置

图 4-2　扫描参数的设置

- 预览

为了了解图片在扫描仪上的摆放位置，通常先进行预览，把图片的影像显示在扫描驱动程序界面中，一方面做到心中有数，另一方面为准确地确定扫描范围提供参照图形。一般情况下，预览采用灰度扫描即可，没有必要进行彩色扫描，灰度扫描速度较快。预览界面如图 4-3 所示。

- 扫描范围的选择

当需要扫描图片的局部而不是全部时，要确定扫描范围。在驱动程序的界面上，虚线框代表扫描范围，虚线框内部的图像被扫描，其余部分将不予扫描和处理。使用鼠标可调整虚线框的位置和大小。图 4-4 所示的扫描范围选择图像上"中国计算机学会通讯"所在区域。

图 4-3　预览界面

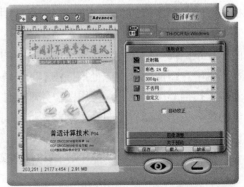

图 4-4　选择扫描范围

- 扫描

扫描即正式扫描。在正式扫描之前，应确认分辨率、扫描比例、扫描参数等项目是否符合要求。正式扫描结束后，数字图像将显示在屏幕上。某些扫描驱动程序还将自动退出，返回到图像处理软件的编辑状态。图 4-5 所示是扫描后的结果以及保存扫描结果的界面。图 4-6 中显示的是扫描后得到的图片。

图 4-5　扫描后的结果及保存操作

图 4-6　扫描后保存得到的图片

4.3.3　数码拍摄

数码拍摄是指利用数码相机或者数码摄像机直接获取自然影像。数码拍摄是获取多媒体素材的基础，大多数图像素材都可以通过该途径获取。由于数码拍摄方式直观、方法简捷、中间环节少，目前已经被广泛应用于各个领域。

由于使用数码拍摄后获得的素材已经被数字化，因此可以直接传送到彩色打印机进行打印输出，也可以通过信号电缆传送至计算机中，以便进行进一步的处理，最后将成品进行打印输出。目前市场上许多打印机可支持将数码相片直接输出打印。

1. 数码相机

数码相机是最常用的数码设备，品牌种类很多，如尼康、佳能等，如图 4-7 和图 4-8 所示。数码相机主要技术指标有像素数量、分辨率和存储容量等。数码相机中的关键元件是 CCD 光敏元件(电荷耦合器件)，也有采用 CMOS 器件作为感光元件的。CCD 元件把自然影像转换成电信号，然后经过译码转换成数字信号。数码相机的主要性能指标通常都是指 CCD 的性能指标。数码相机的另一个重要部件是内存储器，拍摄的数字照片临时保存在内存储器中，存储器的容量也是数码相机的重要指标，它的大小直接影响一次拍摄照片的数量。

数码相机与普通光学照相机最相似的部件是镜头，镜头质量的好坏对照相机的成像质量起到至关重要的作用。高级一些的数码相机可根据拍摄条件调整镜头的焦距，还可更换不同焦距范围的镜头。

图 4-7　尼康 COOLPIX P900s 数码相机　　　　图 4-8　佳能 EOS 700D 数码相机

2. 数码相机的图像采集与处理过程

1) 数码相机拍摄前的准备

在使用数码相机进行拍摄前,首先要对一些相关参数进行设定。数码相机的工作状态通常都是在其液晶显示屏上进行选择的,有压缩倍率选择、闪光方式选择、白色平衡选择、对焦方式选择、像素选择和曝光方式选择等。

- 压缩倍率选择

为了节约储存照片的容量,可以采用压缩照片容量的方法来提高数码相机的照片储存数量。各种数码相机的分辨率的设置方式各不相同,有的单独设立控制开关,也有的通过菜单进行设置,具体以相机的说明书为准。

一般来讲,对于一些用于网页显示等要求不高的图片,可以采用经济型压缩倍率,将照片文件的大小定在20KB与300KB之间即可,最大不必超过400KB,这样可最大限度地利用数码照相机的存储空间。高质量压缩方式可在对图片制作要求高的场合中使用,例如一些用作欣赏分析的照片和特殊效果的照片,文件大小可以达到4MB,甚至18MB。

- 闪光方式选择

自动闪光:通常,数码相机在不做任何设定变动时,闪光灯模式都是预设在"自动闪光"模式下的。此时,照相机会自动判断拍摄场景的光线是否充足,如果光线不足就会自动在拍摄时打开闪光灯进行闪光。在大部分的拍摄情况下,"自动闪光"模式都足以应付。

消除红眼:"红眼"现象在拍摄人像照片(尤其是比较近的距离、环境较阴暗)时常会发生,这是由于眼睛视网膜反射闪光而引起的。如果不想让拍摄出来的人或动物的眼睛出现"红眼",可以利用数码相机的"消除红眼"模式先让闪光灯快速闪烁一次或数次,使人的瞳孔适应之后,再进行主要的闪光与拍摄。

关闭闪光(强制不闪光):顾名思义就是强迫数码相机关闭闪光灯。不管拍摄环境的光照条件如何,一律不准闪光。此功能最适宜于在禁止使用闪光灯的地方进行拍摄。此外,借助此功能在黄昏或弱光环境更能营造出自然的拍摄气氛。

强制闪光:即不管在明亮或弱光的环境中,都开启闪光灯进行闪光。通常用于对背对光源的景物进行拍摄。因为拍摄时,如果主体处于背光位置(例如拍摄一间室内光线黑暗的房中的人物,主体背对着明亮的窗户),主体的正面就会处于阴影中看不清楚。此时可借助此功能,在闪光灯的有效覆盖范围内拍摄到主体受光均匀的照片。

2) 数码相机的拍摄过程

数码相机的拍摄过程与普通的轻便型照相机基本相同,分为取景、构图、对焦、释放快门等。数码相机的取景器大致有4种:光学平视取景、通过光学镜头的单反式取景、彩色液晶显示屏的电子式取景及辅助式彩色液晶屏取景。光学平视取景存在一定视差,因此对于离镜头不到1米的拍摄对象就会出现取景与拍出的照片不一致的情况。特别是一些很近的微距景物,视差尤为突出,需要在取景时加以注意。对于液晶屏取景,由于液晶显示屏的角度可以自由调节,对于一些取景角度复杂的景物(如在对某个物品的内部结构进行展示时),就能很方便地取到景。

因为液晶取景器分辨率较低,在进行构图时要注意前后景物的间隔。一般要以拍摄的主体为主,确保主体的最佳视觉效果。不必为突出主体虚化背景而去选择大光圈,也不必花费很大的精力去考虑低调或高调照片所需要的曝光组合,因为这些问题用数码照片处理软件可以很方便地解决。以主体为主是使用数码相机拍摄的关键,也是数码相机的对焦点。例如,在拍摄一幅大景照片时,可以先拍摄一张以主体为主的照片,再拍摄一张背景照片,通过后期的软件完全能合成一幅照片。

3. 接口形式与信号传送

数码相机的接口形式主要有两种,一种是串行通信接口,一种是支持热插拔的 USB 接口,目前大多数数码相机使用 USB 接口。

在数码相机拍摄完毕后,用信号电缆把数码相机与计算机连接起来,即可传送数据。首次使用数码相机时,应安装数码相机的驱动程序。

4.3.4 从网络获取图像素材

网络下载是获取图像的最常用的方法。

1. 利用搜索引擎

利用百度等搜索引擎的图片搜索功能可以方便快捷地搜索到网页中的各类图像素材。例如,使用百度搜索图像素材,如图 4-9 所示,在"图片搜索框"中输入要搜索的关键字(例如:莫高窟),单击"百度一下"按钮,在搜索结果页面中,单击合适的图片,可将图片放大观看。如果想看到更多的图片,可以单击页面底部的翻页(或使用键盘的←、→方向键)来查看更多搜索结果。

图 4-9　利用百度搜索图片

2. 网页中的图片

目前有一些专门的网站收集图像素材,并按一定类别存放。登录到相应网站可以很容易下载到所需要的数字图像素材,或者在浏览网页过程中发现有用的图片或照片,可以把它保存下来。

3. 保存图片

如图 4-10 所示，在图片上单击右键，在弹出的快捷菜单上选择"图片另存为"命令，出现"另存为"对话框，如图 4-11 所示，选择保存的目标位置，在"文件名"文本框内输入文件名，单击"保存"按钮即可。

图 4-10　弹出的快捷菜单

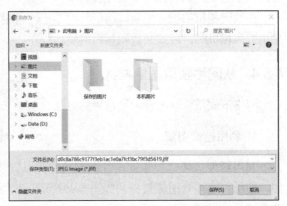

图 4-11　"另存为"对话框

4.3.5　截图软件

在编写与计算机相关的教程或演示文稿的过程中，经常要用到截图软件。现在截图软件的应用越来越广泛，教程编写、演示文稿编辑以及软件操作说明书制作等都要使用截图软件。本小节以 FastStone Capture 为例进行介绍。

FastStone Capture (FSCapture)是一款非常出色的屏幕截图工具软件，支持包括 BMP、JPEG、JPEG 2000、GIF、PNG、PCX、TIFF、WMF、ICO 和 TGA 在内的所有主流图片格式，并且集成了图像编辑、屏幕取色、屏幕视频录制、屏幕标尺等实用功能，通过鼠标就能随意抓取屏幕上的任何东西，也可以直接从系统、浏览器或其他程序中导入图片。

FSCapture 安装完毕之后，双击桌面上的快捷方式 便可运行。运行之后，在桌面的系统托盘区里会建立一个图标 ，并且在屏幕上显示运行窗口，如图 4-12 所示。

图 4-12　运行窗口

1. 运行窗口上主要按钮的功能

- 抓取当前活动窗口按钮 ：抓取当前活动的窗口图像，也就是当前焦点窗口。有时不需要整个屏幕的截图，只需要截取一个程序的图像，使用活动窗口截图的方法很方便。图 4-13 所示为活动窗口截图结果。

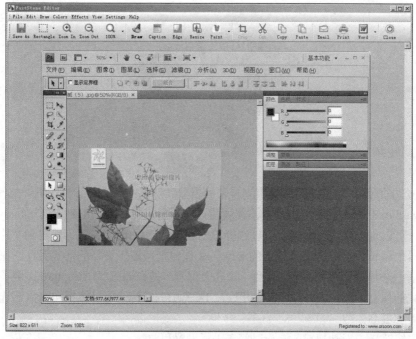

图 4-13　活动窗口截图

- 抓图窗口或控件对象■：指定抓取某个窗口或窗口内的控件。图 4-14 所示为使用该按钮抓取的 Photoshop 的"新建"对话框。
- 抓取矩形区域□：自定义抓取矩形区域，用鼠标左键单击然后选定抓取区域，可以抓取选定的矩形区域。在 FSCapture 激活的状态下，选择 Rectangle 工具按钮下的 Circle 选项可以截取圆形区域。图 4-15 所示为选择 Rectangle 工具按钮下的 Circle 选项后抓取选定区域的图像。

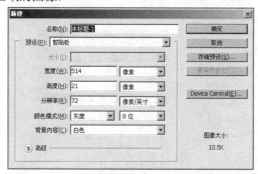

图 4-14　窗口或控件对象截图

图 4-15　选择 Rectangle 工具按钮下的
　　　　　Circle 选项后抓取的图像

- 自定义区域截图✎：自定义任意形状区域截图，要求"画线"区域必须封闭。图 4-16 所示为自定义区域截图效果。
- 抓取全屏按钮■：自动抓取当前全屏显示内容。单击该按钮，可以完成全屏幕截图功能。
- 抓取滚动窗体■：会自动滚屏抓取全部内容，对网页截图非常有用。
- 屏幕视频录制■：对选定屏幕区域内容进行视频录制。

图 4-16　自定义区域截图

- 输出选项 ：支持抓图后输出到自带编辑器、剪贴板、文件、打印机、邮件、Word、PowerPoint 等。截图结果根据该选项的设定输出，默认为输出到 FSCapture 自带编辑器，可以进一步进行编辑。可以选择输出选项为"to file"设置为输出到文件，或在编辑器中编辑好后单击工具栏上的 Save As 按钮把截图以文件的形式保存，在弹出的对话框中选择保存路径，输入文件名单击"保存"按钮即可。FSCapture 提供了多种图像格式的保存，包括 BMP、GIF、JPEG、PCX、PNG 等，可以根据实际需要选择合适的文件扩展名。
- 设置按钮 ：对快捷键、响应时间等进行设置和调整。

2. 常用设置

- 延时设置：为了截取下拉菜单项或级联菜单等的内容，就需要在鼠标单击时弹出相应菜单或选项时再进行操作。这就需要进行延时设置。打开设置窗口，在 Capture 选项卡的 Delay before capture 选项中设置为 3 秒，即按下"Print Screen SysRq"键 3 秒后 FSCapture 再启动，这期间可以进行需要的操作，以便得到需要的界面。图 4-17 所示为延时设置界面及延时设置后截取的 Word 文档字体设置时的图像。

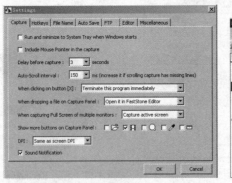 

图 4-17　进行延时设置及 Word 字体设置截图

- 快捷键设置：打开设置窗口，在 Hotkeys 选项卡可以设定包括截取全屏幕、截取活动窗口、截取区域图像等动作的快捷键。首先需要确定快捷键的主键(Hotkey)，可以是键盘上的任意一个键，其次设定辅助键(Key Modifier)，可以是 Ctrl、Alt、Shift 及其所有的组合键，设置界面如图 4-18 所示。

- 图片保存位置及格式设置：打开设置窗口，在 Auto Save 选项卡下可以对图片格式(Format)、保存位置(Output Folder)等选项进行设置，如图 4-19 所示。

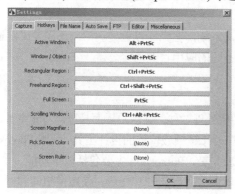

图 4-18　快捷键设置

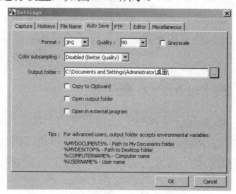

图 4-19　图片保存位置及格式设置

4.4　数字图像处理

图像处理是对图像信息进行加工处理，以满足人的视觉心理和实际应用的需求。数字图像处理则是依靠多媒体计算机对图像进行的各种技术处理，主要包括图像内容编辑、图像效果优化和添加特殊效果 3 个方面。对于不同的处理内容需要设计不同的算法，以实现不同的处理效果。目前，数字图像处理的大多数内容都已经以插件或效果滤镜的方式直接提供，特别是一些专用的图像处理软件(如 Photoshop)，还可通过可视化操作界面直接选择使用，这使得图像处理系统的研发和桌面图像处理变得更加方便。

4.4.1　图像处理

图像处理主要包括图像内容编辑、图像效果优化以及添加特殊效果等。

图像内容编辑主要指通过各种编辑技术实现图像内容的拼接、组合、叠加等，具体的编辑技术包括选择、裁剪、旋转、缩放、修改、图层叠加等，还可加入文字、几何图形等。

图像效果优化是对采集的图像根据需要进行增强、滤噪、校畸、锐化、恢复等处理，从而进一步提高图像的质量。图像增强技术是一类具有相似效果的多种技术的集合，它试图变换图像的视觉效果或把图像转换成某种适合于人或计算机分析的图像形式。例如，通过调整图像的对比度，可突出图像中的重要细节，达到改善图像质量的目的。滤噪即图像的平滑处理，主要是为了去除实际成像过程中因成像设备和环境所造成的图像失真，如光电转换过程中敏感元件灵敏度的不均匀性、数字化过程的量化噪声、传输过程中的误差以及人为因素等，均会使图像变质，此时可通过滤噪恢复原始图像。校畸是为了改善图像质量，一般可通过伽马校正(Gamma Correction)使画面中较暗的部分层次分明、细节清晰可辨、色彩还原更自然、轮廓线更平滑，它具有通过调节亮度和对比度无法达到的效果。锐化主要指图像边缘的锐化处理，目的是加强图像中的轮廓边缘和细节，形成完整的物体边界，从而达到将目标物体从背景图像中分离出来或将表示同一物体表面的区域检测出来的目的。图像恢复则是指从所获得的变质图像中恢复出真实图像的处理，其关键是建立图像变质模型，然后按照其逆过程恢复图像。

添加特殊效果是在图像进行内容编辑和效果优化处理的基础上，根据应用需要所采取的图像创意效果处理，即在取得较好的图像质量的同时，对图像进行艺术加工和效果处理。在进行具体处理时，可根据需要选择相应的滤镜效果。

无论是利用图像处理软件还是其他的图像处理系统，在完成以上处理后，还需要确定适当的图像存储格式。这需要根据图像的具体特点和不同的应用目的而定。

4.4.2 Photoshop 概述

Photoshop 是 Adobe 公司开发的一款多功能图像处理软件，其用户界面易懂，功能完善，性能稳定，是动画设计、摄影、装潢、彩色印刷、广告设计等领域首选的设计工具。利用 Photoshop 对拍摄的数码影像进行修饰，可以使影像变得更加完美。Photoshop 主要包括以下功能。

- 可以对图像进行移动、复制等编辑操作，对图像进行旋转和变形，使图像扭曲和倾斜，产生透视特效和其他效果。
- 利用 Photoshop 可以调整图像的色调和色彩，可以简单、快捷地调整图像的色相、饱和度、亮度和对比度。
- 提供强大的图像处理工具，包括选取工具、绘图工具和辅助工具等。利用选取工具可以选取一个或多个不同尺寸、不同形状的范围；利用绘图工具可以绘制各种图形，还可以通过不同的笔刷形状、大小等，创建不同的效果。
- 提供功能完善的图层、通道和蒙版。可以建立多种图层并可以方便地对各个图层进行编辑，制造各种效果。
- 提供了上百种滤镜，利用这些滤镜可以实现各种特殊效果，更多的外挂滤镜为制作奇幻效果的图片提供了强大的支持。

目前，Photoshop 有很多版本，这些版本的图像处理的基本功能相同，不同版本之间存在些细微的差异，这里以 Photoshop 2020 版为例介绍 Photoshop 的使用。

4.4.3 Photoshop 的基本知识

- 对比度：对比度是指不同颜色之间的差异。对比度越大，两种颜色之间的反差越大；反之则越接近。
- 图层：在 Photoshop 中，一般都会用到多个图层，每一层好像是一张透明纸，叠放在一起就是一个完整的图像。对某一图层进行修改处理时，对其他的图层不会造成任何影响。
- 通道：在 Photoshop 中，通道是指色彩的范围，一般情况下，一种基本色为一个通道。例如，RGB 颜色的 R 为红色，所以 R 通道的范围为红色。同样，G 通道的范围为绿色，B 通道的范围为蓝色。
- 路径：路径工具可以用于创建任意形状的路径，可利用路径绘图或者转换为选择区域选取图像。路径可以是闭合的，也可以是开放的。在路径面板中可以对勾画的路径进行填充、描边、建立或删除等操作。
- 颜色模式：Photoshop 支持 RGB 模式、CMYK 模式、HSB 模式、Lab 模式、位图模式和灰度模式。需要强调的是，不管是扫描输入的图像，还是绘制的图像，一般都要以 RGB 模式存储，因为用 RGB 模式存储图像产生的图像文件小，处理起来很方便，并且在 RGB 模式下可以使用 Photoshop 所有的命令和滤镜。在图像处理过程中，一般不使用 CMYK

模式,主要是因为这种模式的图像文件大,占用的磁盘空间和内存大,而且在这种模式下许多滤镜都不能使用。只有在打印输出时才使用 CMYK 模式。

4.4.4 Photoshop 的操作界面

启动 Photoshop 2020,进入操作界面,如图 4-20 所示。主窗口主要包括菜单栏、工具栏、工具箱、控制面板等。

图 4-20 Photoshop 2020 的操作界面

1. 菜单栏

菜单栏是 Photoshop 2020 操作界面的重要组成部分,与其他应用程序一样,Photoshop 2020 根据图像处理的各种需求,将所有的功能命令分类后,分别放在不同的菜单中。

- "文件"菜单:该菜单下的命令主要用于文件管理、操作环境以及外设管理等,是所有菜单中最基本的菜单。
- "编辑"菜单:主要用于对选定的图像、选定的区域进行各种编辑、修改操作。此菜单中的各个命令和其他应用软件中的"编辑"菜单的功能相差不大,只是包含一些图形处理功能,如填充、描边及自由转换和变形等。
- "图像"菜单:主要用于图像模式、图像色彩和色调、图像大小等各项的设置,通过对此菜单中各项命令的应用可以使制作出来的图像更加逼真。
- "图层"菜单:用于建立新图层或通过剪切、复制来建立新图层,复制或删除当前层,修改当前层和调整层,增加或删除图层的蒙版以及使图层的蒙版无效,建立或取消层组,重新排列图层,向下合并一层,合并可见层或所有层。
- "文字"菜单:用于打开字符和段落面板,以及用于文字的相关设置等操作。
- "选择"菜单:允许用户选择全部图像、取消选择区域和反选,柔化和改变选择区域,将色彩相近的像素点扩充到选择区域,调出通道上的选择区域或将选择区域存放到通道中。
- "滤镜"菜单:用于使用不同滤镜命令来完成各种特殊效果。滤镜包括艺术效果滤镜、模糊滤镜、扭曲变形滤镜、风格化滤镜、渲染滤镜、纹理滤镜、素描滤镜、画笔描边滤镜、锐化滤镜、像素化滤镜、杂色滤镜、视频滤镜、其他滤镜以及自定义滤镜效果。
- 3D 菜单：用于创建 3D 图层，制作出质感逼真的 3D 特效。
- "视图"菜单：提供一些辅助命令，可以帮助用户从不同的视角、以不同的方式来观察图像。
- "窗口"菜单：用于管理 Photoshop 2020 中各个窗口的显示与排列方式。

2. 工具箱

工具箱一般位于 Photoshop 工作区的左侧，可以用鼠标按住工具箱的标题栏，将工具箱拖到屏幕的其他位置。当把鼠标指针放在某个工具上不动时，Photoshop 会及时显示一条信息，该信息提供了当前所指工具的名称和快捷键。工具箱中有一些工具的右下角有一个小的三角符号，表示该工具中还有隐藏工具。只要将其按住 2～3 秒钟，即可出现隐藏的展开工具栏(如单击"减淡工具"后会显示出"加深"和"海绵"工具)，然后移动到相应的工具上释放鼠标即可将其选中。工具箱如图 4-21 所示。

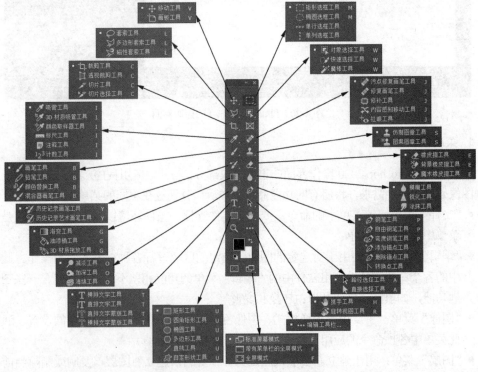

图 4-21　Photoshop 2020 的工具箱

下面分别介绍工具箱中的一些常用工具。

用鼠标右击该图标会出现两个选项：移动工具和画板工具。
- 移动工具：对图层进行移动。
- 画板工具：它提供了一个无限画布，方便用户在画布上布置适合不同设备和屏幕的设计。

用鼠标右击该图标会出现 3 个选项：套索工具、多边形套索工具和磁性套索工具。
- 套索工具：用于通过鼠标等设备在图像上绘制任意形状的选取区域。
- 多边形套索工具：用于在图像上绘制任意形状的多边形选取区域。
- 磁性套索工具：用于在图像上具有一定颜色属性的物体的轮廓线上设置路径。

用鼠标右击该图标会出现 4 个选项：裁剪工具、透视裁剪工具、切片工具和切片选择工具。
- 裁剪工具：用于从图像上裁剪需要的图像部分。
- 透视裁剪工具：使用透视裁剪工具可以裁剪出不规则形状的图片。
- 切片工具：选定该工具后在图像工作区拖动，可画出一个矩形的切片区域。
- 切片选择工具：选定该工具后在切片上单击可选中该切片，如果在单击的同时按下 Shift 键可同时选取多个切片。

用鼠标右击该图标会出现 6 个选项：吸管工具、3D 材质吸管工具、颜色取样器工具、标尺工具、注释工具和计数工具。
- 吸管工具：用于提取图像颜色的色样。
- 3D 材质吸管工具：用于查看所用材质类型，也就是可以吸取 3D 材质纹理以及查看和编辑 3D 材质纹理。
- 颜色取样器工具：用于将图像中单击鼠标处的周围的 4 像素点颜色的平均值作为选取色。
- 标尺工具：可测量距离、位置和角度。
- 注释工具：用于创建可附在图像上的文字注释。
- 计数工具：可统计图像中对象的个数（仅限 Photoshop Extended）。

用鼠标右击该图标会出现 4 个选项：画笔工具、铅笔工具、颜色替换工具和混合器画笔工具。
- 画笔工具：用于绘制具有画笔特性的线条。
- 铅笔工具：用于绘制具有铅笔特性的线条，线条的粗细可调。
- 颜色替换工具：可将选定颜色替换为新颜色。
- 混合器画笔工具：用于绘制出逼真的手绘效果，是较为专业的绘画工具，可以在属性栏中调节笔触的颜色、潮湿度、混合颜色等。

用鼠标右击该图标会出现两个选项：历史记录画笔工具和历史记录艺术画笔工具。
- 历史记录画笔工具：将所选状态或快照的复制品绘制到当前图像窗口中。
- 历史记录艺术画笔工具：利用所选状态或快照，采用模拟不同绘画样式外观的风格化描边来绘画。

用鼠标右击该图标会出现 3 个选项：渐变工具、油漆桶工具和 3D 材质拖放工具。
- 渐变工具：用于创建线性渐变、径向渐变、角度渐变、对称渐变和菱形渐变等渐变的颜色混合效果。
- 油漆桶工具：用于在图像的确定区域内填充前景色。
- 3D 材质拖放工具：它可以把已选择好的 3D 材质直接通过填充方式，贴在建好的 3D 模型上，可制作相关材质的 3D 模型效果。

用鼠标右击该图标会出现 3 个选项：减淡工具、加深工具和海绵工具。
- 减淡工具：该工具使图像内的区域变亮。
- 加深工具：该工具使图像内的区域变暗。
- 海绵工具：该工具可以精细地改变某一区域的色彩饱和度。

用鼠标右击该图标会出现 4 个选项：横排文字工具、直排文字工具、横排文字蒙版工具和直排文字蒙版工具。
- 横排文字工具：用于在图像上添加文字图层或放置文字。
- 直排文字工具：用于在图像的垂直方向上添加文字。
- 横排文字蒙版工具：用于向文字添加蒙版或将文字作为选区选定。
- 直排文字蒙版工具：用于在图像的垂直方向添加蒙版或将文字作为选区选定。

用鼠标右击该图标会出现 6 个选项：矩形工具、圆角矩形工具、椭圆工具、多边形工具、直线工具和自定形状工具。
- 矩形工具：在图像工作区内拖动可生成一个矩形图形。
- 圆角矩形工具：在图像工作区内拖动可生成一个圆角矩形图形。
- 椭圆工具：在图像工作区内拖动可生成一个椭圆形图形。
- 多边形工具：在图像工作区内拖动可生成一个正多边形图形。
- 直线工具：在图像工作区内拖动可生成一个直线图形。
- 自定形状工具：可从自定形状列表中选择自定形状。

用鼠标右击该图标会出现 4 个选项：矩形选框工具、椭圆选框工具、单行选框工具和单列选框工具。
- 矩形选框工具：选取该工具后在图像上拖动鼠标可以确定一个矩形的选取区域，也可以在选项面板中将选区设置为固定的大小。如果在拖动的同时按下 Shift 键可将选区设置为正方形。
- 椭圆选框工具：选取该工具后在图像上拖动可确定椭圆形选取区域，如果在拖动的同时按下 Shift 键可将选区设置为圆形。
- 单行选框工具：选取该工具后在图像上拖动可确定单行(一像素高)的选取区域。
- 单列选框工具：选取该工具后在图像上拖动可确定单列(一像素宽)的选取区域。

用鼠标右击该图标会出现 3 个选项：对象选择工具、快速选择工具和魔棒工具。
- 对象选择工具：对象选择工具可简化在图像中选择单个对象或对象的某个部分的过程。
- 快速选择工具：可让用户使用可调整的圆形画笔笔尖快速"绘制"选区。

- 魔棒工具：可选择着色相近的区域。

用鼠标右击该图标会出现 5 个选项：污点修复画笔工具、修复画笔工具、修补工具、内容感知移动工具和红眼工具。

- 污点修复画笔工具：可移去污点和对象。
- 修复画笔工具：可用于校正瑕疵，使其消失在周围的图像中。
- 修补工具：可以用其他区域或图案中的像素来修复选中的区域。
- 内容感知移动工具：包含移动和扩展，可以实现将图片中多余部分物体去除，同时会自动计算和修复移除部分，从而实现更加完美的图片合成效果。移动是将选取的区域内容移动到另外的地方。扩展则将选取的区域内容移动复制到另外的地方。
- 红眼工具：可移去由闪光灯导致的红色反光。

用鼠标右击该图标会出现 3 个选项：仿制图章工具、图案图章工具和魔棒工具。

- 仿制图章工具：用图像的样本来进行绘画。
- 图案图章工具：用图像的一部分作为图案来绘画。
- 魔棒工具：可选择着色相近的区域。

用鼠标右击该图标会出现 3 个选项：橡皮擦工具、背景橡皮擦工具和魔术橡皮擦工具。

- 橡皮擦工具：用于擦除图像中不需要的部分，并在擦过的地方显示背景图层的内容。
- 背景橡皮擦工具：用于擦除图像中不需要的部分，并使擦过区域变成透明。
- 魔术橡皮擦工具：擦去图像中色彩相似的像素。擦除背景时，用透明色填充。

用鼠标右击该图标会出现 3 个选项：模糊工具、锐化工具和涂抹工具。

- 模糊工具：选择该工具后，鼠标指针在图像上划动时可使划过的图像变得模糊。
- 锐化工具：选择该工具后，鼠标指针在图像上划动时可使划过的图像变得更清晰。
- 涂抹工具：模拟在未干的绘画上移动手指的动作，选取笔触开始位置的颜色，然后沿移动的方向扩张。

用鼠标右击该图标会出现 6 个选项：钢笔工具、自由钢笔工具、弯度钢笔工具、添加锚点工具、删除锚点工具和转换点工具。

- 钢笔工具：用于绘制路径，选定该工具后，在要绘制的路径上依次单击，可将各个单击点连成路径。
- 自由钢笔工具：用于手绘任意形状的路径，选定该工具后，在要绘制的路径上拖动，即可画出一条连续的路径。
- 弯度钢笔工具：用于轻松绘制弧线路径并可以快速调整弧线的位置、弧度等，方便创建线条比较圆滑的路径和形状。
- 添加锚点工具：用于增加路径上的固定点。
- 删除锚点工具：用于减少路径上的固定点。
- 转换点工具：使用该工具可以在平滑曲线转折点和直线转折点之间进行转换。

用鼠标右击该图标会出现两个选项：路径选择工具和直接选择工具。
- 路径选择工具：用于选择显示锚点、方向线和方向点的形状。
- 直接选择工具：用于调整路径上固定点的位置。

用鼠标右击该图标会出现两个选项：抓手工具和旋转视图工具。
- 抓手工具：可在图像窗口内移动图像。
- 旋转视图工具：用于移动图像处理窗口中的图像，以便对显示窗口中没有显示的部分进行观察。

可以对工具栏进行设置，自行改变工具栏的常用工具。

用鼠标右击该图标会出现 3 个选项：标准屏幕模式、带有菜单栏的全屏模式和全屏模式。
- 标准屏幕模式：用于放大和缩小图像的视图。
- 带有菜单栏的全屏模式：全屏模式的一种，能够看到菜单栏。
- 全屏模式：视图覆盖整个屏幕，无法看到菜单栏。

3. 面板

面板是 Photoshop 提供的一个很有特色且非常有用的功能，用户可随时利用面板来改变或执行一些常用的功能。按住面板的标题栏，可以将面板拖动到屏幕上的任意位置。利用"窗口"命令可以决定显示或隐藏各种面板。

- "导航器"面板

"导航器"面板用来放大、缩小视图及快速查看某一区域，如图 4-22 所示。

- "信息"面板

"信息"面板用于显示图像区鼠标指针所在位置的坐标、色彩信息以及选择区域的大小等信息，如图 4-23 所示。

图 4-22 "导航器"面板

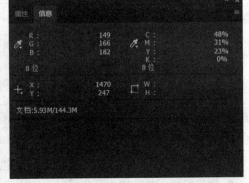

图 4-23 "信息"面板

- "颜色"面板

用户可以通过调整"颜色"面板中的 RGB 或 CMYK 颜色滑块来改变前景色和背景色。在"颜色"面板中，可单击右侧的向下箭头按钮，弹出下拉菜单，切换到不同的色彩模式。"颜色"面板如图 4-24 所示。

- "色板"面板

此面板和颜色控制面板具有相同的地方，都可用来改变工具箱中的前景色和背景色。将鼠标指针移到色板区单击某个样本可选择颜色取代工具箱中当前的前景色，按住 Ctrl 键同时单击某个样本可改变背景色，"色板"面板如图 4-25 所示。

- "样式"面板

图层样式是在以前版本的图层效果的基础上建立起来的。它在图层效果的基础上做了很大的改进，用户可以直接使用"样式"面板中已有的样式给图层添加效果，也可以利用"图层样式"对话框进行编辑。除此以外，还可以编辑一些图层样式并存储在一个"样式"面板中，以便以后进行图像处理时直接使用。这些都体现了比滤镜更优越的可编辑功能，从而也提供了广阔的应用空间，"样式"面板如图 4-26 所示。

图 4-24　"颜色"面板

图 4-25　"色板"面板

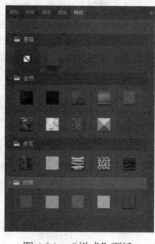
图 4-26　"样式"面板

- "路径"面板

"路径"面板通常要与钢笔工具联合使用。钢笔工具用来创建曲线和直线路径并可进行编辑。生成的路径在"路径"面板中可显示，利用"路径"面板可将路径中的区域填满颜色或用颜色描绘出路径的轮廓。此外，也可将路径转换为选择区域、建立新路径、复制路径和删除不再需要的路径等，"路径"面板如图 4-27 所示。

- "图层"面板

"图层"面板用来管理图层，在对图像进行编辑时，可以增加若干图层，将图像的不同部分分别放在不同的图层中。每个图层都可以独立操作，对所选的当前工作图层进行操作时不会影响其他图层。"图层"面板如图 4-28 所示。

- "通道"面板

"通道"面板用于创建和管理通道，如图 4-29 所示。通道是用来存储图像的颜色信息、选区和蒙版的，利用通道可以调整图像的色彩和创建选区。通道主要有 3 种：颜色通道、Alpha

通道和专色通道。一幅图像最多可以有 24 个通道。通道越多，图像文件越大。

图 4-27 "路径"面板　　　　图 4-28 "图层"面板　　　　图 4-29 "通道"面板

- "历史记录"面板

"历史记录"面板用来记录操作步骤并帮助用户恢复到操作过程中任何一步的状态。当执行不同的步骤时，在"历史记录"面板中就会记录下来，并根据所执行的命令的名称自动命名。"历史记录"面板如图 4-30 所示。

单击任何一个中间步骤时，滑标就会出现在选中的步骤前面，其下面的步骤都会变成灰色。此时，若单击面板右下角的垃圾筒图标，则当前选中的步骤和此后所有以灰色表示的步骤全部被删除。

从"历史记录"面板右上角的下拉菜单中选择"历史记录选项"命令，若选中"允许非线性历史记录"选项，则当选中历史记录的中间步骤时，其后面的步骤仍然正常显示。当执行删除记录命令后，只是当前选中的某个记录被删除，后面的步骤不受任何影响。

有关"历史记录"面板的说明：软件范围的更改，如对调色板、色彩设置、动作和预置的更改，由于不是对某个图像进行更改，所以不会被添加到"历史记录"面板中。

- "动作"面板

使用"动作"面板可以将一系列的命令组合为一个单独的动作，执行这个单独的动作就相当于执行了这一系列命令，从而使执行任务自动化。熟练掌握了动作命令的操作，就可以在某些操作上大幅度提高工作效率。例如，如果用户喜欢一种特效字的效果，那么就可以创建一个动作，该动作可应用一系列制作这种特效字的命令来重现用户所喜爱的效果，而不必像以前那样一步步地重新进行操作。"动作"面板如图 4-31 所示。

图 4-30 "历史记录"面板　　　　图 4-31 "动作"面板

4. 图像的色彩调整

色彩调整在图像的修饰过程中是非常重要的一项内容，它包括对图像色调进行调节，改变图像的对比度等。"图像"菜单下的"调整"子菜单中的命令都是用来进行色彩调整的。"色阶""自动色阶""曲线""亮度/对比度"命令主要用来调节图像的对比度和亮度，这些命令可修改图像中像素值的分布，其中"曲线"命令可提供最精确的调节。另外，还可以对彩色图像的个别通道执行"色阶""曲线"命令来修改图像中的色调。"色彩平衡"命令用于改变图像中颜色的组成，该命令只适合做快速而简单的色彩调整，若要精确控制图像中各色彩的成分，应该使用"色阶"和"曲线"命令。"色相饱和度""替换颜色"和"可选颜色"用于对图像中的特定颜色进行修改。

5. 滤镜

滤镜专门用于对图像进行各种特殊效果处理。图像特殊效果是通过计算机的运算来模拟摄影时使用的偏光镜、柔焦镜及暗房中的曝光和镜头旋转等技术，并加入美学艺术创作的效果。

图像的色彩模式不同，使用滤镜时就会受到某些限制。在位图、索引图、48 位 RGB 图、16 位灰度图等色彩模式下，不允许使用滤镜。在 CMYK、Lab 模式下，有些滤镜不允许使用。虽然 Photoshop 提供的滤镜效果各不相同，但其用法基本相同。首先，打开要处理的图像文件，如果只对部分区域进行处理，就要选择区域，然后从"滤镜"菜单中选择某一滤镜，在出现的对话框中设置参数，确认后即出现该滤镜效果。

在执行滤镜时，最近用到的滤镜命令，可以通过 Ctrl+F 组合键将它们重新执行一次。

提示：对文字图层不能直接应用滤镜，必须先将文字图层转换为普通图层。

4.4.5 基于 Photoshop 2020 的图像处理实例

通过下载、截取、拍摄、扫描等途径采集的图像，需要进行一定的处理加工。例如，调整图像大小和格式、调整色彩、矫正歪斜、修复图像、创建 Alpha 通道、添加素描效果和渲染效果等，才能在多媒体 CAI 课件中应用。使用 Photoshop 等软件可以轻松完成此类任务。

1. 调整大小和格式

图像文件过大，不仅会超出作品演示窗口，还会造成课件运行速度很慢。例如，当两幅图像连续播放时，图像之间的过渡很不自然。因此，在将图像导入课件前，用户需要查看图像文件的大小，再决定是否需要先调整后再使用。

改变图像大小有两种方法：一是设置图像的尺寸或分辨率；二是使用压缩的图像格式，这样可以大大减少文件所占的磁盘空间，从而加快课件的运行速度。

【练习 4-1】使用 Photoshop 2020 调整图像的大小，并保存为 JPEG 图像格式。

(1) 在计算机中安装图像处理软件 Photoshop 2020 中文版，然后启动该软件。

(2) 选择"文件"|"打开"命令，在打开的"打开"对话框中选择要调整大小的图像文件，并单击"打开"按钮，如图 4-32 所示。

图 4-32 选择要调整大小的图像文件

(3) 打开图片后，选择"图像"|"图像大小"命令，打开如图 4-33 所示的"图像大小"对话框。从对话框上可以看到图像的宽度是 1920 像素，高度是 1080 像素。

图 4-33 打开"图像大小"对话框

(4) 如果用户想要将图片等比例调小，可以单击"约束比例"按钮，并在"宽度"或"高度"文本框中输入合适的尺寸。例如，在"宽度"文本框中输入 1440，此时"高度"文本框中的数值会自动发生变化，如图 4-34 所示。

(5) 单击"确定"按钮，完成图像大小的修改。

(6) 选择"文件"|"另存为"命令，打开如图 4-35 所示的"另存为"对话框。在"保存类型"下拉列表中选择 JPEG 选项，在"文件名"文本框中输入文件的名称，然后单击"保存"按钮。

提示：

如果不单击"约束比例"按钮，那么在调整图像大小时，可能会使图像的长宽比发生变化，从而造成图像失真。

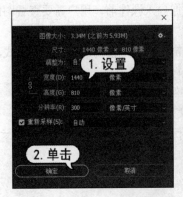
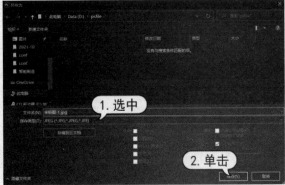

图 4-34 "图像大小"对话框　　　　图 4-35 "另存为"对话框

(7) 此时打开"JPEG 选项"对话框,如图 4-36 所示。在"品质"文本框输入 12,或者拖动下方的滚动条。设置完毕后,单击"确定"按钮,完成图像的压缩保存。

(8) 打开保存文件所在的文件夹,选择缩小后保存的文件,可看到文件的大小发生了变化,即缩小分辨率和更改格式后,文件变小了很多,如图 4-37 所示。

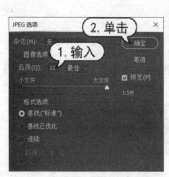

图 4-36 选择保存的图片格式

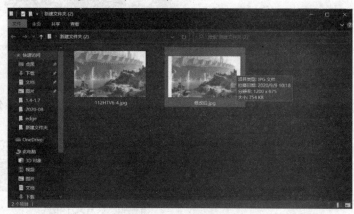

图 4-37 调整大小后的图像

2. 裁剪图片

在 Photoshop 2020 中,可以使用"裁剪"工具裁剪指定区域外的图像画面。使用裁剪图像的方式,可以在不改变图像文件分辨率的情况下改变图像画面尺寸。

使用"裁剪"工具可以指定保留区域的同时,裁剪保留区域外的图像区域。选择"工具"箱中的"裁剪"工具,然后在图像文件窗口中按下鼠标并拖动,释放鼠标即可创建一个矩形定界框,如图 4-38 所示。

该矩形定界框上有 8 个控制手柄,移动光标至手柄位置上,按下鼠标并拖动,即可调整定界框的区域范围。移动光标至定界框外,会变成旋转控制手柄,按下鼠标并拖动,即可围绕定界框的中心点旋转。移动光标至定界框的中心点,按下鼠标并拖动,即可改变定界框的中心点位置。当进行旋转定界框操作时,会以重新设置的中心点进行旋转。调整定界框区域后,按 Enter 键或者在定界框内双击,即可裁剪定界框之外的图像区域。

图 4-38 裁剪图像

3. 特效文字的制作

使用 Photoshop 可以获得具有各种表现效果的标题性文字。本例学习使用 Photoshop 的投影、光泽、图案叠加等效果创建文字。

【练习 4-2】使用 Photoshop 2020 创建标题文字"七彩虹",效果如图 4-39 所示。

(1) 启动 Photoshop 2020 应用程序,新建一个文档。

图 4-39　使用 Photoshop 处理文字

(2) 选择工具箱中的"横排文字工具",在属性栏中设置字体为"华文琥珀",大小为 60 点,如图 4-40 所示。

图 4-40　设置文字格式

(3) 在图像窗口中绘制横排文本框并输入文字"七彩虹",此时,在"图层"面板中,可以看到创建文字后生成的文字图层,如图 4-41 所示。

(4) 选择"图层"|"图层样式"|"投影"命令,如图 4-42 所示。

图 4-41　输入文字

图 4-42　选择"投影"命令

(5) 打开"图层样式"对话框,在"样式"选项区域选中"投影""光泽"和"图案叠加"复选框,如图 4-43 所示,为文字添加"投影""光泽"和"图案叠加"效果,单击"确定"按钮,效果如图 4-44 所示。

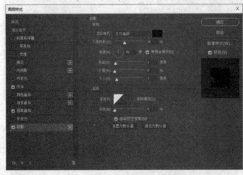
图 4-43　"图层样式"对话框

图 4-44　综合样式效果

(6) 打开"样式"面板，在样式列表中选择"铬金光泽(文字)"选项，此时文字应用选择的样式，效果如图 4-45 所示。

图 4-45 应用样式后的显示效果

(7) 使用"裁剪"工具，将画布裁剪到合适的大小，然后选择"文件"|"存储"命令，将其分别保存为 PSD 格式和 JPEG 格式的文件，以便以后编辑和以图片格式导入到其他多媒体课件制作工具中。

4. 调整图像色彩

有时采集的图像和使用数码相机拍摄的图像会呈现曝光过度、曝光不足或色彩不均衡的现象，以致图像看上去太亮、太暗淡或者不清晰。Photoshop 2020 提供了许多调整图像色彩的方法，通过该软件的处理，可以满足课件制作的要求。用户可以通过阴影和高光来调整曝光过度或曝光不足的图像，也可以通过亮度、对比度、色彩平衡等其他工具调整图像的色彩。

【练习 4-3】使用 Photoshop 2020 调整一张曝光不足的图像，调整前后的效果对比如图 4-46 所示。

图 4-46 使用 Photoshop 2020 调整图像色彩

(1) 启动 Photoshop 2020 应用程序，打开要修复的图片，如图 4-47 所示。选择"图像"|"调整"|"色阶"命令，打开"色阶"对话框，如图 4-48 所示。

 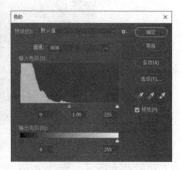

图 4-47 打开图片　　　　　　　　图 4-48 "色阶"对话框

(2) "色阶"对话框中显示了图像灰度的直方图分布，并分为低光部分和高光部分。从图 4-48 中可以看出高光部分数据几乎为 0，说明图像的高光部分设置得太高，导致图像较暗。此时可向左拖动右方的白色滑块，直到直方图的右侧末端位置，如图 4-49 所示。同理，若图像整体偏暗，可以向右拖动左侧黑色滑块进行调整。

(3) 调节完成后，单击"确定"按钮，效果如图 4-50 所示。

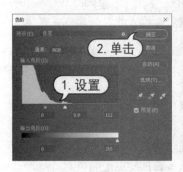

图 4-49　调整亮度　　　　　　　　　　图 4-50　调整后的效果

5. 拼接图像

在 Photoshop 中最为常用的就是将一张图的部分图像移到另一张图像。

【练习 4-4】头像挪移的应用，将两个人合二为一。

(1) 打开 Photoshop，选择"文件"|"打开"命令分别打开两张不同的人物图像，选择头像时注意尽量选取头像角度一致的图片(比如都是正面照或者都是侧面照)，方便处理，如图 4-51 和 4-52 所示。

图 4-51　选择的原始图片 1　　　　　　图 4-52　选择的原始图片 2

(2) 单击左侧工具箱中的矩形选框工具，在要挪动的头像图片中对头部范围划出裁剪范围，可以稍微放大范围，如图 4-53 所示。

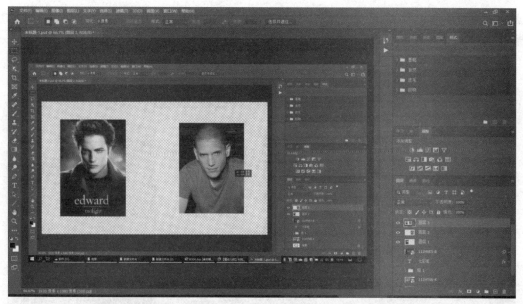

图 4-53 选定区域

然后按住 Ctrl 键，使用鼠标点住裁剪部分，将其拖动到第二幅图中，如图 4-54 所示。

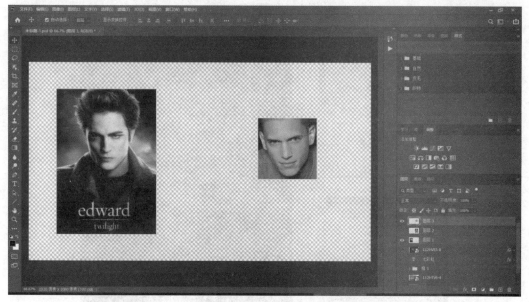

图 4-54 拖动裁剪区域

(3) 将裁剪的图像的不透明度设为 60%，便于调整时和原图像的脸型重合，如图 4-55 所示。

选择"编辑"|"自由变换"(快捷键 Ctrl+T)命令，如图 4-56 所示。调整图像大小并旋转角度，直到与背景图的头像脸部重合。

用鼠标拖动图像进行放大或者缩小，鼠标放在图像边缘时会变成弧线形状，此时按住鼠标左键即可进行旋转，重点关注眼睛、鼻子、嘴巴位置是否重合。

如果调整过程中看不清裁剪图像或者背景图像，可重新调整裁剪图像的不透明度。调整完成后(两者脸廓重叠)按 Enter 键或者 Esc 键取消对裁剪图像的选取,并将裁剪图像的不透明度改为 100%。调整后的效果如图 4-57 所示。

图 4-55　设置不透明度

图 4-56　选择"自由变换"命令　　　　图 4-57　调整后的效果图

(4) 使用鼠标按住裁剪图像并拖动到蒙版位置,为该图像增加蒙版,如图 4-58 和图 4-59 所示。

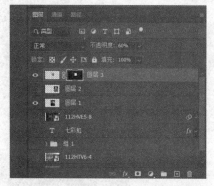

图 4-58 将裁剪图像拖动到蒙版位置　　图 4-59 增加蒙版后的"图层"面板

将前景色设为默认的黑色,并选取画笔工具,在菜单栏下面会显示出当前使用工具的属性项。对于加载了蒙版的裁剪图像,用鼠标选中蒙版,如果选择黑色在蒙版上进行涂抹,则表示涂抹部分不会被显示出来,隐藏被涂抹的部分,亦即表示将背景图片显示出来。选择白色则效果相反。

设置画笔选项,可选择不同的画笔样式,并将前景色、背景色设为默认的黑白色,如图 4-60 所示。不透明度表示画笔颜色的不透明程度,越小则会越透明;而流量则表示这种画笔的颜色的量,越多则颜色会越重。最初时可选取实心黑点样式画笔,并设置主直径为 12,将不透明度和流量设置为 87 和 26,涂抹掉裁剪头像外围的部分,效果如图 4-61 所示,待接近裁剪头像的脸部时,缩小不透明度和流量进行微部的涂抹,可用放大镜将图像放大进行处理。

图 4-60 将前景色、背景色设为默认的黑白色　　图 4-61 画笔设置消除外围部分的效果图

(5) 使用鼠标单击裁剪图像,不是裁剪图像的蒙版,如图 4-62 所示的右下角部分。在工具箱中选择颜色取样器工具,如图 4-63 所示。

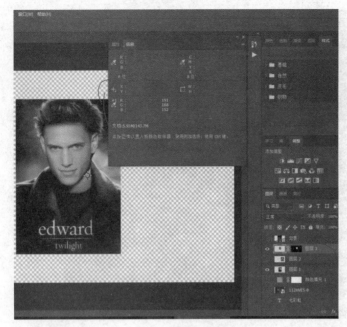 

图4-62 选择裁剪图像　　　　　　图4-63 选择颜色取样器工具

在背景图像的脖子处取色,选择一种用于后面的填充(R:189 G:168 B:147)。单击选中蒙版,然后选择"纯色"选项,如图4-64所示。在弹出的"拾色器(纯色)"对话框中输入刚才获取的颜色参数,如图4-65所示。确定后将图层设为颜色。

图4-64 选择"纯色"选项　　　　　　图4-65 "拾色器(纯色)"对话框

单击裁剪图层,选择"滤镜"|"模糊"|"高斯模糊"命令,如图4-66所示。具体的参数设置如图4-67所示。

(6) 选择仿制图章工具,如图4-68所示。设置图章工具的属性(模式、不透明度、流量),选取脸部颜色将裁剪头像头部的头发去除掉。

按住Alt键并用鼠标左键在额头的空白处单击选中,然后松开,轻轻涂抹裁剪图像多余的头发。

仿制图章的用处是将以 Alt+鼠标左键选取的位置为中心进行复制,然后再在其他位置进行粘贴。这里只是取裁剪图像的额头空白皮肤填充到头发位置,所以选取时要注意模式的设置以及选取的位置。最终的效果如图 4-69 所示。

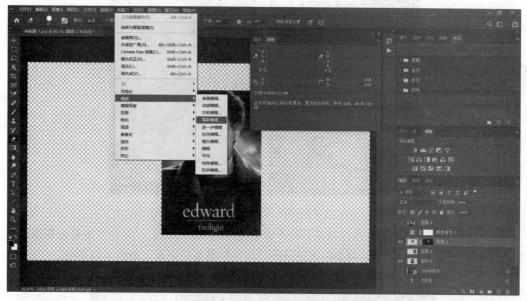

图 4-66　选择"滤镜"操作

图 4-67　高斯模糊参数设置　　图 4-68　选择仿制图章工具　　图 4-69　最终的效果

6. 使用滤镜设置图像特效

Photoshop 内置了 100 多种滤镜,每个滤镜都有自己特有的效果。根据参数设置的不同,图像的最终效果会产生很大的差异。

【练习 4-5】使用 Photoshop 2020 的滤镜功能，为图片添加下雪效果，如图 4-70 所示。

图 4-70 制作下雪效果

(1) 启动 Photoshop 2020 应用程序并打开需要处理的图片，右击"背景"图层，在弹出的快捷菜单中选择"复制图层"命令，创建一个"背景"图层的副本，如图 4-71 所示。

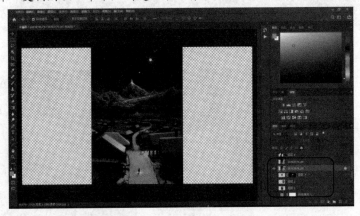

图 4-71 复制"背景"图层

(2) 选择"滤镜"|"像素化"|"点状化"命令，如图 4-72 所示。

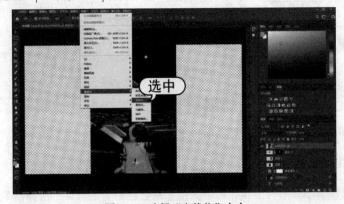

图 4-72 选择"点状化"命令

(3) 打开"点状化"对话框,在"单元格大小"文本框中设置数值为3,然后单击"确定"按钮,如图4-73所示。

(4) 选择"滤镜"|"模糊"|"动感模糊"命令,打开"动感模糊"对话框,在该对话框中设置"角度"为60度,"距离"为8像素,单击"确定"按钮,如图4-74所示。

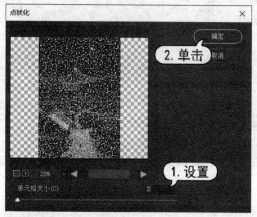
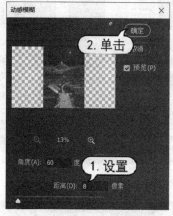

图4-73 "点状化"对话框　　　　图4-74 "动感模糊"对话框

(5) 选中背景图层,然后选择"图像"|"调整"|"去色"命令,将图像转换为灰度图像,如图4-75所示。

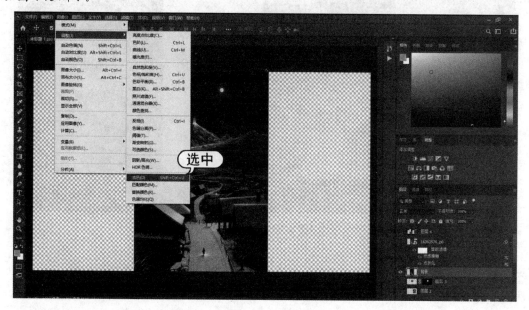

图4-75 去色

(6) 右击"背景 副本"图层,在弹出的快捷菜单中选择"混合选项"命令,如图4-76所示,打开"图层样式"对话框,此时默认打开"混合选项"选项卡,如图4-77所示。

(7) 在"混合模式"下拉列表中设置混合模式为"滤色",然后单击"确定"按钮,关闭"图层样式"对话框,此时图像效果如图4-78所示。

 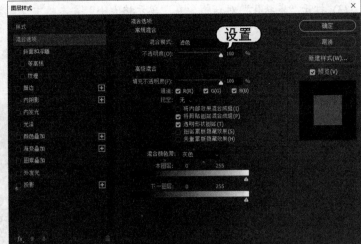

图 4-76　选择"混合选项"命令　　　　图 4-77　"图层样式"对话框

图 4-78　最终效果

提示：

Photoshop 2020 中的滤镜有很多种，功能也各不相同，不同功能的滤镜叠加到一起，可以产生许多意想不到的效果。用户可以通过实践进行各种尝试，制作出许多令人叹为观止的效果。

4.5　本章小结

本章详细介绍了图像的相关概念、图形和图像的区别、图像文件格式、图像数字化和图像处理，并对数字图像的获取进行了详细的介绍；最后，通过几个 Photoshop 的例子对数字图像的编辑处理进行详细说明。

4.6 习题

一、填空题

1. 数字化图像信息通常有两种形式，一种是_____，另一种是_____。在通常情况下把_____称为图像，把_____称为图形。

2. 分辨率用于衡量图像细节的表现能力。在图形图像处理过程中，经常涉及的分辨率有_____、_____、_____、_____等几种。

3. 自然界的常见颜色均可用_____、_____、_____ 3 种颜色的组合来表示，这就是最基本的原理：_____。

4. 世界上的色彩千差万别，任何一种色彩都可用_____、_____和_____ 3 个物理量来描述，即通常所说的色彩三要素。

5. 计算机显示时采用_____颜色模式，彩色电视信号传输时采用_____颜色模式，图像打印输出时用_____颜色模式。

6. _____决定了图像中可以呈现的颜色的最大数目。目前，呈现的颜色有 1、4、8、16、24 和 32 几种。

7. 通常，人们把显示分辨率理解为屏幕纵向、横向像素的乘积，例如 800×600 代表_____，_____。

8. 数字图像处理是依靠多媒体计算机对图像进行的各种技术处理，主要包括图像_____、_____和添加特殊效果 3 个方面。

9. 当图像的颜色深度达到或超过 24 时，则称这种颜色为_____。

10. 图形处理是计算机信息处理的一个重要分支，被称为_____，主要研究二维和三维空间图形的矢量表示、生成、处理、输出等内容。

二、选择题(可多选)

1. 多媒体计算机的显示器是按照_____颜色模式表示颜色的。
   A. CMYK 模式   B. RGB 模式   C. HSB 模式
   D. 位图模式   E. Lab 模式

2. 当图像的颜色深度达到或超过_____时，则称这种颜色为真彩色。
   A. 8   B. 16   C. 24   D. 32

3. 图像分辨率是指单位图像线性尺寸中所包含的像素数目，通常以_____为计量单位。
   A. 像素/英寸(pixel per inch，ppi)   B. 点/英寸(dot per inch，dpi)
   C. 像素(pixel)   D. 点(dot)

4. 通常，数码相机在不做任何设定变动的时候，闪光灯模式都是预设在_____模式下的。
   A. 消除红眼
   B. 关闭闪光(强制不闪光)
   C. 强制闪光
   D. 自动闪光

5. Photoshop 支持的颜色模式有_____。
   A. RGB 模式　　　　　B. CMYK 模式
   C. HSB 模式　　　　　D. Lab 模式
   E. 位图模式　　　　　F. 灰度模式

三、简答题

1. 解释颜色三要素的基本内容。
2. 什么是位图？什么是矢量图形？它们各自的特点是什么？分别有哪些应用？
3. 常见的图形图像文件格式有哪些？
4. 简述图像获取的主要途径。
5. 简述图像扫描的过程。
6. 简述数字图像处理技术所包含的内容。

四、操作题

1. 使用 Photoshop 制作一种美术字效果。
2. 选取一张数码照片，使用 Photoshop 进行处理、优化、添加特效等。
3. 利用截图软件对屏幕信息进行抓图操作，包括抓取全屏、屏幕的一个区域、当前活动窗口、带下拉菜单的图像等。
4. 用能识别颜色的图像编辑软件打开一张图片，选择该图片上 3 个不同的像素，找出其颜色，记录下这种颜色的 RGB、HSB、CMYK 和十六进制颜色值。

像素	RGB	HSB	CMYK	十六进制
1				
2				
3				

第 5 章 音频处理技术

音频处理技术是多媒体技术研究的重要内容之一,主要包括将模拟声音信号数字化,音频文件的存储、传输、播放,数字音效处理等内容。本章主要介绍声音信号及其数字化的基本概念、音频卡的组成及其工作原理、数字音频的采集与编辑、MIDI 音乐以及几个常用的音频处理软件等内容,并以 Adobe Audition 2020 为例,详细介绍编辑处理声音文件的具体方法。

本章的学习目标:
- 掌握音频的基本知识
- 掌握常用的音频文件格式
- 理解音频数字化过程
- 熟练掌握音频的采集及处理

5.1 声音的魅力

空气中的某物前后移动,就会产生振动(例如扬声器的圆锥形纸盆),并引起压力波,这种波会向四面扩散,就像在平静的池塘中投入一枚鹅卵石,产生的涟漪向四面扩散一样。当它到达人的耳膜时,人就会感觉到这种压力的变化,或者感觉到振动,这就是声音。声波在空气中以每小时 750 英里或在海平面上以 1 马赫的速度进行传播。声波有各种不同的声强水平(幅度)和频率。许多声波混合在一起,会构成交响乐、交谈声或噪声。

声学是研究声音的一个物理分支。声音的强度水平(声响或者音量)用 dB 表示。dB 值等于在对数标尺上选定的参考声强与实际感受的声强的比值。将声音输出功率调高到原来的 4 倍,dB 值只增加 6。把声音调高 100 倍,dB 值并不增加 100,而只有 20。人耳能接收的声强范围非常大,因此有必要使用对数,表 5-1 是一些 dB 值的例子,注意功率(瓦特,W)和 dB 值之间的关系。

表 5-1 典型声强的 dB 值和瓦特值

dB	W	例子
170	100 000	带加力燃烧室的喷气机引擎
160	10 000	7 000 磅推力的涡轮喷气发动机
150	1 000	ALSETEX 防碎裂手榴弹
140	100	汽车内两个 2 400W 输出功率的 JBL2226 扬声器

(续表)

dB	W	例子
130	10	75人的管弦乐队的最强音
120	1	大型碎石机
110	0.1	铆钉机
100	0.01	高速公路上的汽车
90	0.001	地铁，喊叫声
80	0.0001	60英里/小时的巡洋舰内
70	0.00001	语音聊天，100英尺以外的货运列车
60	0.000001	大型百货公司
50	0.0000001	一般的居民区或小型商业办公室
40	0.00000001	夜晚芝加哥的居民区
30	0.000000001	非常柔和的密语
20	0.0000000001	声音工作室

声音是一种能量，就像冲击沙滩的浪花，音量太大，会对耳膜后脆弱的听觉器官造成永久的伤害，一般会使听觉范围减少 6kHz。就音量而言，我们以为听到的声音并不是实际听到的声音。声响的感知依赖于声音的频率，当频率很低时，为了传达与中、高频声音相同的声响，需要更大的功率。与其说是听到声音，不如说是在感觉声音。例如，工作间的环境噪声在 90dB 以上时，人们在执行易受干扰的任务时往往会犯更多的错误——尤其是当噪声中有高频分量时，就更是如此。当声强超过 80dB 时，是不可能打电话的。研究者通过居民区的实验证明，当声音发生器生成的声音为 45dB 时，对周围邻居没有影响；在 45~50dB 时，会有个别人抱怨；在 50~55dB 时，会引起众怒；在 55~60dB 时，会受到社区一般性的抵制；超过 65dB 时，将引发社区强烈的抵制行为。这一研究从 20 世纪 50 年代开始，为摇滚音乐家和多媒体开发者提供了有益的指导。

声学并非仅涉及音量和频率，有很多关于声音的文章，讨论了为什么大提琴上的中音 C 听起来像低音管的中音 C；为什么 5 岁的儿童能听到 20dB 的 1000Hz 音频，而患有老年性失聪(由于年龄原因，听觉灵敏度下降)的老年人却不能听到。在多媒体项目中使用声音，并不需要掌握高深的专业知识，例如谐音、音程、正弦波、音符记号、八度音阶、物理声学和振动等，但是需要了解以下知识：

- 如何产生声音？
- 如何在计算机上记录和编辑声音？
- 如何将声音集成到多媒体项目中？

5.1.1 声音的物理特征

人的耳朵所感觉到的空气分子的振动就是声音信号，它通常用一种连续的波形来表示，如图 5-1 所示。

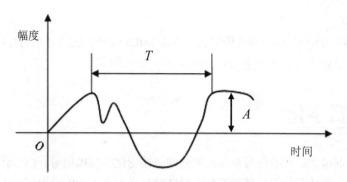

图 5-1 声波的振幅与频率

波形的最大位移称为振幅 A，反映音量。波形中两个连续波峰(或波谷)之间的距离称为周期 T。周期的倒数 $1/T$ 即为频率 f，以赫兹(Hz)为单位。频率反映了声音的音调，声音按频率可分为 3 类：低于 20Hz 的声音称为次声，频率在 20Hz～20kHz 的声音称为音频，频率高于 20kHz 的声音称为超音频(或超声)。

振幅和频率不变的声音为纯音，纯音一般都是用专用电子设备产生的。在自然界中，语音、乐声等大多数不是纯音，它们都是由不同的振幅和频率组成的复音。在复音中，最低频一般是一个常数，称为基频，基频是决定声音音调的基本因素。复音中的其他频率通常称为谐音。基频和谐音组合后，即可形成不同音质和音色的声音。音色是辨别声音的特征，通过音色能区分自然界不同的声源。若在传播过程中谐音有所损失，则可能改变原声源的特征而发生畸变。

5.1.2 音频的相关概念

声音被录制下来以后，无论是说话声、歌声、乐器都可以通过数字音乐软件处理，或是把它制作成 CD，这时候所有的声音没有改变，因为 CD 本来就是音频文件的一种类型。而音频只是存储在计算机里的声音。使用计算机再加上相应的音频卡——也称声卡，可以把所有的声音录制下来，声音的声学特性如音的高低等都可以用计算机硬盘文件的方式存储下来。反过来，也可以把存储下来的音频文件用一定的音频程序播放，还原以前录下的声音。

从处理方式看，目前多媒体计算机中的音频主要有波形音频、CD 音频和 MIDI 音乐 3 种形式。

- 波形音频

所谓波形音频，就是由外部声音源通过数字化过程采集到多媒体计算机中的所有声音形式，如讲话录音、流行歌曲、自然界的各种声音等，可通过编辑(裁剪、合成、效果等)、编码压缩、存储以及还原播放等方式进行处理。

在波形音频中，有一类特殊的声音需要特别提到，即人的语音。语音是波形声音中人的说话声音，具有内在的语言学、语音学的内涵，如发音习惯、语气等。多媒体计算机可以利用特殊的方法分析、研究、抽取语音的相关特征，实现对不同语音的分辨、识别以及通过文字合成语音波形等。

- CD 音频

CD 音频(CD-Audio)是存储在音乐 CD 光盘中的数字音频，可以通过 CD-ROM 驱动器读取并采集到多媒体计算机系统中，然后以波形音频的相应形式进行存储和处理。

- MIDI 音乐

MIDI 音乐是一种十分规范的音乐形式，也称 MIDI 音频。它将音乐符号化并保存在 MIDI 文件中，然后通过音乐合成器产生相应的声音波形来还原播放。

5.2 音频数字化

音频是时间的函数，声音信号是振幅随时间连续变化的模拟信号。由于计算机只能处理二进制的数字信号，因此在计算机处理音频信号之前，必须将声音的模拟信号进行数字化，形成数字音频。数字化的具体过程包括采样、量化和编码 3 个环节，如图 5-2 所示。采样和量化完成模拟信号的数字化表示，而编码实现数字音频的标准化和数据压缩。数字化后的音频质量取决于采样频率、量化位数以及编码压缩算法等因素。

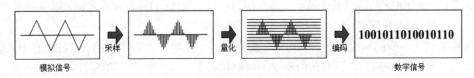

图 5-2　音频数字化过程

5.2.1 采样与采样频率

所谓采样就是每间隔一段时间读取一次声音信号幅度，使声音信号在时间上被离散化。

采样的主要参数是采样频率。采样频率(Sampling Rate)是指将模拟声音波形数字化时，每秒钟所抽取声波幅度样本的次数，其计算单位是 kHz(千赫兹)。一般来说，采样频率越高，声音失真越小，但用于存储数字音频的数据量也越大。采样频率的高低是根据声音信号本身的最高频率和奈奎斯特采样定理(Nyquist theory)决定的。

奈奎斯特采样定理：设连续信号 $x(t)$ 的频谱为 $x(f)$，以间隔 T 采样得到离散信号 $x(nT)$，如果满足：当 $|f| \geqslant f_c$ 时，f_c 是截止频率，当 $T \leqslant 1/(2f_c)$ 或 $f_c \leqslant 1/(2T)$，则可以由离散信号 $x(nT)$ 完全确定连续信号 $x(t)$。当采样频率等于 $1/(2T)$ 时，即 $f_N=1/(2T)$，称时 f_N 为奈奎斯特频率。

奈奎斯特采样定理指出，采样频率不应低于声音信号最高频率的两倍，这样才能把离散的数字音频还原为原来的声音。

音频的频率在 20Hz～20kHz，根据采样理论，为了保证声音不失真，采样频率应在 40kHz 左右。常用的音频采样率有 8kHz、11.025kHz、16kHz、22.05kHz、37.8kHz、44.1kHz(CD 音质)、48kHz 等。采样频率越高，数字音频的音质就越接近原声。

5.2.2 量化与量化级

量化就是把采样得到的声音信号幅度转换为数字值，是声音信号在幅度上被离散化。量化位数是每个采样点能够表示的数据范围，量化位数越多，所得到的量化值越接近原始波形的采样值。

常用的量化位数有 8 位、16 位、24 位。量化位数越高，音质越好，数据量也越大。在多媒体中，对于语音编码，量化位数可采用 8 位，对应有 256 个量化级；对于音频，量化位数可采用 16 位，对应有 65536 个量化级。

量化级也是数字声音质量的重要指标。量化级的大小决定了声音的动态范围，即被记录和重放的声音最高与最低之间的差值。16 位的量化级足以表示极细微的声音到巨大噪声的声音范围。

量化时，每个采样数据均被四舍五入到最接近的整数，如果波形幅度超过了可用的最大位，波形的顶部和底部将会被削去，这就是削峰。在量化过程中可能会出现噪声，削峰有可能会造成声音严重失真。

5.2.3 声道

反映音频数字化质量的另一个因素是声道个数。记录声音时，如果每次生成一个声波的数据，称为单声道；每次生成两个声波数据，称为双声道(立体声)；每次生成两个以上声波数据，称为多声道(环绕立体声)。

5.2.4 音频采样的数据量

数字音频的采样数据量主要取决于两个因素：一是音质因素，它是由采样频率、量化位数和声道数 3 个参数决定的，采样频率越高、量化位数越多、声道数越多，数字音频的音质就越好，反之就越差；二是时间因素，采样时间越长，数据量越大。

单位时间的数据量可用下式表示：

$$v = \frac{f_c \cdot b \cdot s}{8}$$

式中，v 为单位时间的数据量(KB/s)，f_c 为采样频率(kHz)，b 为量化位数(bit)，s 为声道数。具体计算时，需要将单位时间的数据量 v 与采样时间 t 相乘，并注意采样频率的单位换算。例如，对于 22.05kHz 的采样频率，量化位数为 8 位二进制位，单声道 10s 的采样数据量为 22.05×1000×8×10×1/8=220500(KB/s)。表 5-2 给出了在不同条件下 1min 数字化音频所产生的数据量。

表 5-2　1 分钟声音所需的存储空间

采样频率	量化级	声道数	数据量	注释
5.5Hz	8	单声道	325KB	相当于电话线路较差时的音质
5.5Hz	8	立体声	650KB	效果不好的立体声
11kHz	8	单声道	650KB	实际上勉强可以接受的最低频率，非常沉闷和压抑
11kHz	8	立体声	1.3MB	在这样低的采样率下，使用立体声不占优势
22.05kHz	8	单声道	1.3MB	相当于电视机的声音质量，非常实用，在 Macintosh 和多媒体计算机上都能够播放
22.05kHz	8	立体声	2.6MB	在全频宽回放不太可能的情况下是立体声录音的较好选择
22.05kHz	16	单声道	2.5MB	对于语音是一种不错的选择，但是最好缩减到 8bit，这样可以节约很多磁盘空间
22.05kHz	16	立体声	5.25MB	由于采样频率较低，比 CD 听起来要沉闷。但由于采用高的量化级和立体声，仍然比较饱满，适用于 CD-ROM 产品
44.1kHz	8	单声道	2.6MB	记录单声道音源的折中方案
44.1kHz	8	立体声	5.25MB	在低端设备(例如 PC 的大多数声卡)上能获得较好的回放效果
44.1kHz	16	单声道	5.25MB	单声道生源高质量录音的折中方案
44.1kHz	16	立体声	10.5MB	CD 音质，公认的音频质量标准

5.2.5 音频数据编码

从上面的计算可以看出，数字音频的数据量是非常大的，所以音频处理的关键问题就是要对音频数据进行压缩编码。

在多媒体计算机系统中，采样量化后的数字音频信号要经过编码压缩后才能以音频文件的形式存储或传输，而播放音频文件是通过解码器还原后再将音频信号输出。为了对音频数据进行有效的压缩，需从采样数据中去除数据冗余，同时保证音频质量在许可的可控范围内。人们从音频数据的可能冗余出发，分析研究了不同形式的音频数据冗余形式(如由于音频信号中存在的各种相关因素而导致的时域冗余、频域冗余以及由于人的听觉感知机理造成的数据冗余等)，在统计归纳的基础上，构造了一系列的数据模型，即编码算法，从不同角度实现对音频数据的有效压缩。

音频数据压缩编码的方法有多种，可分为无损压缩和有损压缩两大类。无损压缩主要包含各种熵编码；而有损压缩则可分为波形编码、参数编码和同时利用多种技术的混合编码。

波形编码是在模拟音频数字化(抽样和量化)的过程中，根据人耳的听觉特性进行编码，并使编码后的音频信号与原始信号的波形尽可能匹配，实现数据的压缩。波形编码的特点是适应性强，音频质量好，在较高码率的条件下可以获得高质量的音频信号，既适合于高质量的音频信号，也适合于高保真语音和音乐信号，但波形编码压缩比不大。

参数编码把音频信号表示成某种模型的输出，利用特征提取的方法抽取必要的模型参数和激励信号的信息，并对这些信息进行编码，最后在输出端合成原始信号。其目的是重建音频，保持原始音频的特性。常用的音频参数有线性预测系数、滤波器组等。参数编码的压缩率很大，但计算量大，保真度不高，因此适合于一般语音信号(电话音质)的编码。

混合编码介于波形编码和参数编码之间，集中了这两种方法的优点，可在较低的码率上得到较高的音质。

5.3 音频的文件格式

常用的音频文件格式有 WAV 格式、MP3 格式、WMA 格式、MIDI 格式、CD-DA 格式、Audio 格式、RealAudio 格式、AIFF 格式等。

- WAV 格式(.wav)

WAV 声音格式文件也叫波形(Wave)声音文件，是微软公司推出的格式，是 Windows 所使用的标准数字音频。WAV 格式存储的采样数据可以用来重现实际声音的波形，这些数据不经过压缩，所以不会失去任何记录信息，音质是最好的，数据体积最大。Windows 录音机就是将原始的声音信号存储为 WAV 格式，大多数压缩格式的声音文件都是在 WAV 格式的基础上经过数据的重新编码来压缩其数据量的。

- MP3 格式(.mp3)

MP3 的全称是 MPEG-1 Layer3 音频文件。MPEG-1 是动态视频压缩标准，其中的声音部分称 MPEG-1 音频层，它根据压缩质量和编码复制程度划分为三层，即 Layer1、Layer2 和 Layer3，分别对应 MP1、MP2 和 MP3 三种声音文件，并且根据不同的用途，使用不同层次的编码。MPEG

音频编码的层次越高，对应的编码越复杂，压缩率也越高。MP1 的压缩率为 4∶1，MP2 的压缩率为 6∶1~8∶1，而 MP3 的压缩率则高达 10∶1~12∶1，即一分钟 CD 音质的音乐，未经压缩需要 10MB 存储空间，而经过 MP3 压缩编码后只有 1MB 左右。虽然它是一种有损压缩方式，但它以极小的声音失真换取了较高的压缩比，使得 MP3 不仅在 Internet 上广泛传播，而且可以轻而易举地下载到便携式数字音频设备中播放。

- WMA 格式(.wma/.asf/.asx/.wax)

WMA(Windows Media Audio)是微软公司推出的一种音频压缩格式，它采用流式压缩技术，以减少数据流量但保持音质的方法来达到比 MP3 压缩率更高的目的，压缩率一般都可以达到 18:1 左右。另外 WMA 支持音频流(Stream)技术，适合在网络上在线播放，兼顾了保真度和网络传输需求。

- MIDI 格式(.mid/.rmi/.cmi/.cmf)

MIDI(Musical Instrument Digital Interface)文件是国际 MIDI 协会开发的乐器数字接口文件，采用数字方式对乐器所奏出来的声音进行记录。MIDI 音频与波形音频完全不同，它不对声波进行采样、量化与编码，而是将电子乐器键盘的演奏信息(包括键名、力度、时间长短等)记录下来，这些信息成为 MIDI 信息，是乐谱的一种数字式描述。对应于一段音乐的 MIDI 文件，不记录任何声音信息，而只是包含一系列产生音乐的 MIDI 消息。播放时只需从中读出 MIDI 消息，生成所需的乐器声音波形，经放大处理即可输出。相对于保存真实采样数据的声音文件，MIDI 文件显得更加紧凑，其文件通常比声音文件小得多。

- CD-DA 格式(.cda)

CD-Digital Audio(CD-DA)文件是标准光盘文件。这种格式的文件数据量大、音质好。在 Windows 操作系统中可使用 CD 播放器进行播放。大多数播放软件都可以播放 CD 格式的文件。

- Audio 格式(.au)

Audio 文件是 Sun 公司推出的一种数字音频格式，是为 UNIX 系统开发的，和 WAV 非常相像，在大多数的音频编辑软件中也都支持这种音乐格式。

- RealAudio 格式(.ra/.rm/.ram)

RealAudio 是一种流式音频(Streaming Audio)文件格式，主要适用于在网络上的在线音乐欣赏，它包含在 Real Networks 公司所制定的音频、视频压缩规范 RealMedia 中，主要用于在低速率的广域网上实时传输音频信息。

- AIFF 格式(.aif/.aiff)

AIFF(Audio Interchange File Format)是 Apple 公司开发的一种音频文件格式，被 Macintosh 平台及其应用程序所支持。

5.4 数字音频的采集

单纯的数字音频的采集并不复杂，但要录制出较好效果的数字音频并非易事。这取决于现场效果设计、设备的专业等级、人员的专业水平以及数字音频的编辑效果等。排除专业和设备限制，一般的数字音频采集首先需要选择和设置恰当的采样参数，然后再开始录音采集，最后再使用相应的编辑软件对录制的音频数据进行剪辑和效果处理。除了数字录音外，还可以从已有的媒体(如 CD、VCD、DVD 等)直接抓取音轨信息来获得数字音频信号以及通过电子合成音乐(即 MIDI)。

5.4.1 录音采集

1. 选择采样参数

如果声音失真，或输入到计算机中的声音信号太"强烈"，采样后就不会得到好的效果。所以，在自行录制音频文件即采集音频之前，除了要有合适的环境和音源外，还需要聘请专业创作人员、音响工程师，租用录音设备等。另一方面，还要根据具体情况和用途确定适当的采样参数。如果采样参数太低，会导致音质差，因为声音采样的采样点太少，难以超过录制过程中固有的噪声水平；如果采样参数太高，虽然音质有了保证，但会产生巨大的数据量。由于一段音频只能有一个采样率，而且在录制过程中不能修改，因此采集数字音频时首先要根据实际情况选择最佳的采样参数，做到音质与数据量的折中考虑，避免采样过程中出现存储空间不足的现象发生。

在 Windows 10 操作系统中，提供了录音参数的选择设置功能，其中的音质选择分为 CD 音质、DVD 音质、录音室音质 3 种，每种音质可选择不同的参数，如图 5-3 所示。CD 音质的具体参数为 PCM 编码格式，采样频率为 44.100kHz，16 位量化位数，双声道立体声。这组录音参数每秒将产生 172KB 的数据量。PCM 为脉冲编码调制编码。

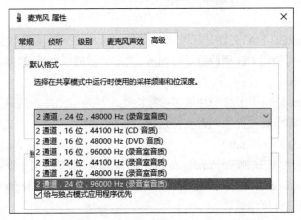

图 5-3 选择音质

2. 检测输入音频的强度

为了防止录音过程中出现失真，需用在录音前进行输入音频强度的检测。如果输入强度太低，音量太小，录制结果就会夹杂许多噪声。如果输入强度过高，音量太大以至于超出允许的范围，录制就会产生失真。如果在 Windows 10 环境下，可通过"音量控制"窗口来检测、调节进入计算机的音源强度，具体的操作步骤如下。

(1) 右击任务栏上的扬声器，在弹出的快捷菜单中选择"录音设备"命令，如图 5-4 所示。

(2) 弹出"声音"对话框，选择"麦克风"，单击"属性"按钮，如图 5-5 所示。

(3) 在弹出的"麦克风 属性"对话框中，选择"级别"选项卡就可以设置音源级别，如图 5-6 所示。

图 5-4 选择"录音设备"命令　　图 5-5 声音属性对话框　　图 5-6 设置音源级别

3. 开始录音

在做好以上工作后,就可以使用 Windows 系统中的"录音机"工具或专门的音频处理软件来录音。Windows 10 系统中的"录音机"操作界面如图 5-7 所示。用户也可使用专门的音频处理软件,这些工具软件,不仅能够录制任意时长的音频文件,还可以提供更为灵活多样的编码格式。

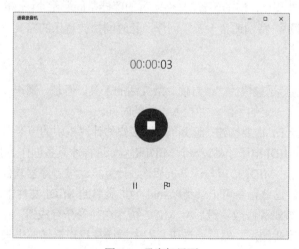

图 5-7 录音机界面

5.4.2 抓取 CD、VCD 和 DVD 音轨

获取数字音频的另一个快捷途径就是从不同的多媒体产品中直接抓取音轨信息,并转换压缩成所需的音频格式。一般的音频工具软件都具有直接抓取音乐 CD 的功能,比如 Windows 自带的 Windows Media Player,而另一些软件则可以从更多媒体格式中抓取音轨,例如 WaveLab 软件可抓取音乐 CD 和音乐 DVD 中的音轨。目前被普遍使用的无损抓轨工具是 Exact Audio Copy。Exact Audio Copy 简称 EAC,其中使用了很多有助于提高抓取质量的控制技术来改善抓

取质量,譬如 C2 级校错、间隙检测、精确流控制、音频缓冲、音轨同步、采样偏移等。

5.4.3 电子合成音乐

1. 什么是 MIDI

MIDI(Musical Instrument Digital Interface)即乐器数字接口。它是在音乐合成器、乐器和计算机之间交换音乐信息、播放和录制音乐的一种标准协议。MIDI 标准确定了将计算机与电声乐器、录音设备连接起来所需的电缆线、硬件及通信协议。从 20 世纪 80 年代初期开始,MIDI 已经逐步被音乐家和作曲家广泛接受和使用。

MIDI 是乐器和计算机使用的标准语言,是一套指令,它指示乐器即 MIDI 设备要做什么、怎么做,如演奏音符、加大音量、生成音响效果等。MIDI 数据不是数字的音频波形,而是音乐代码或称电子乐谱,是发给 MIDI 设备或其他装置让它产生声音或执行某个动作的一系列指令。

当需要播放时,从相应的 MIDI 文件中读出 MIDI 消息,通过音乐合成器产生相应的声音波形,经过放大后,再由扬声器输出。所以,MIDI 乐谱播放的质量取决于最终用户的 MIDI 设备,而不是乐谱本身。因为 MIDI 文件保存的是一系列由 MIDI 消息组成的"乐谱",因此 MIDI 的播放音质与设备有关。

利用 MIDI 技术将电子合成器、电子节奏机(电子鼓机)和其他电子音源与序列器连接在一起即可演奏模拟出气势雄伟、音色变化万千的音响效果,又可将演奏中的多种按键数据存储起来,极大地改善了音乐演奏的能力和条件。

与其他的声音文件相比,MIDI 音乐文件所占的存储空间非常小(5min 乐曲的 MIDI 文件还不到 20KB 的存储空间),特别适合于音乐创作及长时间播放音乐的需要。

2. 制作 MIDI 音乐

MIDI 是制作原创音乐最快捷、最方便、最灵活的工具。但是,制作一段原创的 MIDI 音乐还需要创作者对音乐有一定的了解,并投入一定的时间。

为了制作 MIDI 音乐,需要构建一套系统,即多媒体计算机中的声卡需要带一个声音合成器(Sound Synthesizer)即 MIDI 电子乐器、一个 MIDI 键盘,这样才具备创作 MIDI 音乐的基础条件。

MIDI 电子乐器通过 MIDI 接口与计算机相连,计算机通过音序器软件来采集 MIDI 电子乐器发出的一系列指令。这些指令可记录到以.mid 为扩展名的 MIDI 文件中。在计算机上音序器可对 MIDI 文件进行编辑和修改。最后将 MIDI 指令送往音乐合成器,由音乐合成器将 MIDI 指令符号进行解释并产生波形,然后通过声音发生器送往扬声器播放出来。具体过程如图 5-8 所示。

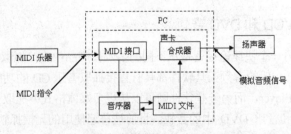

图 5-8 MIDI 音乐产生过程

3. 播放 MIDI 音乐

声卡播放 MIDI 音乐最常用的方法有两种，即频率调制(Frequency Modulation，FM)合成与波表(Wave Table)合成。

FM 是运用声音振荡的原理对 MIDI 进行合成处理的，由于技术本身的局限，很难制作出逼真的真实乐器的音色，听上去有很强的人工合成的痕迹。

波表合成是将各种真实乐器所能发出的所有声音(包括各个音域、声调)录制下来，存储在声卡的 ROM 中，称为硬波表。播放时，根据 MIDI 义件记录的乐曲信息向硬波表发出指令，从表格中逐一找出对应的声音信息，经过合成、加工后回放出来。由于它采用的是真实乐器的采样，所以效果好于 FM。

目前，MIDI 是为多媒体项目创建原始音乐素材的最佳途径，使用 MIDI 能够带来所希望得到的灵活性和创新。当 MIDI 音乐创作完成且能够用于多媒体项目时，应该将其转换成数字音频数据来准备发布。

5.5 常用的音频工具软件

音频处理是多媒体制作中不可缺少的一部分，专业的软件往往可以达到更好的听觉效果。以下介绍几款常用的音频工具软件。

1. Adobe Audition

Adobe Audition 是一个专业音频编辑和混合环境。Adobe Audition 功能强大，控制灵活，使用它可以录制、混合、编辑和控制数字音频文件，也可轻松创建音乐、制作广播短片、修复录制缺陷。通过与 Adobe 视频应用程序的智能集成，还可将音频和视频内容结合在一起处理。

2. GoldWave

GoldWave 是一个集声音编辑、播放、录制和转换的音频工具，它体积小巧，但功能却很强。GoldWave 可打开 WAV、OGG、VOC、IFF、AIF、AFC、AU、SND、MP3、MAT、DWD、SMP、VOX、SDS、AVI、MOV 等格式的音频文件，也可以从 CD、VCD、DVD 或其他视频文件中提取声音。软件内含丰富的音频处理特效，从一般特效如多普勒、回声、混响、降噪到高级的公式计算(利用公式在理论上可以产生任何想要的声音)。它能将编辑好的文件存成 WAV、AU、SND、RAW、AFC 等格式，它还可以不经由声卡直接抽取 SCSI CD ROM 中的音乐来录制编辑，而且能够支持以动态压缩保存 MP3 文件。GoldWave 界面如图 5-9 所示。

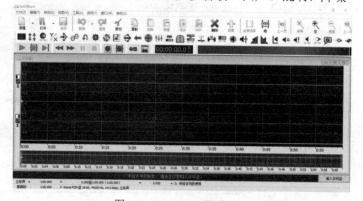

图 5-9 GoldWave 界面

3. All Editor

All Editor 不仅是一个超级强大的录音工具，还是一款专业的音频编辑软件，它提供了多达 20 余种音频效果修饰音乐，比如淡入淡出、静音的插入与消除、混响、高低通滤波、颤音、震音、回声、倒转、反向、失真、合唱、延迟、音量标准化处理等。软件还自带一个多重剪贴板，可用来进行更复杂的复制、粘贴、修剪、混合操作。在 All Editor 中可以使用两种方式进行录音，边录边存或者是录音完成后再进行保存，并且无论是已录制的内容还是导入的音频文件都可以全部或选择性地导出为 WAV、MP3、WMA、OGG、VGF 文件格式(如果是保存为 MP3 格式，还可以设置其 ID3 标签)。All Editor 界面如图 5-10 所示。

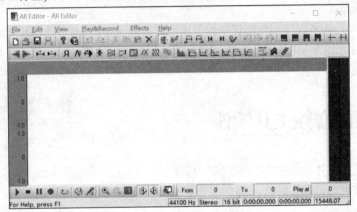

图 5-10 All Editor 界面

4. Total Recorder

Total Recorder 是 High Criteria 公司出品的一款优秀的录音软件，其功能强大，支持的音源极为丰富。Total Recorder 的工作原理是利用一个虚拟的"声卡"去截取其他程序输出的声音，然后再传输到物理声卡上，整个过程完全是数码录音，因此从理论上来说不会出现任何的失真。它不仅支持硬件音源，如麦克风、电话、CD-ROM 和 Walkman 等，还支持软件音源，比如 Winamp、RealPlayer、Media Player 等，而且它还支持网络音源，如在线音乐、网络电台等。Total Recorder 界面如图 5-11 所示。

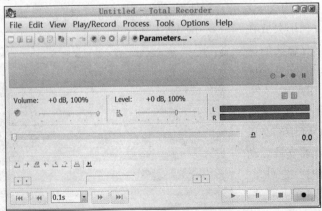

图 5-11 Total Recorder 界面

5. 格式工厂

格式工厂(Format Factory)是一款多媒体格式转换软件，如图 5-12 所示。它支持从其他音频格式到 MP3、WMA、FLAC、3GP、OGG 等格式的转换，而且可以从光盘提取音频，还可以进行音频编辑。

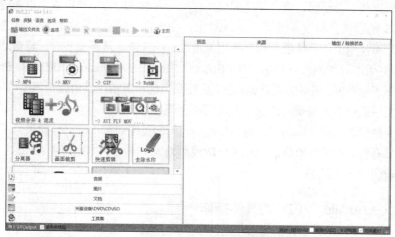

图 5-12　格式工厂界面

5.6　基于 Adobe Audition 的音频处理

本节将以 Adobe Audition 2020 软件为例，介绍数字音频的具体处理方法。Adobe Audition 软件具有音频、视频的混合处理功能，编辑处理素材时更方便。

5.6.1　Adobe Audition 2020 介绍

Adobe Audition 软件的前身为 Cool Edit。2003 年，Adobe 公司收购 Syntrillium 公司后，将其改名为 Adobe Audition。

作为 Adobe 数码视频产品的新成员，Adobe Audition 既可以单独购买，也可以在新的 Adobe Video Collection 中获得。

Adobe Audition 是一款功能强大的、专业级的音乐编辑软件，能够高质量地完成高级混音、编辑、控制和特效处理，允许用户编辑个性化的音频文件，创建循环，引进了 45 个以上的数字信号处理效果以及高达 128 个音轨。

Adobe Audition 拥有集成的多音轨和编辑视图、实时特效、环绕支持、分析工具、恢复特性和视频支持等功能，为音乐、视频、音频设计专业人员提供全面集成的音频编辑和混音解决方案。它包括了灵活的循环工具和数千个高质量、免专利使用费的音乐循环，有助于音乐跟踪和音乐创作。

Adobe Audition 为视频项目提供了高品质的音频，允许用户对能够观看影片重放的 AVI 声音音轨进行编辑、混合和增加特效。它广泛支持工业标准音频文件格式，包括 WAV、AIFF、MP3、MP3 Pro 和 WMA 等，能够利用 32 位的位深度来处理文件，取样超过 192kHz，从而能够以最高品质的声音输出磁带、CD、VCD 或 DVD 音频。

Adobe Audition 2020 新功能包括以下几点。

- 链接媒体。利用此功能，可使用文件面板重新链接文件和关联的会话剪辑，而无须在编辑器视图中搜索脱机剪辑。引用文件媒体的所有剪辑，都将重新链接到新媒体。打开带有脱机媒体的会话时，将会创建脱机文件用于为对应的会话剪辑提供重新链接功能。
- macOS 的默认音频设备切换。在 Audition 中选择音频输入和输出设备时选择"系统默认"，可使用操作系统当前正在使用的设备。插入或连接新设备时，将自动切换设备。macOS 版本的 Premiere Pro、After Effects、Character Animator、AME 和 Premiere Rush 也提供了此功能。增强的频谱编辑器，可按照声像和声相在频谱编辑器里选中编辑区域，编辑区域周边的声音平滑改变，处理后不会产生爆音。
- 导出视频剪辑范围。编辑时，音频和视频剪辑的范围通常不一样。如果范围不匹配，则会在只有音频播放的时间段追加黑色的视频帧。现在，可以在使用 AME 导出时，设置视频剪辑的导出范围。

5.6.2 Adobe Audition 2020 的具体操作

启动 Adobe Audition，主界面(编辑模式)如图 5-13 所示。

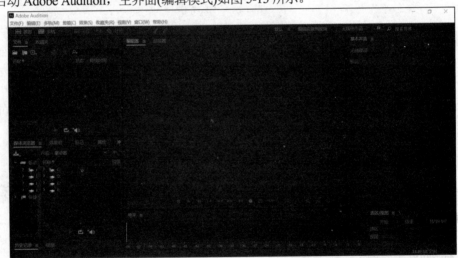

图 5-13 Adobe Audition 主界面

1. 录音

选择"文件"|"新建"命令，弹出如图 5-14 所示的"新建音频文件"对话框。

在弹出的对话框中选择作品的采样率，这里选择默认的采样率"48000"Hz，单击"确定"按钮。采样率越高精度越高，细节表现也越丰富，当然相对文件也越大。

直接单击红色的"录音"按钮，就可以录音了，如图 5-15 所示。

图 5-14 "新建音频文件"对话框

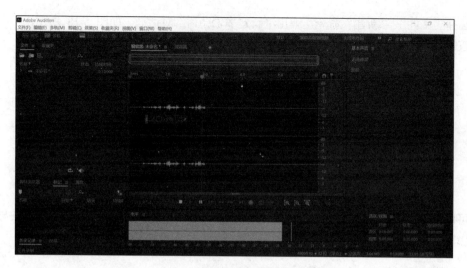

图 5-15　录音过程

录音完毕后,选择"文件"|"另存为"选项,在弹出的"另存为"对话框中将刚才的录音进行保存,如图 5-16 所示。

图 5-16　"另存为"对话框

2. 伴奏录音

如果要插入伴奏,应该启动"多轨"模式,如图 5-17 所示。

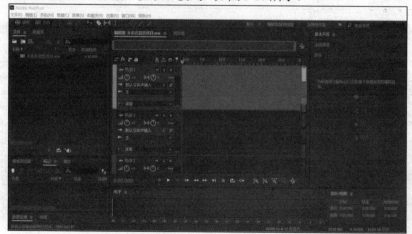

图 5-17　"多轨"模式界面

选择"文件"|"新建"命令,弹出"新建多轨会话"对话框,如图 5-18 所示,单击"确定"按钮。

图 5-18 "新建多轨会话"对话框

可以选择"文件"|"导入"命令来插入需要的伴奏,或者单击左边的快捷图标,被导入的文件会排列在左边的材质框里,如图 5-19 所示。

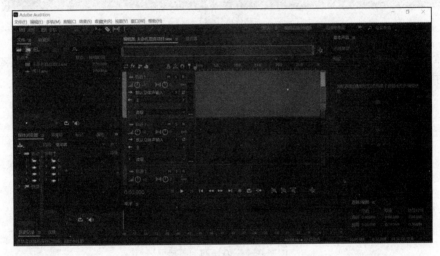

图 5-19 导入文件

选择导入的伴奏文件并右击,在弹出的快捷菜单中选择"插入到多轨混音中"命令,它会自动插入到默认的第一轨道,也可以将伴奏文件直接拖放到轨道里,如图 5-20 所示。

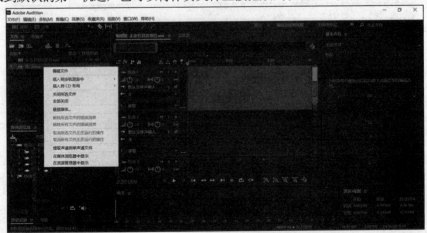

图 5-20 "插入到多轨混音中"操作

如果插入文件的采样率与会话采样率不匹配，系统将进行提示，并自动进行匹配，如图 5-21 所示。

伴奏加载完成后，就可以录音了。单击选择第 2 轨，按下红色录音按钮后，会出现一个对话框设置保存录音的项目，建议选择一个容量比较大的硬盘分区，新建一个专门的文件夹，将文件保存在这个新建文件夹中。单击下面的录音按钮，开始录音，如图 5-22 所示。

图 5-21　提示信息

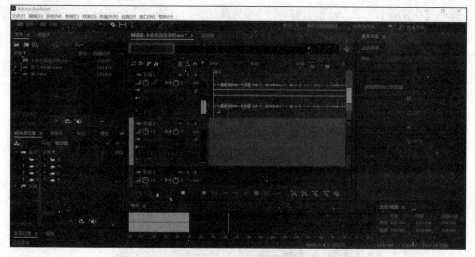

图 5-22　带伴奏的录音过程

3. 效果处理

录音后要进行降噪处理。首先，将录音的轨道切换到单轨编辑模式，也可以通过左上角的"编辑"模式或"多轨"模式切换图标来选择。

进入单轨编辑视图后，在人声(即自己录音的部分)轨道找一处没开唱的部分，在菜单中选择"效果"|"降噪/恢复"|"捕捉噪声样本"命令，如图 5-23 所示。

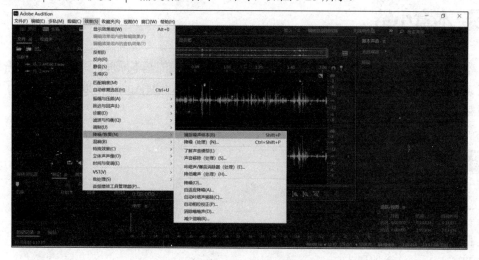

图 5-23　选择"捕捉噪声样本"命令

然后选择要进行降噪的音频段，也可以全选整段音频，直接按 Shift+Ctrl+P 弹出降噪窗口，如图 5-24 所示。

鼠标移动到参数线位置时会显示处于的频段，可以拉动参数线。降噪完成后，可以试听一下感觉哪里降得不足，哪里降过头了，然后按 Ctrl+Z 快捷键返回降噪前的状态，继续调节参数线。

数值越高处理得越干净，但同时人声失真的可能性就越大，这取决于音频本身，自行调节，数值调好之后进行确认就可以等待软件自身进行处理。调节完后直接单击"关闭"按钮，此时将自动保存此次的操作，然后再选择其余需要处理的部分，重复上面的操作，所有操作完毕后单击"确定"按钮，至此降噪完毕，这样可以彻底清除杂音。

经过反复试听和调试后，就可以得到满意的结果，然后保存即可。

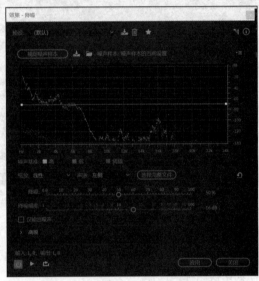

图 5-24　降噪窗口

5.7　本章小结

本章详细介绍了音频文件的格式及其处理，分析了音频的基本原理，讲述了常见的音频文件格式，对音频处理的常用软件进行了简单介绍，并且以 Adobe Audition 2020 为例介绍了如何对音频文件进行处理。

5.8　习　题

一、填空题

1. 从处理方式看，目前多媒体计算机中的音频主要有_____、_____和_____3 种形式。

2. 数字化的具体过程包括_____、_____和_____3 个环节。其中，_____实现数字音频的标准化和数据压缩。

3. 所谓采样就是每间隔一段时间读取一次声音信号幅度，使声音信号在时间上被_____。采样的主要参数是_____，其单位是_____。

4. 频率反映了声音的音调,声音按频率可分为 3 类:低于 20Hz 的声音称为_____，频率范围为 20Hz～20kHz 的声音称为_____，频率高于 20kHz 的声音称为_____。

5. 数字音频的采样数据量主要取决于两个因素：一是音质因素，它是由_____、_____和_____3 个参数决定的；二是时间因素。

6. 音频数据压缩编码的方法有多种，可分为_____和有损压缩两大类。而有损压缩则可分为_____、_____和同时利用多种技术的混合编码。

7. 记录声音时，如果每次生成一个声波数据，称为_____；每次生成两个声波数据，称为_____；每次生成两个以上声波数据，称为_____。

8. 声卡播放 MIDI 音乐最常用的方法有两种，即_____与_____。

9. 对应于一段音乐的 MIDI 文件，不记录任何声音信息，而只是包含一系列_____的 MIDI 消息。相对于保存真实采样数据的声音文件，MIDI 文件通常比声音文件小得多。

10. 在 Macintosh 机器上编辑声音的最常用文件格式是_____。

二、选择题(可多选)

1. 将声音的模拟信号进行数字化的过程是_____。
   A. 采样—量化—编码
   B. 量化—编码—采样
   C. 编码—采样—量化
   D. 采样—编码—量化

2. 数字化后的音频质量取决于_____等因素。
   A. 采样频率   B. 量化位数
   C. 编码压缩算法   D. 以上都不是

3. 下列格式中，_____是微软公司推出的格式，是 Windows 所使用的标准数字音频。Windows 录音机就是将原始的声音信号存储为这种格式的。
   A. MP3 格式   B. WAV 格式
   C. WMA 格式   D. CD-DA 格式
   E. RealAudio 格式

4. 奈奎斯特采样定理指出，采样频率不应低于声音信号最高频率的_____倍，这样才能把离散的数字音频还原为原来的声音。
   A. 五   B. 四
   C. 三   D. 两

5. 数字音频文件数据量最小的是_____文件。
   A. MP3 格式   B. WMA 格式
   C. MIDI 格式   D. WAV 格式

6. 下列采集的波形声音质量最好的是_____。
   A. 单声道、8 位量化、22.05 kHz 采样频率
   B. 双声道、8 位量化、44.1 kHz 采样频率
   C. 单声道、16 位量化、22.05 kHz 采样频率
   D. 双声道、16 位量化、44.1 kHz 采样频率

7. 录音存储为成百上千个的测量值，每个值位于离散的时间点，这个过程称为_____。
   A. 采样　　　　　B. 合成　　　　　C. 尺寸
   D. 量化　　　　　E. 流式化

8. 5 秒钟 22kHz、16 位立体声(双声道)录音的文件大小是_____。
   A. 110 000 字节　　B. 220 000 字节　　C. 440 000 字节
   D. 550 000 字节　　E. 880 000 字节

9. 下列声音文件的哪项参数不会直接影响数字音频文件的尺寸_____。
   A. 采样率　　　　B. 采样深度　　　C. 音轨(立体声或单声道)
   D. 音量　　　　　E. 压缩率

10. 44.1kHz、16 位的立体声录音是_____。
    A. 电话音质　　　B. 语音质量　　　C. FM 音质
    D. CD 音质　　　 E. AM 音质

三、简答题

1. 声音是如何数字化的？影响声音质量的因素主要有哪些？
2. 简述 WAV 文件和 MIDI 文件的区别。
3. 计算存储 3min 的 44.1kHz 采样频率下 16 位立体声音频数据至少需要多少 KB？
4. 列出 4 种主要的采样率和两种采样深度。简要描述每一种最适合于什么场合？
5. 常见的音频数据编码方案有哪些？

四、操作题

1. 从网上下载音频文件并用播放器播放。
2. 采用各种音频获取的途径收集自己喜欢的音乐，如果不是 MP3 格式的，将其转换成 MP3 格式，并保存在磁盘上。
3. 分别使用 Windows 的"录音机"和 Adobe Audition 录制一段自己或他人的说话或演讲；对录音的开始和末尾进行编辑，并为录音文件添加背景音乐。
4. 在网上找 3 种声音编辑软件，描述它们的特性。这些软件能导入、导出什么类型的文件格式？它们能处理多少音轨？它们能提供什么 DSP 效果？

第 6 章

视频处理技术

视频(Video)处理技术是多媒体技术中较为复杂的信息处理技术，能够同时处理运动图像和与之相伴的音频信号，使计算机具备处理视频信号的能力。本章主要包括视频的基础知识、数字视频技术、视频的采集、格式转换和编辑等相关处理技术。

本章的学习目标：
- 理解视频的基本知识
- 掌握常用的视频文件格式
- 掌握视频的采集过程
- 熟练掌握视频编辑处理

6.1 基础知识

自从第一部无声电影诞生以来，电影为我们带来越来越高的艺术享受，人们一直被"运动"的图片深深吸引。现在，电影视频已经成为多媒体的基本元素，能在商业展览上让人们屏住呼吸，在通过计算机学习的课程中激发学生们的兴趣。多媒体产品中最具魅力的是数字视频，它是令计算机用户接近真实世界的强大工具，也是在电视上向观众发布多媒体的极好途径。在项目中使用视频元素，可以有效地传递信息，加强故事的效果，观众更容易记住他们看到的信息。但是，没有精心计划和良好制作的视频会削弱演示效果。

视觉是人类感知外部世界最重要的方式之一，人类所接收的所有信息中大约有70%来自视觉。视觉所接收的信息分为两类：静止的和运动的。视频是多幅静止图像(图像帧)与连续的音频信息在时间轴上同步运动的混合媒体，图像随时间变化而产生运动感，因此视频也被称为运动图像。在所有的多媒体元素中，视频对计算机(内存和存储空间)的性能要求最高。视频信息的获取和处理占有举足轻重的地位，视频处理技术是多媒体应用的一个核心技术。

视频就其本质而言，是内容随着时间变化的一组动态图像(每秒 25 帧或 30 帧)，可用形式化的时空模式 $v(x, y, t)$ 来表示，其中 (x, y) 是空间变量，表示图像颜色的变化，t 是时间变量。$v(x, y, t)$ 反映了视频信息与音频同步情况下画面内容随时间变化的特点。

按照视频的存储与处理方式不同，视频可分为模拟视频和数字视频两种。

6.1.1 模拟视频

模拟视频(Analog Video)是以连续的模拟信号方式存储、处理和传输的视频信息，所用的存储介质、处理设备以及传输网络都是模拟的。例如，采用模拟摄像机拍摄的视频画面，通过模拟通信网络(有线、无线)传输，使用模拟电视接收机接收、播放，或者用盒式磁带录像机将其作为模拟信号存放在磁带上等。常见的模拟视频格式有 VHS 和 S-VHS、VHS-C 格式。模拟视频具有以下特点。

(1) 以连续的模拟信号形式记录视频信息。
(2) 用隔行扫描方式在输出设备(如电视机)上还原图像。
(3) 用模拟设备编辑处理。
(4) 用模拟调幅的手段在空间传播。
(5) 使用模拟录像机将视频作为模拟信号存放在磁带上。

传统的视频信号都是以模拟方式进行存储和处理的，在传输方面模拟视频信号存在不足，图像会随频道和距离的变化产生较大衰减，且不适合网络传输。与数字视频相比，模拟视频不便于编辑、检索和分类。

1. 模拟视频的信号类型

模拟视频信号主要包括亮度信号、色度信号、复合同步信号和伴音信号。为了实现模拟视频在不同环境下的传输和连接，通常提供如下几种信号类型。

- 复合视频信号

复合视频信号(Composite Video Signal)是指包含亮度信号、色差信号和所有定时信号的单一模拟信号。这种类型的视频信号不包含伴音信号，带宽较窄，一般只能提供 240 线左右的水平分辨率。大多数视频卡都提供这种类型的视频接口。

- 分量视频信号

分量视频信号(Component Video Signal)是指每个基色分量作为独立的电视信号。每个基色既可以分别用 R、G、B 表示，也可以用亮度-色差表示，如 Y、I、Q 或 Y、U、V 等。使用分量视频信号是表示颜色的最好方法，但是需要比较宽的带宽和同步信号。计算机输出的 VGA 视频信号是分量形式的。

- 分离视频信号

分离视频信号(Separated Video)是分量视频信号和复合视频信号的一种折中方案，它将亮度 Y 和色差信号 C 分离，既减少了亮度信号和色差信号之间的交叉干扰，又可提高亮度信号的带宽。大多数视频卡均提供这种类型的视频接口。

- 射频信号

为了实现模拟视频信号的远距离传输，必须把包括亮度信号、色度信号、复合同步信号和伴音信号在内的全电视信号调制成射频信号，每个信号占用一个频道。当视频接收设备(如电视机)接收到射频信号时，先从射频信号中解调出全电视信号，再还原成图像和声音信号，一般在 TV 卡上提供这种接口。

为了便于模拟视频的处理、传输和存储，国际上形成了相关的模拟视频标准——广播视频标准，来规范和统一模拟视频体系。

2. 模拟视频标准

模拟视频标准也称电视制式，世界上最常用的有 3 种：NTSC、PAL 和 SECAM。不同制式的区别主要在于其帧频(场频)的不同、信号带宽以及载频的不同、色彩空间的转换关系不同等。中国和大多数欧洲国家使用 PAL 标准,美国和日本使用 NTSC 标准,而法国等一些国家使用 SECAM 标准。录制或播放视频的每个系统分别基于一种不同的标准,这些标准定义了如何对信号进行编码以产生电信号并最终产生电视图像。单一制式的播放机(如放像机)和录像机只能播放或录制一种制式的模拟视频信号,而多制式录像机则能够播放或录制所有标准的视频。通常无法将一种制式转换成另一种,只有在特殊情况下使用高端、专业的设备才能实现各种制式之间的转换。

- NTSC 标准

NTSC 标准是美国国家电视标准委员会(National Television Standard Committee,NTSC)于 1952 年制定的一项电视广播传输和接收协议标准。该标准定义了将信息编码成电信号并最终形成电视画面的方法,基本内容有:视频信号的帧由 525 条水平扫描线构成,场频为 60 场/s,帧频为 30f/s。在高速运动的电子束驱动下,这些水平扫描线每隔 $\frac{1}{30}$s 在显像管表面刷新一次,刷新过程非常快,因此看上去这些图像似乎是静止的。为了绘制单帧视频信号,电子束实际要执行两次扫描,第一次扫描所有奇数行,然后再扫描所有偶数行。每一次扫描(扫描速率为每秒 60 次,或者 60Hz)绘制一部分视频信号,然后将两部分组合起来以 30f/s 的速率创建单帧视频(实际上,这一速率为 29.97Hz)。这种分两次创建一帧视频的过程称为隔行扫描,这种技术被用来防止电视机闪烁。

标准的数字化 NTSC 电视标准分辨率为 720×480 像素,24 位的色彩位深,画面的宽高比为 4:3。

- PAL 标准

PAL 是 Phase Alternating Line 的缩写,即正交平衡调幅逐行倒相制式。它是西德在 1967 年制定的彩色电视广播标准,它采用逐行倒相正交平衡调幅的技术方法,克服了 NTSC 制式相位敏感造成色彩失真的缺点。PAL 标准将屏幕分辨率增加到 625 条线,但是扫描速率被降到了 25fps。与 NTSC 类似,它采用隔行扫描方式,奇数行和偶数行图像均需要 $\frac{1}{50}$s 的扫描时间,即刷新频率为 50Hz。

- SECAM 标准

SECAM 是法文 Séquentiel Couleur à Mémoire 缩写,意为"按顺序传送彩色与存储",1966 年由法国研制成功。SECAM 制式的帧频为 25f/s,扫描线 625 行,隔行扫描,画面比例为 4:3,分辨率为 720×576 像素,约 40 万像素,亮度带宽 6.0MHz。

尽管 SECAM 也是一种 625 线、50Hz 的系统,但是它与 NTSC 和 PAL 彩色电视系统有所不同,主要区别在于它使用的基本技术和广播方法方面。但是,在欧洲销售的电视机一般都使用双重制式,能够处理 PAL 和 SECAM 标准的视频。

3 种模拟视频制式的主要技术参数如表 6-1 所示。

表 6-1 3 种模拟视频制式的主要技术参数

制式	帧频/f/s	行数/帧	场频/Hz	颜色频率/MHz	声音频率/MHz
NTSC	30	525	59.94	3.58	4.5
PAL	25	625	50.00	4.43	6.5
SECAM	25	625	50.00	4.43	6.5

3. DTV 数字电视标准

数字电视(Digital Television，DTV)是继黑白电视和彩色电视之后的第三代电视，是在拍摄、编辑、制作、播出、传输、接收等电视信号处理的全过程都使用数字技术的电视系统。数字电视可大幅度提高收视质量和频道数量，还可以实现双向交互式服务。随着计算机多媒体与宽带网络技术的发展，许多国家都在制定新的数字电视标准，以支持高清晰度电视。

数字电视标准支持 4:3 和 16:9 两种宽高比的显示屏幕。其中 4:3 一般用在普通显像管电视机上，而 16:9 多用在高清晰电视机上。

数字电视标准把电视图像的清晰度分为普通清晰度电视(Pure Digital Television，PDTV)、标准清晰度电视(Standard Definition Television，SDTV)、高清晰度电视(High Definition Television，HDTV)3 个等级，支持隔行和逐行两种扫描方式，具体参数内容如表 6-2 所示。

表 6-2 数字电视标准参数

类 型	水平扫描/线	扫描方式	具体类型	最高分辨率/像素	屏幕宽高比	画面质量
PDTV	200~300	模拟到数字的过渡，兼容模拟电视			4:3	普通 VCD
SDTV	400~600	隔行扫描	SDTV-480I	640×480	4:3	DVD
		逐行扫描	SDTV-480P			
HDTV	1000 以上	隔行扫描	HDTV-1080I	1920×1080	16:9	高清晰度
		逐行扫描	HDTV-1080P			

事实上，在 HDTV 达到 1920×1080 像素的分辨率之前，还有一个过渡性标准 HDTV-720P，其垂直分辨率为 720 线，扫描方式为逐行扫描。从技术原理上讲，同分辨率的逐行扫描方式要比隔行扫描方式所形成的画面质量稳定。

近年来，平板电视逐渐盛行，有液晶平板(LCD)、等离子平板(PDP)、光显平板(DLP)等，这些平板电视都已经达到 1920×1080 像素的分辨率水平，完全符合 HDTV 的要求。

6.1.2 数字视频

数字视频(Digital Video)以离散的数字信号方式表示、存储、处理和传输的视频信息，所用的存储介质、处理设备以及传输网络都是数字化的。例如，采用数字摄像设备直接拍摄的视频画面，通过数字宽带网络(光纤网、数字卫星网等)传输，使用数字设备(数字电视接收机或模拟电视+机顶盒、多媒体计算机)接收播放或用数字化设备将视频信息存储在数字存储介质(光盘、磁盘、数字磁带等)上，如 VCD、DVD 等。数字视频具有以下特点。

(1) 以离散的数字信号形式记录视频信息。
(2) 用逐行扫描方式在输出设备(如显示器)上还原图像。
(3) 用数字化设备编辑处理。
(4) 通过数字化宽带网络传播。
(5) 可将视频信息存储在数字存储媒体上。

多媒体技术中的数字视频，主要指以多媒体计算机为核心的数字视频处理体系。要使多媒体计算机能够对视频进行处理，除了直接拍摄数字视频信息外，还必须把模拟视频源——来自电视机、模拟摄像机、录像机、影碟机等设备的模拟视频信号,转换成数字视频。与模拟视频相比,数字视频还具有以下优点。

(1) 可用计算机编辑处理:多媒体计算机是具有巨大存储容量的高性能计算机系统,具有很强的信息处理能力。视频信息可方便地在多媒体计算机中进行采集、编码、编辑、存储、传输等处理,也能通过专门的视频编辑软件,进行精确的剪裁、拼接、合成以及其他各种效果编辑等技术处理,并能提供动态交互能力。

(2) 再现性好:由于模拟信号是连续变化的,因此不管复制时采用的精确度有多高,总会产生失真现象。经过多次复制以后,失真现象更明显。数字视频可以不失真地进行无限次复制,其抗干扰能力是模拟图像无法比拟的。此外,数字视频也不会因存储、传输和复制而产生图像质量的退化,从而能够准确地再现图像。

(3) 适合于数字网络:在计算机网络环境中,数字视频信息可以很方便地实现资源的共享。通过网络链路,数字视频可以很方便地从一个地方传到另一个地方,且支持不同的访问方式(点播、广播等)。数字视频信号可长距离传输而不会产生信号衰减。

数字视频的缺陷是数据量巨大,因而需要进行适当的数据压缩才能适合用一般设备进行处理。播放数字视频时需要通过解压缩还原视频信息,因而处理速度较慢。

6.1.3 数字视频编辑

数字视频编辑主要包括视频内容和视频效果两个方面。

1. 视频内容的编辑

同其他的媒体信息一样,数字视频在计算机中也是以数据文件形式存放的,所以对数字视频进行编辑,实际上就是对具有特定格式的计算机数据文件进行编辑,最大的特点是定位准确,主要包括插入(拼接)和删除(裁剪)。需要说明的是,由于实际使用视频信息时都伴有配音和背景音乐,因此这里所说的视频编辑操作也适合相应的声音信息。

2. 视频效果的处理

视频效果处理是指对已有的视频图像通过添加适当的艺术效果和特技镜头,刺激人们的视觉感官以达到准确反映内容和渲染、夸张的效果。通常,采用的效果有放大、缩小、移位、移进、移出、冻结、翻转、滚动、翻页、裂像、镜像、油画、瓷砖、彩边、背景、叠加、轨迹、频闪、拖尾、反射、负像、单色、透视、三维旋转、曲线移动、色键跟踪、增量冻结、字幕、合成及淡入淡出等。

与内容编辑相对应,视频的效果编辑也包括相应的伴音效果编辑,而且伴音效果要和视频效果相适应,互相配合与衬托,才能最终得到最佳的视觉与听觉效果。

对于数字视频来说,无论是视频内容还是视频效果,其编辑工作均在相应的视频处理软件的支持下完成。

3. 输出视频编辑结果

编辑数字视频的目的是得到所需的视频效果，一旦编辑完成，就可以输出编辑结果。通常的输出形式有两种：一是直接输出压缩的视频文件，如 AVI、MPEG、MOV 等格式，以后再利用这些压缩的视频文件制作 VCD、DVD 光盘或网络流媒体视频；二是直接输出到数字录像带进行保存。

4. 视频编辑的相关概念

数字视频编辑中借用了模拟视频编辑的一些概念。

- A/B Roll(A/B 卷)：只有两个独立的视频源编辑合成的视频。
- 合成视频：指色度和亮度信息已经合成在同一视频信号中。
- 视频合成：指将一个视频信号叠加在另一个视频信号上，合并成为单一视频文件的过程，因此也称视频叠加。
- 编辑决策表(Edit Decision List，EDL)：指一系列视频编辑指令列表，可以由视频编辑软件生成。在 EDL 中，包含了时间代码标记、持续时间、修剪标记、顺序、过渡效果等信息。
- 进出标记(In/Out Marker)：通常置于数字视频或音频文件中，用来标记文件的开始或结束。
- 时间码(Time Codes)：视频片段中用来区分帧的时间标记。每个帧都有时间码，通过它可准确定位视频片段中的每一帧并度量一个视频片段的持续时间。
- 线性编辑(Linear Editing)：一种基于传统媒体的声像编辑技术。无论是录像带还是录音带，存储的信息都是以时间顺序记录的。当使用者要选取不同的音/视频素材或某一片段时，需要频繁地倒带、进带，甚至更换录像带，从前往后寻找所需片段。要完成一段音/视频编辑，需要反复进行以上过程，其过程费时费力，效率较低。所以，线性编辑强调了整个编辑过程的顺序性。
- 非线性编辑：指建立在多媒体计算机系统之上的一种音/视频编辑技术，编辑对象是不同的音/视频文件。它利用多媒体计算机的高性能处理和交互性特点，实现音/视频信息的裁剪、拼接、合成以及其他效果处理等编辑功能。

6.1.4 非线性编辑系统

为了更好地进行数字视频编辑与处理，应该建立一个完整的数字视频编辑系统——非线性编辑系统。非线性编辑系统以高性能的多媒体计算机为平台，配以高速、大容量硬盘，必要时可升级为硬盘阵列，支持 DV 和模拟视频输入，具备高性能的实时压缩能力，在视频处理软件的管理和控制下，可完成相应的视/音频编辑和节目制作。为了同时显示和编辑更多窗口，可再接一个显示器。另外，连接录像机和配置 DVD 刻录机，可将信息方便地输出到录像带和刻录 DVD 光盘。

基于非线性编辑系统之上的数字视频编辑，一般要经历搜集整理音/视频素材、音/视频素材采集、数字视频编辑、预览编辑结果、生成效果视频、回放录制等几个主要过程。与传统的线性编辑相比，非线性编辑具有以下特点。

(1) 非线性视频编辑是对数字视频文件的编辑和处理，与计算机系统中其他数据文件的编辑一样，可以随时、随地、重复编辑和处理。

(2) 非线性编辑的任何编辑操作(如剪辑、修改、复制、调整画面前后顺序等)，都不会引起画面质量的下降，克服了线性编辑的弱点。

(3) 编辑方便简单，音/视频对位准确，编辑效果丰富，编辑功能强大。

(4) 非线性编辑系统设备数字化、小型化、功能强，便于与其他非线性编辑系统或多媒体计算机系统联网，共享资源。

非线性编辑系统已经成为影视节目后期制作、VCD 和 DVD 出版以及多媒体课件开发等工作所必需的系统环境。专业级的非线性编辑系统处理速度高，对数据的压缩小，特技效果丰富，制作的视频和伴音的质量也较高，因而系统的价格也较贵。随着计算机硬件及软件技术的飞速发展，非线性编辑系统价格也在不断下降，具有较高性能价格比的非线性编辑系统已经在多媒体创作和家庭 DV 制作方面具备了广泛的应用前景。

6.2 数字视频技术

6.2.1 动态图像压缩编码的国际标准

视频信号数字化之后的数据量非常大，如果没有高效率的压缩技术，很难传输和存储。

由国际标准化组织 ISO 和 ITU-T(国际电信联盟)正式公布的视频压缩编码标准中，有 MPEG 标准系列和 H.26X 标准系列。

1. MPEG 视频压缩标准

MPEG 的全称是运动图像专家组(Moving Picture Experts Group)，是在 1988 年由国际标准化组织 ISO 和国际电工委员会(International Electrotechnical Commission，IEC)联合成立的专家组，负责开发电视图像数据和声音数据的编码、解码和它们的同步等标准，这个专家组开发的标准称为 MPEG 标准。

目前，已经开发的 MPEG 标准有：MPEG-1、MPEG-2、MPEG-4、MPEG-7、MPEG-21。

* MPEG-1

MPEG-1(ISO/IEC 11172)是 MPEG 组织于 1992 年提出的第一个具有广泛影响的多媒体国际标准。MPEG-1 标准的正式名称为"基于数字存储媒体运动图像和声音的压缩标准"，可见 MPEG-1 着眼于解决多媒体的存储问题。由于 MPEG-1 的成功制定，以 VCD 和 MP3 为代表的 MPEG-1 产品在世界范围内迅速普及。

MPEG-1 用于传输 1.5Mbps 数据传输率的数字存储媒体运动图像及其伴音的编码，经过 MPEG-1 标准压缩后，视频数据压缩率为 100∶1～200∶1，音频压缩率为 6.5∶1。MPEG-1 提供30f/s 分辨率为 352×240 像素的图像，当使用合适的压缩技术时，具有接近家用视频制式(VHS)录像带的质量。MPEG-1 允许超过 70 分钟的高质量的视频和音频存储在一张 CD-ROM 盘上。VCD 采用的就是 MPEG-1 的标准，该标准是一个面向家庭电视质量级的视频、音频压缩标准。

* MPEG-2

随着压缩算法的进一步改进和提高，MPEG 组织于 1996 年推出解决多媒体传输问题的

MPEG-2 标准。MPEG-2 的正式名称为"通用的图像和声音压缩标准"。MPEG-2 标准最为引人注目的产品是数字电视机顶盒与 DVD。

MPEG-2 主要针对高清晰度电视(HDTV)的需要，传输速率为 10Mb/s，与 MPEG-1 兼容，适用于 1.5~60Mb/s 甚至更高的编码范围。MPEG-2 提供 30f/s 分辨率为 704×480 像素的图像，是 MPEG-1 播放速度的 4 倍。它适用于高要求的广播和娱乐应用程序，如 DSS 卫星广播和 DVD。MPEG-2 的分辨率是家用视频制式(VHS)录像带分辨率的两倍。

- MPEG-4

MPEG-4 是 MPEG 组织于 1991 年 5 月首次提出，1993 年 7 月正式启动。MPEG 组织于 1999 年 1 月公布了 ISO 的 MPEG-4(视频和音频对象的压缩)标准的第一版，于 1999 年 12 月公布了第二版。MPEG-4 的正式 ISO 命名为 ISO/IEC 14496。

MPEG-4 从其被提出之日起就引起了人们的广泛关注，虽然不是每个人都清楚它的具体目标，但却都对它寄予了很大的希望。MPEG-4 的最大创新在于赋予用户针对应用建立系统的能力，而不是仅仅使用面向应用的固定标准。此外，MPEG-4 将集成尽可能多的数据类型，例如自然的和合成的数据，以实现各种传输媒体都支持的内容交互的表达方法。借助于 MPEG-4，用户才可能建立个性化的视听系统。

MPEG-4 标准是超低码率运动图像和语言的压缩标准用于传输速率低于 64kb/s 的实时图像传输，它不仅可覆盖低频带，也向高频带发展。较之前两个标准而言，MPEG-4 为多媒体数据压缩提供了一个更为广阔的平台。它更多定义的是一种格式、一种架构，而不是具体的算法。它将各种各样的多媒体技术充分用进来，包括压缩本身的一些工具、算法，也包括图像合成、语音合成等技术。

- MPEG-7

MPEG-7 标准被称为"多媒体内容描述接口"，为各类多媒体信息提供一种标准化的描述，这种描述与内容本身有关，允许快速和有效地查询用户感兴趣的资料。它将扩展现有内容识别专用解决方案的有限的能力，特别是它还包括了更多的数据类型。换而言之，MPEG-7 规定一个用于描述各种不同类型多媒体信息的描述符的标准集合。该标准于 1998 年 10 月被提出。

- MPEG-21

MPEG-21 是 MPEG 最新的发展层次。它是一个支持通过异构网络和设备使用户透明而广泛地使用多媒体资源的标准，其目标是建立一个交互的多媒体框架。MPEG-21 的技术报告向人们描绘了一幅未来的多媒体环境场景，这个环境能够支持各种不同的应用领域，不同用户可以使用和传送所有类型的数字内容。也可以说，MPEG-21 是一个针对实现具有知识产权管理和保护能力的数字多媒体内容的技术标准。

2. 视频编码国际标准 H.26X

ITU-T 制定的视频编码标准包括 H.261、H.262、H.263 和 H.264 等，主要用于实时视频通信领域，如可视电话与电视会议。其中，H.262 标准等同于 MPEG-2 的视频编码标准，而 H.264 标准在 ISO/IEC 中，它被称为 MPEG-4 的第 10 部分，即高级视频编码(Advanced Video Coding，AVC)。

- H.261 标准

H.261 标准是 1990 年 ITU-T 制定的一个视频编码标准，目的是规范综合业务数字网(Integrated Services Digital Network，ISDN)上的视频会议和可视电话应用中的视频编码技术。考虑到 ISDN 的传输码率以 64Kbps 为单位，因此以 $p×64kb/s$ 作为 H.261 的标准码率，所以 H.261 视频编码标准又称 $p×64$ 标准。其中 p 是一个可变参数，取值范围为 1～30，因而对应的比特率为 64kb/s～192kb/s。

$p×64$ 视频编码压缩算法采用混合编码方案，该算法与 MPEG-1 压缩算法有许多共同之处，但区别在于：$p×64$ 的目的是适应各种信道容量的传输，而 MPEG-1 标准的目的是在狭窄的频带上实现高质量的图像和高保真声音的传递。

- H.263

H.263 是 ITU-T 在 H.261 的基础上开发的电视图像编码标准，是最早用于低码率视频信号压缩编码的标准，其目标是改善在调制解调器上传输的图像质量，并增加了对电视图像格式的支持。为了适应人们在现有窄带网络环境(如 PSTN 和无线移动信道上)传输视频信息的需要，ITU-T 在 1998 年 1 月推出 H.263+(称之为 H.263 的第二版)。H.263+增加了许多选项，使其具有更广泛的适用性。目前，H.263 是可视电话中应用最广泛的视频压缩标准。

- H.264

H.264 是由 ISO/IEC 与 ITU-T 组成的联合视频组(Joint Video Team，JVT)制定的新一代视频压缩编码标准。该标准于 1998 年 1 月份开始草案征集，1999 年 9 月完成第一个草案，2001 年 5 月制定了其测试模式 TML-8，2002 年 6 月的 JVT 第 5 次会议通过了 H.264 的 FCD 板，2003 年 3 月正式发布。

H.264 最大的优势是具有很高的数据压缩比，在同等图像质量的条件下，H.264 的压缩比是 MPEG-2 的 2 倍以上，是 MPEG-4 的 1.5～2 倍。

6.2.2 常见的视频处理功能

视频处理就是对采集到的视频文件进行加工的完整过程。实现对数字视频文件的加工创作，主要包括视频信息的捕获、编辑、修饰及压缩几个步骤。首先利用采集设备将视频影像捕获到计算机中，进行编辑处理，添加特效、叠加等装饰效果，经过压缩处理后，才能成为多媒体作品中的视频素材。在多媒体计算机系统中，视频处理一般借助于一些相关的硬件和软件，在计算机上对输入的视频信号进行接收、采集、传输、压缩、存储、编辑、显示、回放等多种处理。

6.2.3 视频编辑软件

视频编辑软件是完成视频信息编辑、处理的工具，通过它人们可以把各种音/视频素材剪辑、拼接、混合成一段可用的视频，并添加字幕以及多种特技效果，完成对数字视频的非线性编辑。

视频编辑软件种类很多，常用的有 Adobe Premiere、Sony Vegas、Ulead Media Studio Pro、会声会影以及 Windows Movie Maker 等。其中，Adobe Premiere 是最具代表性的专业水准的视频处理软件，在后面章节将进行详细介绍，下面简单介绍一下其他几个常用软件。

1. Sony Vegas

Sony Vegas 是 PC 平台上用于视频编辑、音频制作、合成、字幕和编码的专业产品。它具有漂亮直观的界面和功能强大的音视频制作工具，为 DV 视频、音频录制、编辑和混合、流媒体内容作品和环绕声制作提供完整的、集成的解决方法。Sony Vegas 为专业的多媒体制作树立一个新的标准,应用高质量切换、过滤器、片头字幕滚动和文本动画;创建复杂的合成,关键帧轨迹运动和动态全景或局部裁剪,具有不受限制的音轨和非常卓越的灵活性。利用高效计算机和大内存,Sony Vegas 从时间线提供特技和切换的实时预览,而不必渲染。使用 3 轮原色和合成色校正滤波器完成先进的颜色校正和场景匹配。使用新的视频示波器精确观看图像信号电平,包括波形、矢量显示、视频 RGB 值(RGB Parade)和频率曲线监视器。Sony Vegas 也在音频灵活性中提供终极的功能,包括不受限制的轨迹、对 24bit/96kHz 声音支持、记录输入信号监视、特技自动控制、时间压缩/扩展等。Sony Vegas 具有超过 30 个摄影室品质的实时 DirectX 特技,包括 EQ、混响、噪声门限、时间压缩/扩展和延迟。Sony Vegas 充分结合特效、合成、滤波器、剪裁和动态控制等多项工具,提供数字视频流媒体,成为 DV 视频编辑、多媒体制作和广播等较好的解决方案。

2. Ulead Media Studio Pro

Ulead Media Studio Pro 包括一个编辑程序包,它的文本和视频着色功能方面具有特别的处理强度。Media Studio Pro 提供基于 PC 的纯 MPEG-2 和 DV 支持,它允许从录像机、电视、光盘或摄录一体机采集以及观看原始视频,使用 Ligos 公司的 GoMotion 技术,支持 IEEE 1394 和 MPEG-2 的 DV,确保高品质视频,并大大提高了效率。Media Studio Pro 的视频编辑器集合了所有的视频成分:视频、声音、动画和字幕,并改进了这些成分,增加了特技和切换,可以将视频保存为一个文件,把它放在 Internet、CD-ROM 或录制到录像磁带上。Media Studio Pro 的最佳的小程序是视频着色,该视频着色程序允许直接在视频序列中的任何帧上着色。Media Studio Pro 的文本部分名为 CG Infinity,这个十分完整的基于矢量的图形制作程序生成令人佩服的动画字幕和活动图像。

Ulead Media Studio Pro 增加了一些高级功能,包括 DV 场景检测、MPEG-2 编辑甚至还有 DVD 光盘制作(这些功能大多都是 Ulead 的消费类产品中首先推出的),它还提供了直接捕捉 MPEG-1 和 MPEG-2 的功能,以及 Vectorscope 和 Waveform 监视器以校正色彩。该软件 2005 年随 Ulead 公司整体被 Corel 公司收购,收购后仍在不断更新,并且广为使用。

3. Corel Video Studio(会声会影)

会声会影是一套专为个人及家庭所设计的影片剪辑软件。该软件首创双模式操作界面,入门新手或高级用户都可轻松体验快速操作、专业剪辑、完美输出的影片剪辑乐趣。它提供了人性化设计的操作方式,它的影片向导为初学者入门提供了方便,它还可自动扫描 DV 影带,并以场景缩图呈现,轻松选择场景缩图,即可精准采集影片,同时可弹性缩放剪辑时间轴,并新增飞梭控制钮,快速或慢速播放寻找影片画面,剪辑精准。

4. Windows Movie Maker

Movie Maker 是 Windows 附带的一款免费的入门级视频编辑软件,功能比较简单,但它可谓是"麻雀虽小,五脏俱全",无论是转场、特效还是字幕,它都可以提供基本的支持,只是在数量和可定制程度上大大落后于其他产品。它拥有一套完整的视频采集、非线性编辑和输出系统,并且依托微软强大的技术优势,如果用户需求不是很高,Movie Maker 是个很好的选择。

6.2.4 视频文件格式

数字视频体系包括多媒体计算机对视频文件进行编码的格式以及识别和播放此格式文件的播放器。目前，主要的数字视频体系有苹果公司的 QuickTime 格式、微软的 Windows 媒体格式、RealNetwork 公司的 RealMedia 格式以及国际标准规定的 MPEG 格式。与这些体系相关的视频文件格式有 QuickTime 电影(.mov)、音频视频交叉(.avi)、RealMedia(.rm)以及.mpg 或.dat 文件，对应的播放器分别为 QuickTime、Windows Media Player、RealOne Player 以及一些第三方开发的媒体播放器，如 DVD Player 等。除了能够播放自己体系内的视频文件外，这些播放器还能播放其他格式的视频文件。

由于所依据的视频体系和数字视频处理技术不同，出现了诸多不同的数字视频文件格式。这些格式大致可分为两类：一类是用于多媒体出版的普通视频文件，如本地视频、DVD 视频等，这类文件具有较高的视频质量，但文件尺寸较大；另一类是用于网络传输的流式文件，这类文件可在网络上连续平滑播放，具体工作方式为"边传输边播放"。下面是一些常用的视频文件格式。

1. AVI 文件

AVI(Audio Video Interleaved)是一种音、视频交叉记录的数字视频文件格式。1992 年初，Microsoft 公司推出了 AVI 技术及其应用软件 VFW(Video For Windows)。在 AVI 文件中，运动图像和伴音数据是以交替的方式存储的，且与硬件设备无关。按交替方式组织音频和视频数据时，它可在读取视频数据流时更有效地从存储媒介得到连续的信息。

AVI 文件结构不仅解决了音频和视频的同步问题，而且具有通用和开放等特点。它可以在任何 Windows 环境下工作，而且还具有扩展环境的功能。用户可以开发自己的 AVI 视频文件，并且可在 Windows 环境下随时调用。AVI 文件一般采用帧内有损压缩，可以用一般的视频编辑软件如 Adobe Premiere 重新进行编辑和处理。

2. MOV 文件

MOV 是 Apple 公司开发的一种用于保存音频和视频信息的视频文件格式，统称为 QuickTime 视频格式。它支持包括 Apple Mac OS、Microsoft Windows 2000/XP/7/10 在内的主流系统平台，支持 25 位彩色及领先的集成压缩技术，提供了 150 多种视频效果，并配有提供了 200 多种 MIDI 兼容音响和设备的声音装置。该格式可以采用压缩或非压缩两种方式，其压缩算法包括 Cinepak、Intel lndeo Video R3.2 和 Video 编码。其中 Cinepak 和 Intel lndeo Video R3.2 算法的应用和效果与 AVI 格式中的应用和效果类似。而 Video 格式编码适合于采集和压缩模拟视频，支持 16 位图像深度的帧内压缩和帧间压缩，帧频可达 10fps 以上。

3. MEPG 文件

MPEG 文件是采用 MPEG 压缩算法压缩后得到的视频文件格式，具体格式后缀可以是 MPEG、MPG 或 DAT。MPEG 格式文件在图像分辨率为 1024×768 像素的格式下可以用 25fps(或 30fps)的速率同步播放全运动视频图像和 CD 音乐伴音，并且其文件大小仅为 AVI 文件的 1/6。MPEG-2 压缩技术采用可变速率技术，能够根据动态画面的复杂程度，适时改变数据传输率获得较好的编码效果,目前使用的 DVD 就是采用了这种技术。

MPEG 文件的压缩效率高(平均压缩比为 50∶1,最高可达 200∶1),图像和音响的质量也非常好。MPEG 标准包括 MPEG 视频、MPEG 音频和 MPEG 系统(视频、音频同步)3 部分,MP3 音频文件就是 MPEG 音频的一个典型应用,而 VCD、SVCD、DVD 则是全面采用 MPEG 技术所产生出来的新型消费类电子产品。

4. RM 文件

Real Networks 公司所制定的音频视频压缩规范称为 Real Media,一开始就定位在视频流应用方面,也可以说该公司是视频流技术的始创者。用户可以使用 RealPlayer 或 RealOne Player 在不下载音频/视频内容的条件下实现在线播放。Real Media 可以根据不同的网络传输速率制定出不同的压缩比率,从而实现在低速率的网络上进行影像数据实时传送和播放。RM 文件是目前主流网络视频格式。2002 年 Real 公司又推出了它的 RealVideo 9 编码方式,使用 RealVideo 9 编码格式的文件扩展名一般为 rmvb。RMVB 文件中的 VB 是 VBR 即 Variable Bit Rate 的缩写,中文是"可变比特率"。它比普通的 RM 文件有更高的压缩比(同样画质)和更好的画质(同样压缩比)。RMVB 格式还具有内置字幕和无须外挂插件支持等独特优点。

6.3 视频的采集

只有将视频信号采集到多媒体计算机系统中,才可以对其进行数字化编辑和处理。根据要采集的视频源的不同,可有以下两种不同的视频采集方法。

6.3.1 采集模拟视频

采集模拟视频主要包括以下 3 个方面。

1. 建立模拟视频采集环境

将模拟视频源(如摄像机、摄像头、录像机、VCD 机等)与装有视频采集卡的多媒体计算机相连接,构成模拟视频采集的硬件环境。具体连接时,要考虑视频源的信号类型以及视频采集卡所能提供的接口类型,如果具有多个信号源和多个模拟视频接口,也可对应连接多个视频源。需要说明的是,在建立模拟视频采集环境时,还要考虑音频信号的连接与同步采集问题。模拟视频采集环境如图 6-1 所示。

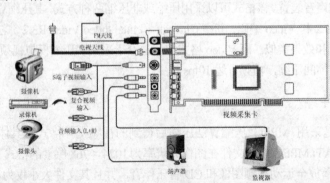

图 6-1 模拟视频采集环境

为了便于监视模拟视频播放画面，可外接一个监视器来监视视频源。

2. 安装视频采集软件

一般的视频采集卡都带有相应的视频处理应用软件，可在安装视频采集卡驱动程序时，安装包括视频采集功能在内的应用软件，为了视频处理的方便、简单、统一，建议使用 Ulead Media Studio 或 Adobe Premiere 视频处理软件。

3. 视频采集

采集视频时，由于可能有多个视频源，因此首先要通过驱动程序提供的信号源选择界面，设置要用的视频源，然后就可以从视频源设备播放视频，由视频采集软件完成视频采集。

6.3.2 采集数字视频

1. 使用数码摄像机采集

采集数字视频是指利用可连接 DV 视频信号的 IEEE 1394 接口，完成将数码摄像机拍摄的 DV 信号采集到多媒体计算机系统的功能。与采集模拟视频相类似，采集数字视频也需要首先建立一个硬件环境。所不同的是，由于 DV 质量高于一般的视频质量，采集过程中的数据量巨大，因此对硬件环境的性能要求更高。如果要具备较好的实时处理和交互能力，应考虑从 CPU、RAM 和硬盘 3 方面改进性能。常用的数码摄像机如图 6-2、图 6-3 所示。

图 6-2　Sony(索尼)数码摄像机 FDR-AX700　　　图 6-3　JVC 数码摄像机 JY-HM360

除了考虑以上三方面的性能外，还需要安装或选配以下软硬件。
(1) 安装 IEEE 1394(FireWire 或 i.Link)接口卡，并用连接电缆连接 DV 摄像机。注意，DV 连接电缆的两端接口不同，一端为 4 针端口，用于连接数字摄像机，另一端为 6 针端口，用于连接 IEEE 1394 卡。
(2) 安装调节 DV 摄像机声音输出的音频混频器。
(3) 安装外部扬声器。
(4) 安装视频处理软件。

建立好采集数字视频的软/硬件环境之后，就可以开始采集数字视频。

2. 使用屏幕录像和编辑的软件

通过特定的软件将计算机屏幕的变化直接录制下来，可作为视频采集的另一种补充。屏幕录像工具软件有屏幕录像专家、Camtasia Studio、ViewletCam 等，这里介绍 Camtasia Studio 及其使用。

Camtasia Studio 是美国 TechSmith 公司出品的屏幕录像和编辑的软件套装。软件提供了强大的屏幕录像、视频的剪辑和编辑、视频菜单制作、视频剧场和视频播放功能等。使用本套装软件，用户可以方便地进行屏幕操作的录制和配音、视频的剪辑和过场动画、添加说明字幕和水印、制作视频封面和菜单、视频压缩和播放。

6.3.3　Camtasia Studio 使用实例

（1）启动 Camtasia Studio 9，如图 6-4 所示。

第一次运行 Camtasia Studio 9 程序，会弹出一个欢迎界面，如图 6-5 所示。

图 6-4　Camtasia Studio 9 启动界面

图 6-5　Camtasia Studio 9 欢迎界面

（2）单击"新建录制"按钮，进入屏幕录制向导，如图 6-6 所示。

在左边的选择区域中，可以进行录屏区域选择。如果是全屏录制，选择"全屏"，否则选择"自定义"。比如要对讲课内容进行录制，可以选择"自定义"，弹出如图 6-7 所示窗口。既可以通过鼠标选择区域，也可以在"自定义"选项右侧的文本框中输入数值来选定录屏区域。如果清楚所选区域的位置，可以先启动相应的程序，然后再进行录屏区域选择，这样比较好选择应用程序所对应的区域。

图 6-6　屏幕录制向导

图 6-7　选择区域窗口

也可以在"捕获"菜单下选择"锁定应用程序"命令，如图 6-8 所示，通过该命令可以直接将区域选定为当前的应用程序。

（3）选择好区域后，单击右侧的红色"rec"按钮，就进入录屏程序了。录屏程序启动后，系统有 3 秒钟的倒计时提示，如图 6-9 所示。

录屏过程如图 6-10 所示。

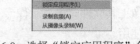

图 6-8　选择"锁定应用程序"命令

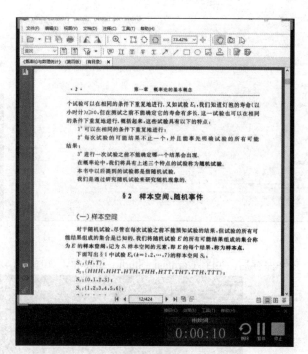

图6-9 启动倒计时　　　　　图6-10 录屏过程

如果录屏结束，或有别的原因需要终止，可以单击"停止"按钮或按快捷键F10停止录像。录像停止后，程序会自动弹出一个"预览"窗口来播放刚才录制的视频片段，如图6-11所示。

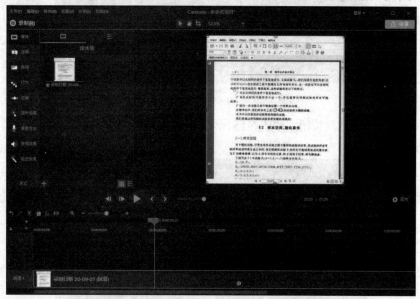

图6-11 预览窗口

(4) 单击"保存"按钮即可将在软件里的编辑过程，保存为一个*.tscproj文件，便于后期修改，如图6-12所示。在这里设置文件名为"hnau.tscproj"。

设置好后单击"保存"按钮即可，保存完毕弹出信息提示框，如图6-13所示。

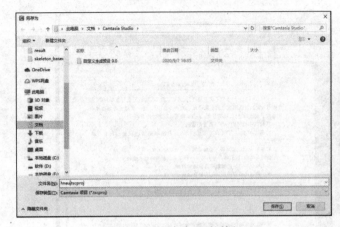

图 6-12 "另存为"对话框　　　　　图 6-13 保存提示信息框

(5) 文件保存后,回到 Camtasia Studio 主界面,如图 6-14 所示。

图 6-14 Camtasia Studio 主界面

(6) 单击"导入媒体"按钮,如图 6-15 所示,将刚才保存的文件导入。导入媒体后的界面如图 6-16 所示。

图 6-15 单击"导入媒体"按钮

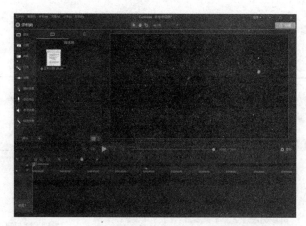

图 6-16 导入媒体

(7) 将刚才导入的媒体文件拖到下面的"轨道 1"中，选择"文件"|"项目设置"命令，弹出如图 6-17 所示的提示信息，单击"应用"按钮后出现如图 6-18 所示窗口。

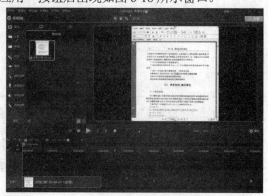

图 6-17 提示信息   图 6-18 导入媒体后的界面

(8) 可以对刚才录制的文件进行简单的编辑处理，比如进行"音频效果"，如图 6-19 所示，或者添加"转场"，如图 6-20 所示。

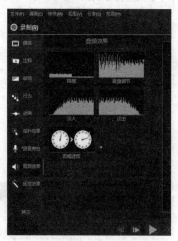
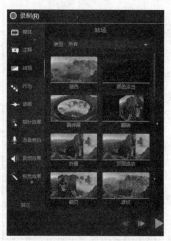

图 6-19 进行"音频效果"   图 6-20 添加"转场"

(9) 处理完成后,选择"分享"|"本地文件"命令,弹出"生成向导"对话框,如图 6-21 所示。

(10) 选择"自定义生成设置"选项,如图 6-22 所示。

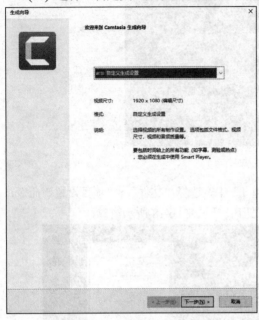
图 6-21 "生成向导"对话框

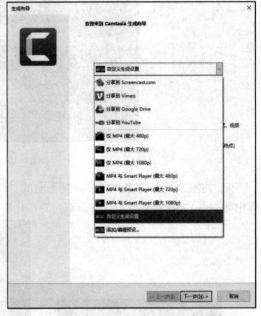
图 6-22 选择"自定义生成设置"选项

(11) 单击"下一步"按钮,弹出如图 6-23 所示对话框,为生成最终的视频选择文件格式。

(12) 选择系统推荐的格式后,单击"下一步"按钮,弹出如图 6-24 所示的"智能播放器选项"对话框。

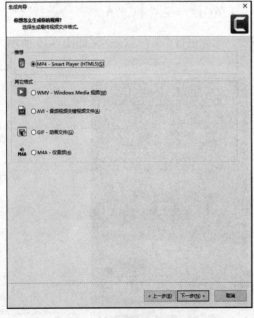
图 6-23 选择视频文件格式

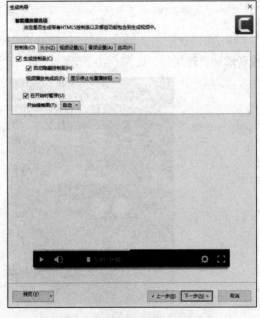
图 6-24 "智能播放器选项"对话框

(13) 采用默认选项，单击"下一步"按钮，弹出"视频选项"设置对话框，如图 6-25 所示，可以进行"视频信息""水印"设置等。

(14) 设置完成后，单击"下一步"按钮，弹出"制作视频"设置对话框，如图 6-26 所示。

图 6-25 "视频选项"设置对话框

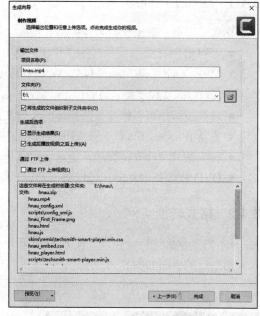

图 6-26 "制作视频"设置对话框

(15) 设置完成后，单击"完成"按钮，弹出"渲染项目"提示框，如图 6-27 所示。结束后弹出生成结果提示信息，如图 6-28 所示，单击"完成"按钮即可。

经过以上步骤，就可以得到一个 MP4 文件。

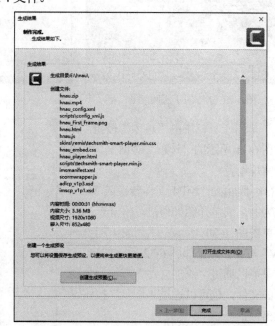

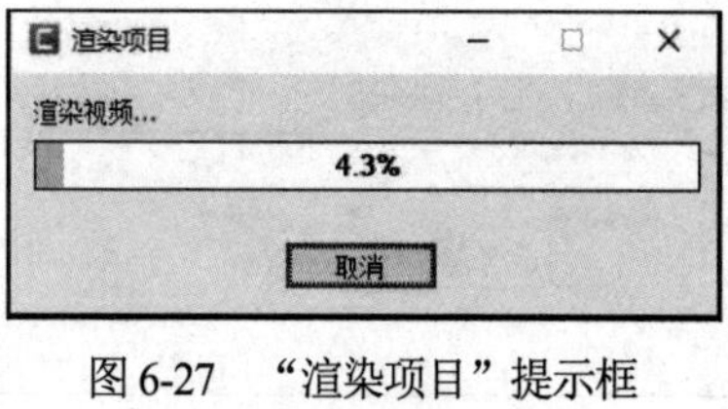

图 6-27 "渲染项目"提示框

图 6-28 生成结果提示信息

6.4 视频格式转换工具——格式工厂

6.4.1 格式工厂介绍

格式工厂是一款免费的多媒体格式转换软件。软件提供的功能主要有如下几点。

- 可以将所有类型视频转到 MPG、AVI、3GP、FLV、MP4；可以将所有类型音频转到 MP3、OGG、WMA、M4A、WAV；可以将所有类型图片转到 JPEG、BMP、PNG、TIF、ICO；源文件支持 RMVB。
- 转换过程中可以修复某些损坏的视频文件。
- 支持 iPhone、iPod、PSP 等多媒体指定格式。
- 转换图片文件支持缩放、旋转、水印等功能。
- DVD 视频抓取功能，轻松备份 DVD 到本地硬盘。

6.4.2 格式转换实例

(1) 启动格式工厂，出现如图 6-29 所示的启动界面。启动后的界面如图 6-30 所示。

图 6-29　格式工厂启动界面

图 6-30　格式工厂启动后的界面

(2) 单击工具栏中的"选项"按钮，弹出如图 6-31 所示的"选项"对话框，可以进行常规设置。

(3) 下面以把 MP4 文件转换成 MKV 格式为例，简单介绍如何进行格式转换。

单击图 6-30 所示左侧列表中的"→MKV"按钮，弹出如图 6-32 所示的窗口，在这里可以通过"添加文件"按钮添加要转换的文件，也可以通过"浏览"按钮设置输出位置。

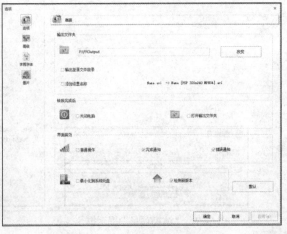

图 6-31　"选项"对话框

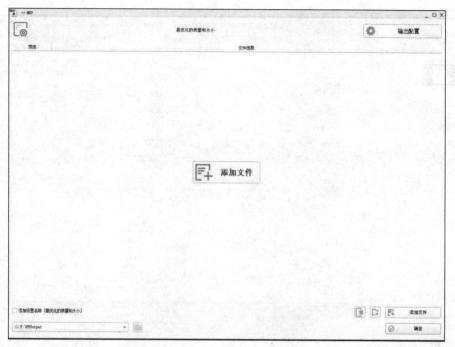

图 6-32 "->MKV" 窗口

(4) 单击"添加文件"按钮,弹出如图 6-33 所示的对话框。选择相应的文件,单击"打开"按钮,得到如图 6-34 所示的窗口。

(5) 通过"输出配置"按钮可进行输出的选项设置。单击"输出配置"按钮后弹出如图 6-35 所示的"视频设置"对话框。在这里可以进行质量与大小的设置,屏幕尺寸的选择和水印设置等。

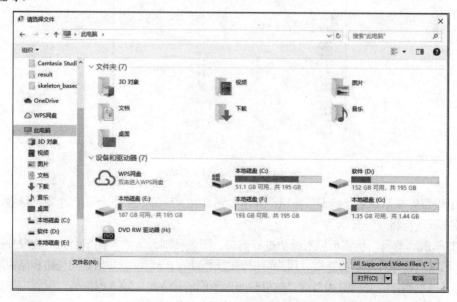

图 6-33 "请选择文件"对话框

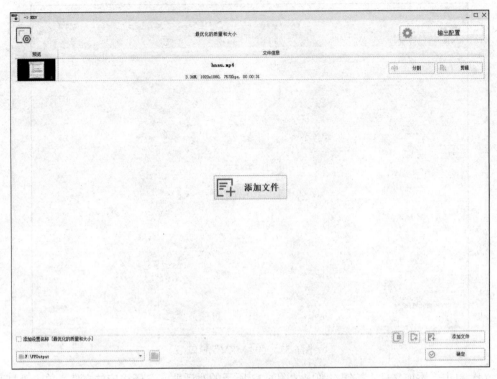

图 6-34　添加文件后的窗口

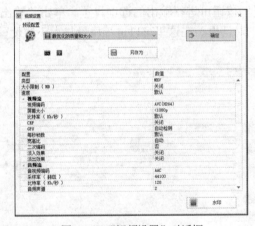

图 6-35　"视频设置"对话框

(6) 设置完毕后单击"确定"按钮，弹出如图 6-36 所示的窗口，单击"选项"标签，可以对转换视频进行相应设置。

(7) 单击"剪辑"标签可以对画面进行剪辑，即选择部分区域。在下面的"截取片段"工具中，可以对视频片断进行选取。用户可以通过预览画面分别单击开始时间按钮和结束时间按钮，也可以直接在"开始时间"或"结束时间"下面的输入框中输入时间值。设置完毕后单击"确定"按钮返回，再单击"确定"按钮，出现如图 6-37 所示的窗口。

第 6 章 视频处理技术

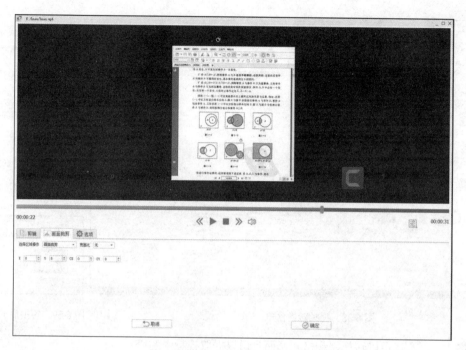

图 6-36 "预览"窗口

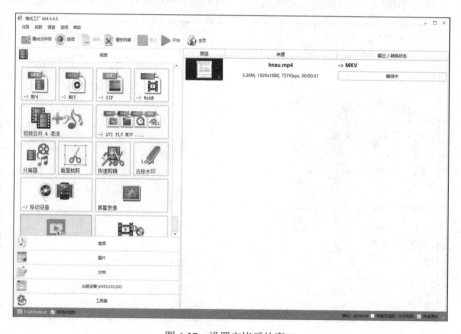

图 6-37 设置完毕后的窗口

(8) 单击工具栏中的"开始"按钮就可以进行转换了，在转换状态下会显示转换进度，如图 6-38 所示。

(9) 转换后的结果如图 6-39 所示。从状态栏上可以看出，转换后的文件大小由原来的 3.36MB 降低到了 1.97MB。

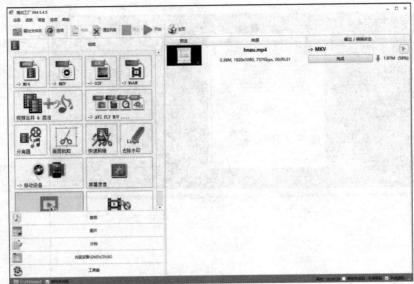

　　图 6-38　视频转换窗口　　　　　　　　图 6-39　转换后的结果

格式工厂不仅可以转换视频格式，而且可以提取视频中的声音。
(1) 要将某个视频文件中的声音提取出来，可以选择左侧的"音频"选项，如图 6-40 所示。

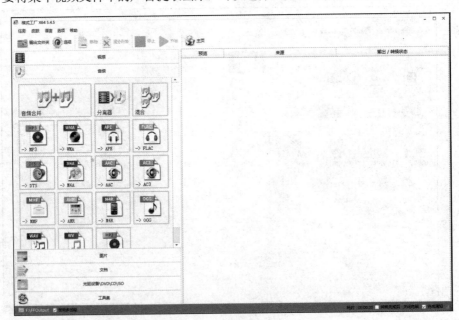

图 6-40　提取音频

(2) 选择 "->MP3" 按钮，出现如图 6-41 所示的窗口。
(3) 参考前面视频格式的转换，进行参数的设置，如图 6-42 所示，可以设置音频的采样率、比特率等。

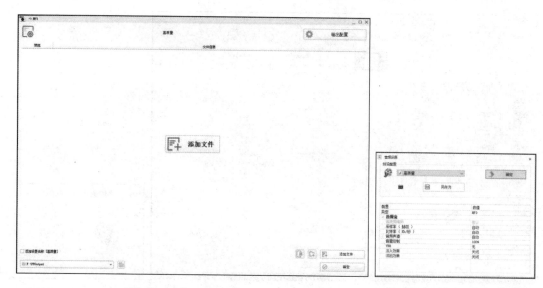

图 6-41 "->MP3" 窗口　　　　　　　图 6-42 音频参数设置

(4) 设置完毕后单击"确定"按钮，返回到程序界面，如图 6-43 所示。

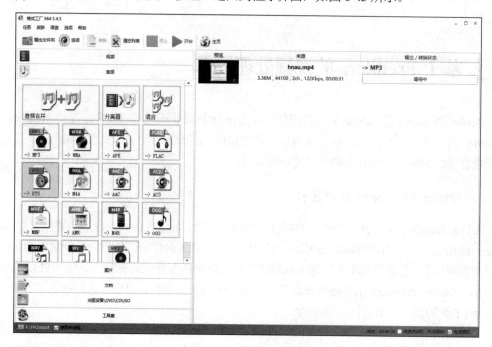

图 6-43 返回程序界面

(5) 单击工具栏中的"开始"按钮就可以进行提取了，在转换状态下会显示转换进度，如图 6-44 所示。

(6) 提取后的结果如图 6-45 所示。从状态栏上可以看出，从 3.36MB 的文件中提取的音频只有 488KB。

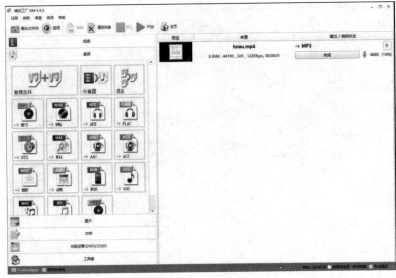

　　图 6-44　音频提取进度　　　　　　　　图 6-45　提取音频结果

如果做其他操作，如视频去除水印，以及视频合并&混流等功能，可以参考格式工厂的帮助文件。

6.5 基于 Premiere 的视频处理技术

Adobe Premiere 是 Adobe 公司推出的专业级音频/视频非线性编辑软件，支持 Windows 和 PowerPC 两种平台，可与 Adobe 的其他软件紧密集成，组成完整的视频处理解决方案，广泛应用于电视节目编辑、广告制作和电影剪辑等领域。

6.5.1 Adobe Premiere 功能简介

Adobe Premiere 是一款功能强大的影视作品编辑软件，可以在各种平台下和硬件配合使用。它是一款相当专业的 DTV(Desktop Video)编辑软件，专业人员结合其他专业系统可以制作出广播级的视频作品。普通微机配上压缩卡或输出卡也可以制作专业级的视频作品和 MPEG 压缩影视作品。Adobe Premiere 正在逐渐成为高档影视制作的主流软件。目前，其最新版本为 Adobe Premiere Pro 2020，这里进行详细介绍。

与以前的版本相比，Adobe Premiere Pro 2020 为视频节目的创建和编辑提供了更强大的支持，在进行视频编辑、节目预览、视频捕获以及节目输出等操作时，可以在兼顾视频效果和播放速度的同时，实现更佳的影音效果。

其功能主要表现在以下几方面。

- 素材的组织与管理，广泛的格式支持

Adobe Premiere Pro 2020 几乎可以处理任何格式的视频文件，包括对 DV、HDV、Sony XDCAM、XDCAM EX、Panasonic P2 和 AVCHD 等的支持。在视频素材处理前，可以将收集起来的素材导入项目窗口，以便统一管理。

- 视频素材的剪辑处理

使用 Premiere 可以对项目窗口中的素材进行拼接、剪切、复制、删除、叠加等操作。

- 可以制作千变万化的过渡效果

在两个片段的衔接部分,往往采用过渡的方式来衔接,而不是直接将两个片段生硬地拼接在一起。Premiere 提供了几十种特殊过渡效果,通过"效果"面板可以见到这些丰富多彩的过渡效果样式。

- 丰富多彩的滤镜效果的制作

Premiere 同 Photoshop 一样也支持滤镜的使用,Premiere 共提供了几十种滤镜效果,可对图像进行变形、模糊、平滑、曝光、纹理化等处理。

- 项目的发布

使用 Premiere 可以把一个项目文件发布为多个格式;支持交互查看的视频发布;可以在移动设备输出、在网络视频发布。

6.5.2 使用 Premiere Pro 2020 进行视频编辑的流程

使用数码摄像机拍摄的原始影像在没有经过剪辑、没有添加字幕、没有运用必要的视觉特效、没有加上旁白和背景音乐之前称为"素材"。只有通过剪接、添加字幕、转场特效、声音合成等后期处理,才能使之成为真正意义上的数码影片。下面简单介绍 Premiere Pro 2020 视频编辑的一般流程。

1. 创建和设置项目

要新创作一部视频作品,可以在启动 Premiere Pro 2020 之后,从出现的欢迎界面中单击"新建项目"按钮,新建并设置好项目参数,创建一个影片项目,然后再进行编辑处理。

2. 采集素材

采集素材是指将 DV 摄像机拍摄到的内容捕获到计算机硬盘上。使用 Premiere Pro 2020 等非线性编辑工具制作影片的素材主要来源于 DV 拍摄,也可以通过摄像头进行录像,或通过屏幕录制软件进行录屏,也可以通过电视调谐器来捕获电视上播放的片段,然后以数码格式保存到硬盘上。

3. 添加和整理素材

素材是视频编辑处理的基础。素材包括各种未经编辑处理的视频、音频和图像等数字化的文件。在使用 Premiere Pro 2020 进行编辑处理前,应先整理好各种素材,并将它们导入"项目"面板中。

4. 编辑素材

编辑素材是按照影片播放的内容,先将项目窗口中的素材选择好画面后,然后将一个个素材片段组接起来。拍摄的一段段内容经过采集,被分别保存在计算机中。同时,在 Premiere Pro 2020 中捕获的视频片段,可以被轻松地导入素材窗口,然后根据计划好的影片顺序进行调整和剪接。

影片的剪接应该以该片的思想、主题和内容作为依据，使观众了解影片，感受屏幕上的动作。

5．特效处理

特效处理是在编辑的基础上，为影片加入视频滤镜、切换特技、伴奏音乐等多媒体内容。

6．添加字幕

一般情况下，影片中都需要一些必要的字幕。Premiere Pro 2020 的字幕对象是使用"字幕设计器"来创建和编辑的。

7．保存项目

影片制作完成后，可以将项目保存下来，以便以后进一步进行编辑和修改。

8．输出影片

制作完成的影片输出时用专门的格式存储在光盘或硬盘中。经过处理后的视频，可以作为一部完整的影片进行压缩打包，Premiere Pro 2020 可以以不同格式的视频文件将影片打包保存，还可以将影片直接刻录成 DVD、SVCD 或 VCD 光盘。

6.5.3　Premiere Pro 2020 的主界面

运行 Premiere Pro 2020，启动界面如图 6-46 所示。单击"新建项目"或"打开项目"按钮新建项目或打开项目后，将显示如图 6-47 所示的主界面。

下面简要介绍各部分的主要功能：
- 标题栏：显示当前程序名称，以及当前项目文件的文件名和保存位置。
- 菜单栏：提供了 9 个菜单项，由文件(F)、编辑(E)、剪辑(C)、序列(S)、标记(M)、图形(G)、视图(V)、窗口(W)、帮助(H)组成。

图 6-46　Premiere Pro 2020 的启动界面

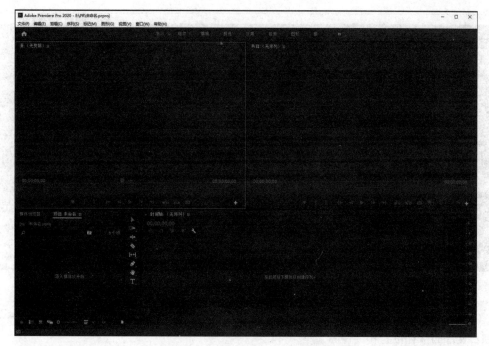

图 6-47　Premiere Pro 2020 的主界面

- "源监视器"面板：可查看原素材，用于预览和剪辑素材文件、为素材设置出入点及标记等，并可指定剪辑的源轨道。
- "节目监视器"面板：对制作的素材进行监视，与素材源面板基本相同，用于对编辑的素材进行实时预览，也可以对影片进行设置出入点和未编号标记等操作。
- "媒体浏览器/项目"面板：该面板带有两个选项卡。其中"媒体浏览器"选项卡用于在本机或网络中查找需要的媒体文件；"项目"选项卡用于导入和放置素材的面板。
- "工具栏"：提供在编辑视频时用到的各种工具，包括选择工具、钢笔工具、抓手工具等。
- "时间轴"面板：用于按时间进度合成视频、音频和图片等素材，该面板是视频后期处理的中心。
- "音频音量栏"：对音频的大小进行监视，但不能进行编辑。

Premiere Pro 2020 的主界面也可以通过选择"窗口"菜单中的命令，来显示/关闭选定的窗口，即主界面的外观会随着某些窗口的打开和关闭而变化。

6.5.4　Premiere Pro 2020 的综合运用

通过一个具体的"我的视频"项目，介绍利用 Premiere Pro 2020 编辑影片的具体方法。具体操作步骤如下。

1. 创建和设置项目

(1) 运行 Premiere Pro 2020，弹出如图 6-48 所示的欢迎界面。

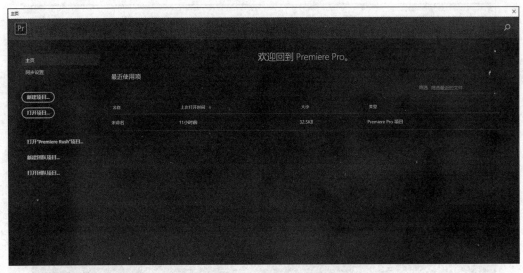

图 6-48　Premiere Pro 2020 的欢迎界面

(2) 在"欢迎界面"中单击"新建项目"按钮，打开如图 6-49 所示的对话框。在其中设置好项目文件的保存位置和文件名。

(3) 切换到"暂存盘"选项卡，在其中设置保存所捕捉的视频、音频文件的路径，以及进行视频和音频预览的路径等，如图 6-50 所示，设置完毕后单击"确定"按钮。

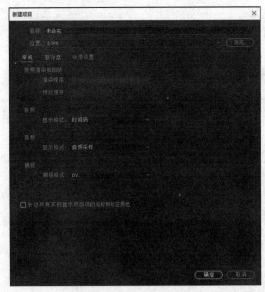

图 6-49　"新建项目"对话框

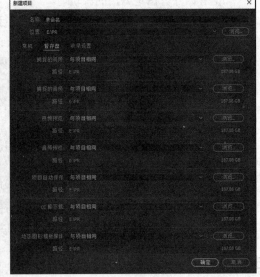

图 6-50　"暂存盘"选项卡

(4) 选择"文件"|"新建"|"序列"命令，弹出"新建序列"对话框，如图 6-51 所示，从序列预设列表中选择相应选项。设置完毕后单击"确定"按钮，即可进入 Premiere Pro 2020 的主界面。

图 6-51 "新建序列"对话框

2. 添加和整理素材

(1) 在"项目"面板中单击鼠标右键,从出现的快捷菜单中选择"导入"选项,如图 6-52 所示。打开"导入"对话框,将准备好的素材文件导入,可以同时选中多个文件进行导入,也可以多次导入。导入后的素材名称、媒体类型、持续时间、画面大小等信息都显示在"项目"面板中,结果如图 6-53 所示。

图 6-52 选择"导入"选项

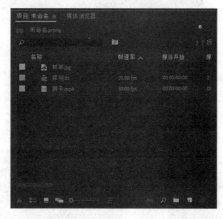

图 6-53 导入文件后的"项目"面板

(2) 从"项目"面板中将名为"狮子.mp4"的素材文件拖入"时间轴"面板的视频轨中,如图 6-54 所示。

图 6-54　添加视频素材文件

可以利用"序列"下方的控件，预览视频素材。

(3) 拖动"时间轴"面板左下方的滚动按钮中的 ▇ 或 ▇▇▇▇▇ 按钮，可以适当放大或缩小时间线的显示比例，如图 6-55 所示。

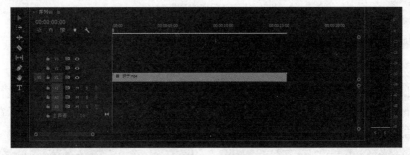

图 6-55　放大或缩小时间轴的显示比例

3. 编辑素材

(1) 在本项目中，为了增加视频间的切换效果，预先将导入的视频素材切分为 3 部分。如果素材比较多，也可以直接导入。

从工具箱中选择"剃刀"工具，如图 6-56 所示，在当前播放头所在帧处单击鼠标，将视频素材切分为 3 个素材。切分后的素材如图 6-57 所示。

 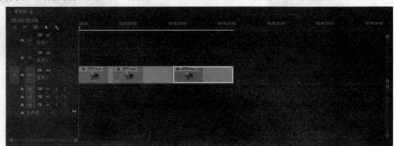

图 6-56　选择"剃刀"工具　　　　　　图 6-57　切分后的素材

(2) 双击切分后的第 2 段素材，使之也出现在"源监视器"面板中，如图 6-58 所示。

图 6-58 在"源监视器"面板中打开素材

(3) 拖动播放头，定位视频片段的起点，然后单击"设置入点"按钮设置开始播放点，如图 6-59 所示。

使用同样的方法定位视频片段的终点，然后单击"设置出点"按钮设置播放结束点。

图 6-59 设置第 2 段视频的开始播放点

(4) 设置入点、出点后可以看到，切分后的第 2 段视频素材的长度变短了，且两段视频之间有一段空白区域，只需用"选择"工具将其拖到第 1 段视频素材之后即可，如图 6-60 所示。以同样的方法对第 3 段视频进行设置。

图 6-60 设置入点与出点后的结果

设置完毕后在"时间轴"面板中将 3 段视频通过拖动的方式连接到一起,中间有明显的分割线。设置入点和出点的目的在于能清楚地观察到在不同的视频素材之间添加的切换效果。

4. 特效处理

(1) 执行"窗口"|"效果"命令,激活"效果"面板,再展开"视频过渡"文件夹下的"擦除"文件夹,从切换效果列表中选择"时钟式擦除"切换效果,将其拖入到时间轴上当前第 1 个素材和第 2 个素材之间,如图 6-61 所示。

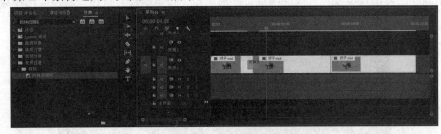

图 6-61 添加切换效果

(2) 执行"窗口"|"效果控件"命令,激活"效果控件"面板,在其中将"持续时间"修改为 2 秒,如图 6-62 所示。

使用同样的方法在第 2 段和第 3 段视频素材之间添加"风车"切换效果并对其进行参数设置。

(3) 除了切换效果以外,还可以在"效果"面板中展开"视频特效"文件夹下的"生成"滤镜组,从中选择"镜头光晕"滤镜,将其拖动到时间线上的第 1 个视频。将播放头移动到

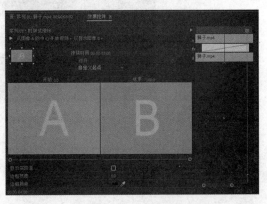

图 6-62 修改切换参数

第 1 段视频的任意位置，即可在"节目监视器"面板中看到光晕效果，如图 6-63 所示。

图 6-63　添加视频滤镜后的光晕效果

5. 添加字幕

字幕是对视频作品中画面和声音的补充与延伸，它不但具有补充、配合、说明、强调、渲染及美化屏幕的作用，而且还具有画龙点睛、为作品增光添彩的艺术效果。

(1) 在视频中添加一些字幕对象。为了在图片中添加字幕，将"项目"面板中的图片拖动到第 2 个视频轨中，并设置视频在图片展示之后播放。右键单击项目面板空白区域，从弹出的快捷菜单中选择"新建项目"|"字幕"命令，打开"新建字幕"对话框，参数设置如图 6-64 所示。参数设置完成后单击"确定"按钮出现"字幕设计器"窗口，选择其中的"文本框工具"，如图 6-65 所示。

(2) 在编辑区中拖出一个文本框，然后在其中输入需要的文本内容，并在右面的属性区中进行文字参数设置，如图 6-66 所示。

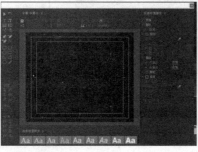
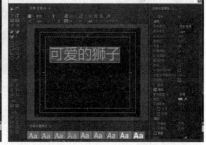

图 6-64　字幕参数设置　　图 6-65　"字幕设计器"窗口　　图 6-66　输入文本内容并进行参数设置

(3) 单击"字幕：字幕 01"下面的"滚动/游动选项"图标，打开"滚动/游动选项"对话框，选择其中的"滚动"单选按钮，并设置好相应的滚动参数，如图 6-67 所示。设置完成后单击"确定"按钮，然后关闭"字幕设计器"窗口。

以同样的方式再设计字幕 02。

(4) 在"项目"面板中将"字幕 01"拖到第 3 个视频轨上，然后调整好它的出现时间和持续时间。将"字幕 02"拖到第 1 个视频轨上，放在所有视频的后面，然后调整好它的出现时间和持续时间，最终的"时间轴"面板如图 6-68 所示。

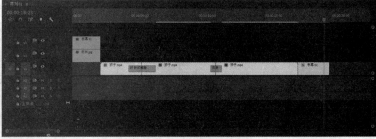

图 6-67 设置滚动字幕　　　　　　　　图 6-68 最终的"时间轴"面板

6. 保存并输出影片

(1) 选择"文件"|"导出"|"媒体"命令,打开"导出设置"对话框,如图 6-69 所示。

(2) 从"格式"下拉列表中选择 H.264 选项,然后单击"输出名称"链接,在弹出的对话框中选择输出的视频文件的保存位置和文件名。单击"保存"按钮返回"导出设置"对话框,设置好相关参数。设置完毕后单击"导出"按钮,此时打开视频渲染编码过程提示框,如图 6-70 所示。

图 6-69 "导出设置"对话框　　　　　　图 6-70 视频渲染编码过程提示框

(3) 渲染完毕后,在指定的文件夹中生成一个 MP4 格式的视频文件。视频全部输出完毕后,即可在其他多媒体文件中引用、播放该视频文件。此外,该视频文件也可被刻录成 VCD 或 DVD 光盘或压缩成流媒体视频在网络上发布。

Premiere Pro 2020 是一个功能强大的视频编辑软件,由于篇幅所限,这里只简单介绍了它的编辑制作影片的基本流程及一些效果编辑技巧,更详细的内容可参考其他相关技术手册。

6.6 本章小结

本章介绍了视频的基础知识、视频的数字化方法、数字视频的文件格式、视频采集、视频格式转换、非线性编辑系统以及常用的视频编辑工具软件等内容。

6.7 习题

一、填空题

1. 目前，世界上常用的电视制式主要有 4 种，即_____、_____、_____ 和_____。
2. 按照视频的存储与处理方式不同，视频可分为_____和_____两种。
3. 模拟视频信号主要包括_____、_____、_____和_____。
4. 由国际标准化组织 ISO 和 ITU-T(国际电信联盟)正式公布的视频压缩编码标准中，有_____标准系列和_____标准系列。
5. 由于 MPEG-1 的成功制定，以_____和_____为代表的 MPEG-1 产品在世界范围内迅速普及。MPEG-2 标准最为引人注目的产品是_____与_____。
6. 常见的视频文件格式主要有：_____、_____、_____和_____等。
7. ITU-T 制定的视频编码标准包括 H.261、_____、_____和_____等，主要用于实时视频通信领域。其中，_____标准等同于 MPEG-2 的视频编码标准，而_____标准在 ISO/IEC 中，它被称为 MPEG-4 的第 10 部分。
8. 与模拟视频相比，数字视频还具有_____、_____、_____等优点。
9. 数字电视标准把电视图像的清晰度分为 PDTV、_____、_____3 个等级。
10. MPEG-21 是 MPEG 最新的发展层次。它是一个支持通过异构网络和设备用户透明而广泛地使用多媒体资源的标准，其目标是建立一个_____。

二、选择题(可多选)

1. 以下_____是国际上常用的视频制式。
   A. PAL B. NTSC C. SECAM D. MPEG
2. 下面文件格式中，_____不是视频文件格式。
   A. WAV B. AVI C. MOV D. MPEG
3. 视频采集卡能支持多种视频源输入，下列_____是视频采集卡支持的视频源。
   A. 放像机 B. 摄像机 C. 影碟机 D. CD-ROM
4. 动态图像压缩的国际标准是_____。
   A. TIFF B. JPEG C. MPEG D. BMP
5. 下列软件中不具有视频处理功能的是_____。
   A. Adobe Premiere B. Sony Vegas
   C. Windows Movie Maker D. NetAnts
6. 所有的信号混合在一起，通过一根电缆传输的视频信号称为_____。
   A. RGB 视频信号 B. 复合视频信号 C. 分量视频信号
   D. 多格式视频信号 E. 色度键视频信号
7. 下列哪项不是电视信号制式。_____
   A. MPEG B. NTSC C. PAL D. SECAM E. HDTV

8. 计算机显示器通过一次扫描绘制整个视频帧的所有线，这种技术称为_____。
   A. 流　　　　　B. 逐行扫描　　C. 包装
   D. 平均化　　　E. 过扫描

9. 有一种技术允许选择一种颜色或者一个范围内的颜色，使背景变成透明，当两张图像重叠时，下层图像能穿过这些颜色显现出来。这种技术不是下面中的哪一种？_____
   A. 蓝屏　　　　B. Ultimatte　　C. 色度键
   D. 隔行　　　　E. 以上都是适当的名称

10. 红色和绿色不应作为提示颜色，这是因为_____。
    A. 它们在一些文化中代表贬义　　　　B. 它们与其他颜色不容易协调
    C. 色盲患者不能正确辨认它们　　　　D. 它们与"停止"和"前进"有关

三、简答题

1. 模拟视频有哪几种信号类型？它们各有什么特点？
2. 什么是数字视频？它有什么特点？
3. 简述 Premiere Pro 2020 编辑视频的一般流程。
4. 简述采集数字视频的主要方法。
5. 简述 MOV 文件格式。

四、操作题

1. 制作活动纪念片：将旅游或参加活动时拍摄的 DV 视频导入计算机，再收集其他视频、音频和图像等素材，使用 Premiere Pro 2020 进行后期处理。

   (1) 根据需要对视频信息进行排列、剪接。

   (2) 在视频剪辑的基础上，在影片的各个片段中加入适当的视频滤镜，在各片段间添加切换特技，在适当位置添加字幕信息，加入伴奏音乐，丰富影片内容，增强影片艺术气息。

   (3) 将编辑处理的视频以 WMV 格式的视频文件保存在磁盘上。

2. 调查一个本地的电子产品市场，市场里有什么摄像机？专业级的 DV 摄像机有什么功能？哪些功能可用于多媒体？

第 7 章

计算机动画制作技术

动画具有表现力强、直观生动、易于理解、风趣幽默、引人入胜的特点，是构成多媒体的重要内容之一，在多媒体作品中最能够吸引人，最容易给作品"添色"。计算机动画是在传统动画的基础上，采用计算机图形图像技术而迅速发展起来的一门新技术。计算机动画广泛应用于科学研究、影视作品制作、电子游戏、网页制作、多媒体动画制作、工业设计、军事仿真、建筑设计等诸多领域。本章介绍有关计算机动画制作的基础知识及相关的动画制作软件，主要内容包括动画制作工作原理、动画类型、常用的动画文件格式、二维动画制作软件 Animate 的使用方法等。

本章的学习目标：
- 理解动画的基本知识
- 熟练掌握 Animate 常用面板的基本操作
- 理解 Animate 二维动画制作步骤
- 熟练掌握逐帧动画、补间动画、形状补间动画、引导路径动画和遮罩动画的制作
- 熟练掌握元件的创建及使用
- 熟练掌握 Animate 动画中声音的应用
- 掌握使用 ActionScript 实现交互动画

7.1 计算机动画基础知识

动画有着悠久的历史，像我国民间的走马灯和皮影戏，就可以说是动画的一种古老形式。计算机动画是在传统动画基础上结合计算机技术而迅速发展起来的学科。随着计算机图形学、硬件技术等的高速发展，人们可以使用计算机快速、方便地制作出高质量的图像，从而促进了计算机动画技术的飞速发展，动画技术也在越来越多的领域得到广泛应用。

7.1.1 计算机动画的工作原理

动画是通过把人、物的表情、动作、变化等分段画成许多幅画，再用摄影机连续拍摄成一系列画面，给视觉造成连续变化的图画。医学已证明，人类具有"视觉暂留"的特性，就是说人的眼睛看到一幅画或一个物体后，在 1/24 秒内不会消失。利用这一原理，在一幅画还没有消失前播放出下一幅画，就会给人造成一种流畅的视觉变化效果。

计算机动画是采用连续播放静止图像的方法产生景物运动的效果，人们使用计算机产生图形、图像的运动，由计算机生成一系列连续的图像画面并能进行动态实时播放。从本质上讲，计算机动画的原理与传统动画基本相同，只是在传统动画的基础上把计算机技术用于动画的处理和应用，并可以达到传统动画所不能表现的效果。由于采用数字信息处理方式，动画的运动效果、画面色调、纹理、光影效果等处理操作，可以在专业动画制作软件中非常方便地改变、调整，输出方式也更加的丰富多彩。

7.1.2 计算机动画的分类

依据动画的不同方面可以对计算机动画进行如下分类。

- 依据动作的表现形式可分为接近自然动作的"完善动画"(动画电视)和采用简化、夸张的"局限动画"(幻灯片动画)。
- 依据空间的视觉效果可分为二维动画和三维动画。
- 依据播放效果可分为顺序动画(连续动作)和交互式动画(反复动作)。
- 依据每秒播放的幅数可分为全动画(每秒24帧)和半动画(少于24帧)。
- 依据运动的控制方式可分为实时动画和逐帧动画。实时动画也称为算法动画，是用算法来实现物体的运动。逐帧动画也称为帧动画或关键帧动画，是通过一帧一帧显示动画的图像序列而实现运动的效果。

7.1.3 常见的动画制作软件

动画制作软件很多，每款软件都具有各自的特点，制作的动画也具有各自的风格。

- Anime Studio Pro

Anime Studio Pro 是一款二维动画处理软件，用于加工和处理帧动画。它提供了多种高级动画工具和特效来加速工作流程。

- Adobe Animate

Adobe Animate 是 Adobe 公司的交互动画制作工具，在网页制作中被广泛应用。Animate 支持动画、声音及交互功能，具有强大的多媒体编辑能力，可直接生成主页代码。Animate CC 由原 Adobe Flash Professional CC 更名得来，维持原有 Flash 开发工具支持外新增了 HTML 5 创作工具，为网页开发者提供更适应现有网页应用的音频、图片、视频、动画等创作支持。Animate CC 将拥有大量的新特性，特别是在继续支持 Flash SWF、AIR 格式的同时，还会支持 HTML 5 Canvas、WebGL，并能通过可扩展架构去支持包括 SVG 在内的几乎任何动画格式。Animate 动画是目前最流行的二维动画之一。

- Maya

Maya 是美国 Autodesk 公司出品的三维动画制作软件，Maya 集成了最先进的动画及数字效果技术，功能完善，工作灵活，易学易用，制作效率极高，渲染真实感极强，被广泛应用于专业影视广告、角色动画、电影特技等领域。

- SoftImage 3D

SoftImage 3D 是 SoftImage 公司出品的三维动画软件，综合运行于 SGI 工作站和 Windows NT 平台，具有方便、高效的工作界面，可以快速、高质量生成图像，是专业动画设计师的重要工具，被广泛应用于娱乐和影视制作领域。

- 3ds Max

3ds Max 是由 Autodesk 公司开发的三维物体建模和动画制作软件，具有强大、完美的三维建模功能。它是当今世界上最流行的三维建模、动画制作及渲染软件之一，被广泛用于角色动画、室内效果图、游戏开发、虚拟现实等领域。

- Poser

Poser 是 Metacreations 公司推出的一款三维动物、人体造型和三维人体动画制作软件。利用 Poser 进行角色创作的过程较简单。Poser 内置了丰富的模型。

- COOL 3D

COOL 3D 是 Ulead 公司出品的三维动画制作软件，其拥有强大方便的图形和标题设计工具，丰富的动画特效，整合的输出功能可以输出静态图像、动画、视频或 Flash 格式。

7.1.4 动画的文件格式

动画是以文件的形式保存的，不同的动画软件产生不同的文件格式。比较常见的文件格式有以下几种。

- GIF 文件格式(.gif)

GIF(Graphics Interchange Format)是由 Campu Serve 公司开发的点阵式图像文件格式，采用 LZW 压缩算法，可以有效降低文件大小，同时保持图像的色彩信息。这种文件格式支持 256 色的图像。许多图像处理软件都具备处理 GIF 文件的能力，由于 GIF 文件支持动画和透明，因此被广泛应用在网页中。需要强调的是，GIF 文件格式无法存储声音信息，只能形成"无声动画"。

- FLIC 文件格式(.fli/.flc)

FLIC 文件格式是 Autodesk 公司在出品的 Autodesk Animator/Animator Pro/3D Studio 等 2D/3D 动画制作软件中采用的彩色动画文件格式。FLIC 是 FLI 和 FLC 的通称，其中，FLI 是最初基于 320×200 分辨率的动画文件格式，而 FLC 是 FLI 的扩展格式，采用了更高效的数据压缩技术，其分辨率也不再局限于 320×200。FLIC 文件采用行程编码(RLE)算法和 Delta 算法进行无损数据压缩。它被广泛用于动画图形中的动画序列、计算机辅助设计和计算机游戏应用程序。

- SWF 文件格式(.swf)

SWF 是动画制作软件 Animate 的矢量动画格式，它采用曲线方程描述其内容，不是由点阵组成内容，因此这种格式的动画在缩放时不会失真，非常适合描述由几何图形组成的动画，如教学演示等。由于这种格式的动画可以与 HTML 文件充分结合，并能添加 MP3 音乐，因此被广泛地应用于网页上，成为一种"准"流式媒体文件。

- AVI 格式

AVI 英文全称为 Audio Video Interleaved，即音频视频交错格式，是将语音和影像同步组合在一起的文件格式。它对视频文件采用了一种有损压缩方式，压缩比较高，尽管画面质量不是太好，但其应用范围仍然非常广泛。AVI 支持 256 色和 RLE 压缩。AVI 信息主要应用在多媒体光盘上，用来保存电视、电影等各种影像信息。

7.2 认识 Animate 2020

Animate 2020(前身是 Adobe Flash)是一款优秀的交互式矢量动画制作软件,它不仅动画制作能力强,还支持声音控制和丰富的交互功能。另外,它制作的动画文件远远小于其他软件制作的动画文件,使动画在较慢的网络上也能快速地播放。Animate 动画以画面精美、便于传输播放,制作相对简单、多媒体表现力丰富,交互空间广阔等一系列优势,已广泛应用于网页动画、卡通动画、多媒体软件、音乐贺卡、MTV、游戏等。这里介绍使用 Animate 2020 制作二维 SWF 动画的基本过程和技术(2005 年 Adobe 收购 Macromedia 公司,2015 年 5 月 2 日 Adobe 公司将 Adobe Flash 更名为 Adobe Animate CC)。

7.2.1 Animate 2020 的开始界面

用户要正确高效地运用 Animate 2020,就必须先熟悉 Animate 2020 的工作界面并了解工作界面中各部分的功能,包括学习 Animate 2020 中的菜单命令、工具、面板的使用方法,并熟悉专业术语。启动 Animate 2020 后,程序将打开其默认的开始界面,如图 7-1 所示。该开始界面将常用的任务都集中放在一起,供用户随时调用。

使用该界面,用户可以方便地打开最近创建的 Animate 2020 文档,创建一个新文档或项目文件,或者选择从任意一个模板创建 Animate 文档。另外,用户还可以在学习区域中单击学习内容选项,获取 Animate 2020 官方学习支持。

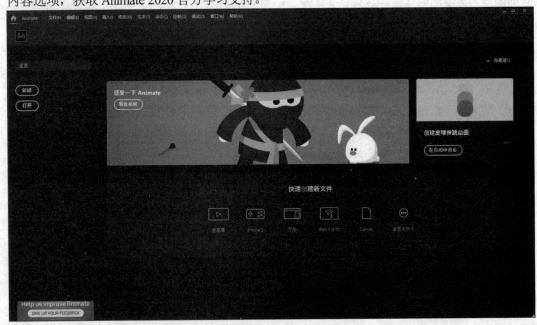

图 7-1 Animate 2020 默认的开始页面

7.2.2 Animate 2020 的工作界面

Animate 2020 的工作界面中包括"菜单栏""工具箱""舞台""时间轴"面板、"属性"面板及面板集等界面元素,如图 7-2 所示。

Animate 2020 提供了 6 种界面布局以方便用户完成不同的任务，分别是动画、传统、调试、设计人员、开发人员和基本功能。用户可通过"窗口"|"工作区"菜单下的相应命令进行切换。图 7-2 显示的是"设计人员"布局。下面详细介绍它们的特点和作用。

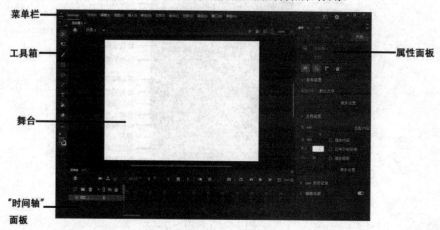

图 7-2 Animate 2020 的工作界面

1. 菜单栏

Animate 2020 的菜单栏包括"文件""编辑""视图""插入""修改""文本""命令""控制""调试""窗口"和"帮助"共 11 个下拉菜单。用户在使用菜单命令时，应注意以下几点。

- 菜单命令呈现灰色：表示该菜单命令在当前状态下不能使用。
- 菜单命令后标有黑色小三角按钮符号▶：表示该菜单命令下还有级联菜单。
- 菜单命令后标有快捷键：表示该菜单命令也可以通过所标识的快捷键来执行。
- 菜单命令后标有省略号：表示执行该菜单命令，会打开一个对话框。

2. 工具箱

默认情况下，工具箱以面板的形式置于 Animate 2020 工作界面的左上侧，如图 7-3 所示。单击工具箱面板所在面板组顶端的 按钮后，工具箱会以图标形式显示，如图 7-4 所示。

用户可以选择"窗口"|"工具"命令来显示或隐藏工具箱；将鼠标指向工具箱面板的名称标签"工具"，单击并拖动鼠标，即可改变工具箱在工作界面中的位置。

工具箱中包含了多种工具，有些工具按钮的右下角有 图标，表示其包含一组工具，如图 7-5 所示。

图 7-3 工具箱以单列的形式显示

图 7-4 工具箱以图标的形式显示

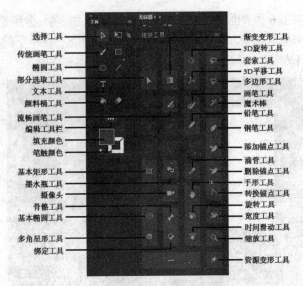

图 7-5 工具箱

3. "时间轴"面板

时间轴用于组织和控制影片内容在一定时间内播放的层数和帧数。与电影胶片一样，Flash 影片也将时间长度划分为帧。图层相当于层叠在一起的幻灯片，每个图层都包含一个显示在舞台中的不同图像。时间轴的主要组件是图层、帧和播放头，如图 7-6 所示。

文档中的图层显示在时间轴左侧区域中，每个图层中包含的帧显示在该图层名称右侧的区域中，时间轴顶部的时间轴标题显示帧编号，播放头指示舞台中当前显示的帧。时间轴状态显示在时间轴的底部，它指示所选的帧编号、当前的帧频以及到当前帧为止的运行时间。

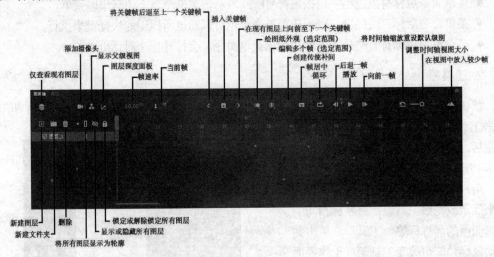

图 7-6 "时间轴"面板

在默认状态下，帧是以标准方式显示的，单击"时间轴"面板右上角的按钮，将打开如图 7-7 所示的帧视图菜单。在该菜单中可以修改时间轴中帧的显示方式，如控制帧单元格的高度、宽度和颜色等。

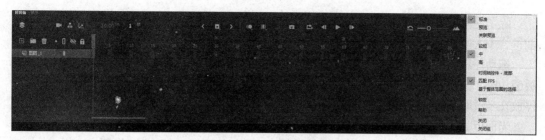

图 7-7 帧视图菜单

提示：

在 Animate 2020 的默认状态下，与时间轴并列的还有"动画编辑器"选项卡，使用它可以查看补间范围的每个帧的属性。

4. 舞台

在 Animate 2020 中，舞台就是设计者进行动画创作的区域，设计者可以在其中直接绘制插图，也可以在舞台中导入需要的插图、媒体文件等。用户要修改舞台的属性，可以选择"修改"|"文档"命令，打开"文档设置"对话框(如图 7-8 所示)，然后根据需要修改舞台的尺寸大小、背景、帧频等信息，最后单击"确定"按钮。

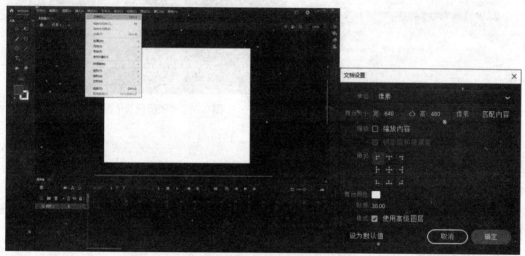

图 7-8 打开"文档设置"对话框

提示：

默认情况下，在"文档设置"对话框中以像素为标尺单位显示舞台尺寸，用户也可以根据需要按照英寸、厘米、毫米或点等标尺单位进行计量和设置。

5. 面板集

面板集用于管理 Animate 面板，通过面板集，用户可以对工作界面的面板布局进行重新组合，以适应不同的工作需要。

Animate 2020 提供了多种工作区面板集的布局方式，选择"窗口"|"工作区"子菜单下的相应命令，可以在这多种布局方式间切换，如图 7-9 所示。

除了使用预设的多种布局方式以外，用户还可以对整个工作区进行手动调整，使工作区更加符合个人的使用习惯。

拖动任意面板进行移动时，该面板将以半透明的方式显示，当被拖动的面板停靠在其他面板旁边时，会在其边界出现一个蓝边的半透明条，表示如果此时释放鼠标，则被拖动的面板将停放在半透明条的位置，如图 7-10 所示。

当面板处于集中状态时，单击面板集顶端的"折叠为图标"按钮 ，可以将整个面板集中的面板以图标方式显示，再次单击该按钮则恢复面板的显示。在默认设置下，按下 F4 快捷键可以显示或隐藏所有面板而只显示舞台。

图 7-9　切换 Animate 2020 的布局方式

图 7-10　停放面板的位置

7.3　文档的基本操作

使用 Animate 2020 可以创建新文档以进行全新的动画制作，也可以打开以前保存的文档进行再次编辑。

7.3.1　新建文档

使用 Animate 2020 可以创建新的文档或打开以前保存的文档，也可以在工作时打开新的窗口并且设置新建文档或现有文档的属性。新建文档有两种方法，一种是新建空白文档，另一种是新建模板文档。

1. 新建空白文档

选择"文件"|"新建"命令，打开"新建文档"对话框，如图 7-11 所示。默认打开的是"角色动画"选项卡，在"预设"列表框中可以选择需要新建的文档类型，在右侧的"详细信息"列表框中会显示该类型的说明内容，单击"确定"按钮，即可创建一个名为"未命名-1"的空白文档。

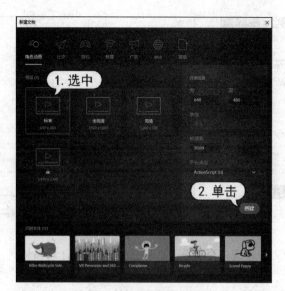

图 7-11 "新建文档"对话框

提示：

第一次创建的文档名称默认为"未命名-1"，最后的数字符号是文档的序号，它是根据创建的顺序依次命名的。例如，再次创建文档时，默认的文档名称为"未命名-2"，以此类推。

2. 新建模板文档

选择"文件"|"从模板新建"命令，打开"从模板新建"对话框，如图 7-12 所示。在"类别"列表框中选择创建的模板文档类别，在"模板"列表框中选择模板样式，单击"确定"按钮，即可新建一个模板文档。

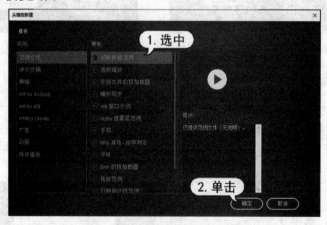

图 7-12 "从模板新建"对话框

7.3.2 保存文档

在完成对 Animate 文档的编辑和修改后，需要对其进行保存操作。用户可选择"文件"|"保存"命令，如图 7-13 所示，在弹出的"另存为"对话框中设置文件的保存路径、文件名和文件类型后，单击"保存"按钮即可。

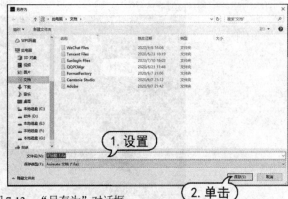

图 7-13 "另存为"对话框

提示：
Animate 中有两种文件格式，分别是 fla 源文件格式和 swf 动画格式，其中只有 fla 格式才可以被编辑。

文档还可以被保存为模板进行使用。选择"文件"|"另存为模板"命令，打开"另存为模板警告"提示框，如图 7-14 所示。单击"另存为模板"按钮，打开"另存为模板"对话框，在"名称"文本框中可以输入模板的名称，在"类别"下拉列表中可以选择类别或新建类别名称，在"描述"文本框中可以输入模板的说明，然后单击"保存"按钮，即可以模板模式保存文档，如图 7-15 所示。

 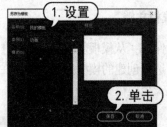

图 7-14 "另存为模板警告"提示框　　图 7-15 "另存为模板"对话框

7.3.3 打开文档

选择"文件"|"打开"命令，打开"打开"对话框，如图 7-16 所示。然后，选择要打开的文件，单击"打开"按钮，即可打开选中的文件。

如果同时打开了多个文档，可以单击文档标签，轻松地在多个文档之间切换，如图 7-17 所示。

图 7-16 "打开"对话框　　　　　图 7-17 在多个标签之间进行切换

提示：

在"打开"对话框中，显示了 fla 和 swf 两种格式的文件，如果打开的是 swf 文件，将自动打开 SWF 播放器播放打开的文件。

7.4 Animate 2020 图形绘制基础

在 Animate 2020 中，用户可以使用线条、椭圆、矩形和五角星形等基本图形绘制工具绘制基本图形，可以使用钢笔、铅笔等工具进行精细图形的绘制，还可以对已经绘制的图形进行旋转、缩放、扭曲等变形操作。

7.4.1 绘制简单图形

Animate 动画是由基本的图形组成的，若想制作出高质量的动画效果，就必须熟练掌握 Animate 2020 中各种绘图工具的使用。每一个 Animate 形状都有其各自的构成元素，其中基本的构成元素包括线条、椭圆、矩形和多角星形等。

1. 使用"线条"工具

在 Animate 2020 中，"线条"工具主要用于绘制不同角度的矢量直线。在工具箱中选择"线条"工具▰，在设计区中按住鼠标左键向任意方向拖动，即可绘制出一条直线。要绘制垂直或水平直线，按住 Shift 键，然后按住鼠标左键拖动即可，并且还可以绘制以 45°为角度增量倍数的直线。

如果绘制的是一条垂直或水平直线，光标中会显示一个较大的圆圈，如图 7-18 所示，则表示正在绘制的是垂直或水平线条；如果绘制的是一条斜线，光标中会显示一个较小的圆圈，如图 7-19 所示，表示正在绘制的是斜线，通过这种方式可以很方便地确定绘制的是水平、垂直或倾斜直线。

图 7-18　绘制水平直线时的光标显示的圆圈较大　　图 7-19　绘制倾斜直线时的光标显示的圆圈较小

2. 使用"矩形"和"基本矩形"工具

选择工具箱中的"矩形"工具▰，在设计区中按住鼠标左键拖动，即可开始绘制矩形，如果按住 Shift 键，可以绘制正方形图形。

选择"矩形"工具▰后，打开"属性"面板，如图 7-20 所示。其中"颜色和样式"选项组中的"填充"用于设置所绘制矩形的填充颜色，其右侧参数可设置填充颜色的不透明度；"笔触"用于设置所绘制矩形边框的颜色，其右侧参数可调整笔触颜色的不透明度；"笔触大小"用于调整笔触边框的大小，"样式"用于调整笔触样式，"宽"用于设置线条粗细，"缩放"

用于设置按方向缩放笔触模式,"提示"用于设置是否将笔触锚记点保持为全像素,可防止出现模糊线。"矩形选项"选项组中的"单个矩形边角半径"按钮 可以为矩形的 4 个角设置不同的角度值,正值为正半径,负值为反半径,效果如图 7-21 所示。

图 7-20 "矩形"工具属性面板　　图 7-21 绘制正半径和反半径矩形

3. 使用"椭圆"和"基本椭圆"工具

选择工具箱中的"椭圆"工具 ,在设计区中按住鼠标拖动,即可绘制出椭圆。按住 Shift 键,可以绘制一个正圆图形。如图 7-22 所示是使用"椭圆"工具绘制的椭圆和正圆图形。选择"椭圆"工具 后,打开"属性"面板,如图 7-23 所示。在"椭圆"工具属性面板中,一些参数选项的作用与"线条"工具属性面板中类似,可以参考前文内容设置。

图 7-22 绘制椭圆和正圆图形　　图 7-23 "椭圆"工具属性面板

4. 使用"多角星形"工具

绘制几何图形时,"多角星形"工具 也是常用工具。使用"多角星形"工具 可以绘制多边形图形和多角星形图形,在实际的动画制作过程中,这些图形是经常应用到的。如图 7-24 和图 7-25 所示分别为使用多角星形工具绘制的正五边形和正五角星。

图 7-24 绘制正五边形

图 7-25 绘制正五角星

7.4.2 绘制复杂图形

在使用 Animate 2020 绘制动画对象时,大多数情况下动画对象不会是规则图形,这时候就需要使用"钢笔"工具和"铅笔"工具进行图形的自由绘制。使用"部分选取"工具可以对图形的节点进行调整,从而达到图形的创建和编辑。使用"橡皮擦"工具不仅可以帮助用户修改绘制错误,还可以起到编辑图形的作用。

1. 使用"钢笔"工具

"钢笔"工具常用于绘制比较复杂、精确的曲线。在 Animate 2020 中,"钢笔"工具分为"钢笔""添加锚点""删除锚点"和"转换锚点"工具,如图 7-26 所示。

选择工具箱中的"钢笔"工具 ,在设计区中单击确定起始锚点,再选择合适的位置单击确定第 2 个锚点,这时系统会在起点和第 2 个锚点之间自动连接一条直线。如果在创建第 2 个锚点时按下鼠标左键并拖动,会改变连接两锚点直线的曲率,使直线变为曲线,如图 7-27 所示。重复上述步骤,即可创建带有多个锚点的连续曲线。

图 7-26 钢笔工具组

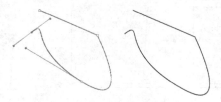

图 7-27 使用"钢笔"工具绘制曲线

提示:

要结束开放曲线的绘制,可以双击最后一个绘制的锚点或单击工具箱中的"钢笔"工具 ,也可以按住 Ctrl 键单击舞台中的任意位置;要结束闭合曲线的绘制,可以移动光标至起始锚点位置上单击,即可闭合曲线并结束绘制操作。

在使用"钢笔"工具绘制曲线后,还可以对其进行简单编辑,如增加或删除曲线上的锚点。要在曲线上添加锚点,可以在工具箱中选择"添加锚点"工具 ,直接在曲线上单击即可,如图 7-28 所示。

使用"转换锚点"工具 ,可以将曲线上的锚点类型进行转换。在工具箱中选择"转换锚点"工具 ▷ 后,移动光标至曲线上需操作的锚点位置单击,会将该锚点两边的曲线转换为直线,如图 7-29 所示。

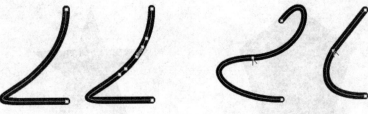

图 7-28　增加曲线锚点　　　　　　　图 7-29　转换锚点

2. 使用"部分选取"工具

"部分选取"工具 ▷ 主要用于选择线条、移动线条和编辑节点以及节点方向等。它的使用方法和作用与"选择"工具 ▷ 类似,区别在于,使用"部分选取"工具选中一个对象后,对象的轮廓线上将出现多个控制点,如图 7-30 所示,表示该对象已经被选中。在使用"部分选取"工具选中路径之后,可对其中的控制点进行拉伸或修改曲线,具体操作如下。

- 移动控制点:选择的图形对象周围将显示出由一些控制点围成的边框,用户可以选择其中的一个控制点,此时光标右下角会出现一个空白方块 ▷,拖动该控制点,可以改变图形轮廓,如图 7-31 所示。
- 修改控制点曲度:可以选择其中一个控制点来设置图形在该点的曲度。选择某个控制点之后,该点附近将出现两个在此点调节曲形曲度的控制柄,此时空心的控制点将变为实心,可以拖动这两个控制柄,改变长度或者位置以实现对该控制点的曲度控制,如图 7-32 所示。
- 移动对象:使用"部分选取"工具靠近对象,当光标右下角显示黑色实心方块 ▷ 时,即可将对象拖动到所需位置,如图 7-33 所示。

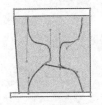 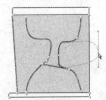 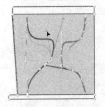 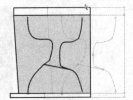

图 7-30　显示控制点　　图 7-31　移动控制点　　图 7-32　修改曲度　　图 7-33　移动对象

3. 使用"铅笔"工具

在 Animate 2020 中,使用"铅笔"工具可以绘制任意线条。在工具箱中选择"铅笔"工具 ✎ 后,在所需位置按下鼠标左键拖动即可。在使用"铅笔"工具绘制线条时,按住 Shift 键,可以绘制出水平或垂直方向的线条。

选择"铅笔"工具 ✎ 后,在"工具"面板中会显示"铅笔模式"按钮 ⤳。单击该按钮,会打开模式选择菜单。在该菜单中,可以选择"铅笔"工具的绘图模式,如图 7-34 所示。

图 7-34　"铅笔模式"选择菜单

"铅笔模式"选择菜单中的 3 个选项的具体作用如下。
- "伸直":可以使绘制的线条尽可能地规整为几何图形。如图 7-35 所示为使用该模式绘制图形的效果。
- "平滑":可以使绘制的线条尽可能地消除线条边缘的棱角,使绘制的线条更加光滑。如图 7-36 所示为使用该模式绘制图形的效果。

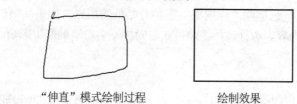

"伸直"模式绘制过程　　　　　绘制效果

图 7-35　"伸直"模式绘制的效果

- "墨水":可以使绘制的线条更接近手写的感觉,在舞台上可以任意勾画。如图 7-37 所示为使用该模式绘制图形的效果。

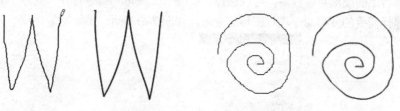

图 7-36　使用"平滑"模式绘制的效果　　　图 7-37　使用"墨水"模式绘制的效果

4. 使用"橡皮擦"工具

使用"橡皮擦"工具,可以快速擦除舞台中的任何矢量对象,包括笔触和填充区域。在使用该工具时,可以在工具箱中自定义擦除模式,以便只擦除笔触、多个填充区域或单个填充区域;还可以在工具箱中选择不同的橡皮擦形状。

选择"橡皮擦"工具后,在工具箱中可以设置"橡皮擦"工具属性,如图 7-38 所示。单击"橡皮擦"模式按钮,可以在打开的"模式选择"菜单中选择橡皮擦模式,如图 7-39 所示。

图 7-38　"橡皮擦"工具属性　　　图 7-39　"橡皮擦"工具的模式菜单

在橡皮擦模式选择菜单中,有 5 种刷子模式,使用不同刷子模式的擦除效果如图 7-40 所示。

原始图形　　标准擦除　　擦除填色　　擦除线条　　擦除所选填充　　内部擦除

图 7-40　橡皮擦的 5 种擦除效果

- "标准擦除"模式：可以擦除同一图层中擦除操作经过区域的笔触及填充。
- "擦除填色"模式：只擦除对象的填充，而对笔触没有任何影响。
- "擦除线条"模式：只擦除对象的笔触，而不会影响其填充部分。
- "擦除所选填充"模式：只擦除当前对象中选定的填充部分，对未选中的填充及笔触没有影响。
- "内部擦除"模式：只擦除"橡皮擦"工具开始处的填充，如果从空白点处开始擦除，则不会擦除任何内容。选择该种擦除模式，同样不会对笔触产生影响。

7.4.3 图形变形

对图形进行变形，可以调整图形在设计区中的比例，或者协调其与其他设计区中的元素关系。对图形对象的变形主要包括翻转对象、缩放对象、任意变形对象、扭曲对象和封套对象等操作。

1. 使用"变形"菜单命令

选择舞台上的图形对象以后，可以选择"修改"|"变形"命令打开"变形"子菜单，在该子菜单中选择需要的变形命令进行图形的变形，如图 7-41 所示。

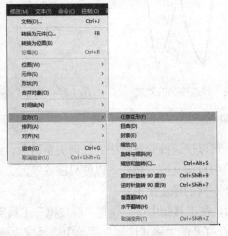

图 7-41　"变形"菜单命令

值得一提的是，在 Animate 2020 中，在对图形进行变形操作时，图形的周围会显示一个淡蓝色的矩形边框，矩形边框的边缘最初与舞台的边缘平行对齐，该功能是为了帮助用户在变形图形时可以进行比较和参照，如图 7-42 所示。

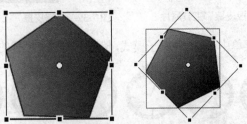

图 7-42　图形的变形

2. 使用"变形"面板

选择对象后,选择"窗口"|"变形"命令,可以打开"变形"面板,如图 7-43 所示。使用"变形"面板不仅可以对图形对象进行较为精准的变形操作,还可以利用其"重制选区和变形"的功能,依靠单一图形对象,创建出复合变形效果的图形。在"变形"面板中可以设置旋转或倾斜的角度,单击"重制选区和变形"按钮 即可复制对象。图 7-44 所示为一个矩形以 30°角进行旋转,单击"重制选区和变形"按钮后所创建的图形。

图 7-43 "变形"面板

图 7-44 重制选区和变形

3. 使用"任意变形"工具

"任意变形"工具 可以用来对对象进行旋转、扭曲、封套等操作。选择工具箱中的"任意变形"工具 ,在工具箱中会显示"贴紧至对象""旋转和倾斜""缩放""扭曲"和"封套"按钮,如图 7-45 所示。选中对象,在对象的四周会显示 8 个控制点 ,在中心位置会显示 1 个变形点 ,如图 7-46 所示。

图 7-45 选择"任意变形"工具

图 7-46 选择对象后显示的控制点

其中,旋转与倾斜对象可以在垂直或水平方向上缩放,还可以在垂直和水平方向上同时缩放。选择工具箱中的"任意变形"工具 ,然后单击"旋转和倾斜"按钮,选中对象,当光标显示为 形状时,可以旋转对象;当光标显示为 形状时,可以在水平方向上倾斜对象;当光标显示 形状时,可以在垂直方向上倾斜对象,如图 7-47 所示。

原图

旋转

水平倾斜

垂直倾斜

图 7-47 旋转与倾斜对象

7.5 在 Animate 中编辑文本

文本是 Animate 中重要的组成元素之一，它不仅可以帮助影片表述内容，也可以对影片起到一定的美化作用。Animate CC 具有强大的文本输入、编辑和处理功能。本节将详细讲解文本的编辑方法和应用技巧。读者通过学习，可以了解并掌握文本的功能及特点，并能在设计制作任务中充分地利用好文本的效果。

7.5.1 传统文本

传统文本是 Animate 中的基础文本模式，它在图文制作方面发挥着重要的作用，是需要重点学习的知识点。

1. 静态文本

要创建静态水平文本，选择工具箱中的"文本"工具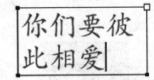，单击创建一个可扩展的静态水平文本框，该文本框的右上角具有圆形手柄标识，输入文本区域可随需要自动横向延长，如图 7-48 所示。

选择"文本"工具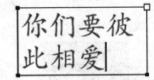，可以拖动创建一个具有固定宽度的静态水平文本框，该文本框的右上角具有方形手柄标识，输入文本区域宽度是固定的，当输入文本超出宽度时将自动换行，如图 7-49 所示。

图 7-48 可扩展的静态水平文本框　　图 7-49 具有固定宽度的静态水平文本框

使用"文本"工具还可以创建静态垂直文本，选择"文本"工具，打开"属性"面板，单击该面板的"段落"选项卡中的"改变文本方向"按钮，在弹出的快捷菜单中可以选择"水平""垂直"和"垂直，从左向右"这 3 个选项，如图 7-50 所示。

2. 动态文本

要创建动态文本，选择"文本"工具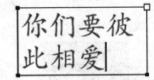，打开"属性"面板，单击"静态文本"按钮，在弹出的菜单中可以选择文本类型，如图 7-51 所示。

图 7-50 选择文本输入方向　　图 7-51 选择文本类型

选择"动态文本"类型后，单击设计区，可以创建一个默认宽度为 104 像素、高度为 24 像素具有固定宽度和高度的动态水平文本框；拖动可以创建一个自定义固定宽度的动态水平文本框；在文本框中输入文字，即可创建动态文本。

3. 输入文本

输入文本可以在动画中创建一个允许用户填充的文本区域，因此它主要出现在一些交互性比较强的动画中。例如，有些动画需要用到内容填写、用户名或者密码输入等操作，就都需要添加输入文本。

选择"文本"工具T，在"属性"面板中选择"输入文本"后，单击设计区，可以创建一个具有固定宽度和高度的动态水平文本框；拖动可以创建一个自定义固定宽度的动态水平文本框。

此外，用户可以利用输入文本创建动态可滚动文本框，该文本框的特点是：可以在指定大小的文本框内显示超过该范围的文本内容。在 Animate 2020 中，创建动态可滚动文本可以使用以下几种方法。

- 按住 Shift 键的同时双击动态文本框的圆形或方形手柄。
- 使用"选择"工具选中动态文本框，然后选择"文本"|"可滚动"命令。
- 使用"选择"工具选中动态文本框，右击该动态文本框，在打开的快捷菜单中选择"可滚动"命令。

创建滚动文本框后，其文本框的右下方会显示一个黑色的实心矩形手柄，如图 7-52 所示。

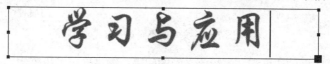

图 7-52　动态可滚动文本框

7.5.2　设置文本属性

为了使 Animate 动画中的文字更加灵活，用户可以使用"文本"工具的属性面板对文本的字体和段落属性进行设置。其中，文本的字符属性包括字体、字体大小、字体样式、文本颜色、字符间距、自动调整字距和字符位置等；段落属性包括对齐方式、边距、缩进和行距等。

1. 设置字体、字体大小、字体样式、文本颜色、字符间距、自动调整字距和字符位置

在"文本"工具的属性面板中，可以设置选定文本的字体、字体大小和颜色等。设置文本颜色时只能使用纯色，而不能使用渐变色。如果要向文本应用渐变色，必须将文本转换为线条或填充图形。

设置文本的属性时，可以先在工具箱中选择"文本"工具T，然后在"文本"工具属性面板中的"字符"下拉列表框中选择字体或直接输入字体名称；在"大小"文本框中输入字体大小数值，或将光标移动到数值上，长按鼠标左键向左右方向拖动以调整字体的大小数值；单击"填充"按钮，在打开的调色板中选择文本的颜色。如果要对文本应用样式，可以打开"样式"下拉列表框将字体调整为粗体、斜体等样式。单击"嵌入"按钮，可以打开"字符嵌入"对话框。在该对话框中,可以选择嵌入字体轮廓的字符。

要设置字符间距,可以在"字符间距"文本框中进行数值的设定。值得一提的是,在 Animate 2020 中,字符间距的可调范围是 0~60 磅。如果要使用字体的内置字距微调,可以在选择文本框后,在"文本"工具属性面板中选中"自动调整字距"复选框。对于水平文本,间距和字距微调设置了字符间的水平距离;对于垂直文本,间距和字距可以设置字符间的垂直距离。

另外,在"文本"工具属性面板中单击"切换上标"或"切换下标"按钮,可将选中的字符以上标或下标形式显示。

2. 设置对齐方式、边距、缩进和行距

文本的对齐方式有文本框的左侧和右侧边缘对齐;垂直文本相对于文本框的顶部和底部边缘对齐。文本可以与文本框的一侧边缘对齐、与文本框的中心对齐或者与文本框的两侧边缘对齐(即两端对齐)。图 7-53 所示为文本的不同对齐方式。

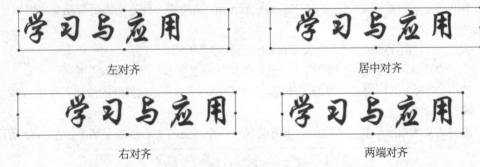

图 7-53 文本的不同对齐方式

边距确定了文本框的边框和文本段落之间的间隔;缩进确定了段落边界和首行开头之间的距离;行距确定了段落中相邻行之间的距离。

要设置文本的边距、缩进和行距,可先选择需要设置文本边距、缩进和行距的段落或文本框,然后在"文本工具"属性面板中展开"段落"选项组,再在其中进行相应的设置,如图 7-54 所示。在"行为"下拉列表中,还可以设置"单行""多行"和"多行不换行"选项,如图 7-55 所示。

图 7-54 设置段落参数　　　　图 7-55 "行为"下拉列表

各参数选项的作用如下所示。

- "缩进"文本框:用于设置文本的缩进数值。文本是右缩进或左缩进,取决于文本方向是从左向右还是从右向左。
- "行距"文本框:用于设置文本的行距大小。
- "左边距"和"右边距"文本框:用于设置文本的边距大小。

提示：

只有文本框为“动态文本”和“输入文本”时，才可以打开“行为”下拉列表，“静态文本”无法进行设置。

7.5.3 文本的分离与变形

Animate 动画需要丰富多彩的文本效果。因此，在对文本进行基础排版之后，用户经常还要对其进行更进一步的加工。这时就需要用到文本的分离与变形功能。

1. 分离文本

在 Animate 2020 中，选中文本后，选择“修改”|“分离”命令将文本分离 1 次可以使其中的文字成为单个的字符，分离 2 次可以使其成为填充图形，如图 7-56 所示。值得注意的是，文本一旦被分离为填充图形后就不再具有文本的属性，而是拥有了填充图形的属性。也就是说，对于分离为填充图形的文本，用户不能再更改其字体、字符间距等文本属性，但可以对其应用渐变填充或位图填充等填充属性。

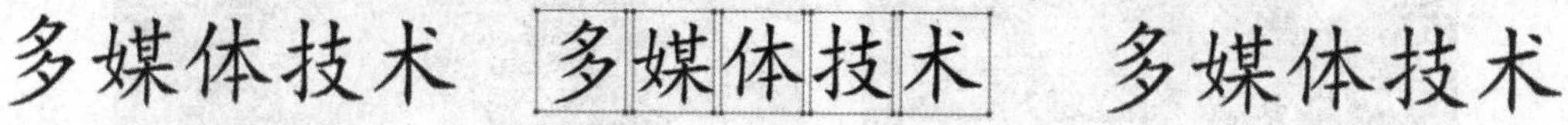

原始文本　　第 1 次分离　　第 2 次分离

图 7-56　将文本分离为填充图形的过程

2. 文本变形

在将文本分离为填充图形后，可以非常方便地改变文字的形状。要改变分离后文本的形状，可以使用工具箱中的“选择”工具或“部分选取”工具，对其进行各种变形操作。

- 使用“选择”工具编辑分离文本的形状时，可以在未选中分离文本的情况下将光标靠近分离文本的边界，当光标变为或形状时进行拖动，即可改变分离文本的形状，如图 7-57 所示。

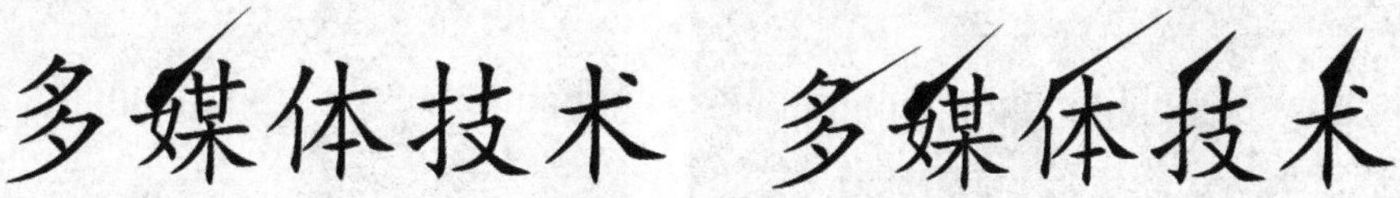

图 7-57　使用“选择”工具变形文本

- 使用“部分选取”工具对分离文本进行编辑操作时，可以先使用“部分选取”工具选中要修改的分离文本，使其显示出节点。然后选中节点进行拖动或编辑其曲线调整柄，如图 7-58 所示。

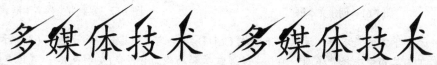

图 7-58　使用“部分选取”工具变形文本

【练习 7-1】在 Animate 2020 中新建一个文档,创建文本框,使用分离命令和变形工具制作倒影文字效果。

(1) 启动 Animate 2020 程序,选择"文件"|"新建"命令,新建一个 Animate 文档。

(2) 选择"修改"|"文档"命令,打开"文档设置"对话框,将"舞台颜色"设置为灰白色,如图 7-59 所示。

(3) 返回舞台后,在工具箱中选择"文本"工具,在其"属性"面板中选择"静态文本",设置字体为"楷体"、字号大小为 70 点,填充颜色为"暗红色",如图 7-60 所示。

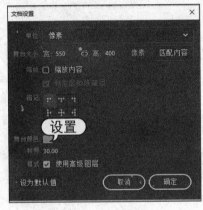

图 7-59 设置文档属性   图 7-60 设置文本工具属性

(4) 在舞台中创建一个文本框,然后输入文字"多媒体技术",如图 7-61 所示。选中文本框后,按下 Ctrl+D 组合键将其复制一份到舞台。

(5) 在工具箱中选择"任意变形"工具,选择复制的文本框后,将其翻转并调整位置和大小,效果如图 7-62 所示。

图 7-61 创建文本框   图 7-62 复制并变形文本框

(6) 选中下方的文本框,连续按下两次 Ctrl+B 组合键,将其分离,如图 7-63 所示。

(7) 在工具箱中选择"椭圆"工具,设置其笔触颜色为背景色(灰白色),设置填充颜色为透明,在文字上由内向外绘制多个椭圆形状,并逐渐增大该椭圆形状的大小和笔触高度(每次增量为 1),最终效果如图 7-64 所示。

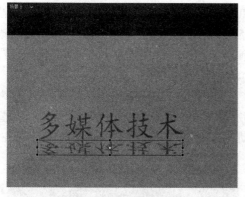
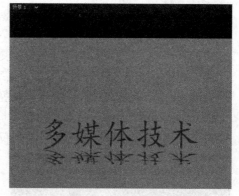

图 7-63　分离文本　　　　　　　　　图 7-64　倒影文本效果

7.6　时间轴与帧的概念

时间轴是用于组织和控制动画内容在一定时间内播放的图层数与帧数。动画播放的长度不是以时间为单位的，而是以帧为单位的，创建 Animate 动画，实际上就是创建连续帧上的内容。

7.6.1　认识时间轴

时间轴是 Animate 动画的控制台，所有关于动画的播放顺序、动作行为以及控制命令等工作都在时间轴中编排。

时间轴主要由图层、帧和播放头组成，在播放 Animate 动画时，播放头沿时间轴向后滑动，而图层和帧中的内容随着时间的变化而变化。

在 Animate 2020 中，时间轴默认显示在工作界面的下部，位于编辑区的下方。用户也可以根据个人习惯，将时间轴放置在主窗口的下部或两边，或者将其作为一个单独的窗口显示甚至隐藏起来。

7.6.2　认识帧

帧是 Animate 动画的最基本组成部分，Animate 动画正是由不同的帧组合而成的。时间轴是摆放和控制帧的地方，帧在时间轴上的排列顺序将决定动画的播放顺序，至于每一帧中有什么具体内容，则需在相应的帧的工作区域内进行制作。例如，在第一帧绘制了一幅图，那么这幅图只能作为第一帧的内容，第二帧还是空的。

除了帧的排列顺序，动画播放的内容即帧的内容，也是至关紧要不可或缺的。帧的播放顺序，不一定会严格按照时间轴的横轴方向进行播放。例如，自动播放到某一帧就停止下来接受用户的输入或回到起点重新播放，直到某个事件被激活后才能继续播放下去等，这种互动式 Animate 涉及 Animate 的动作脚本语言。

在 Animate 2020 中，用来控制动画播放的帧具有不同的类型，选择"插入"|"时间轴"命令，在弹出的子菜单中显示了普通帧、关键帧和空白关键帧这 3 种类型的帧。不同类型的帧在动画中发挥的作用也不同，这 3 种类型的帧的具体作用如下。

- 普通帧：Animate 2020 中连续的普通帧在时间轴上用灰色显示，并且在连续的普通帧的最后一帧中有一个实心矩形块，如图 7-65 所示。连续的普通帧的内容都相同，在修改其中的某一帧时其他帧的内容也同时被更新。由于普通帧的这个特性，通常用它来放置动画中静止不变的对象(如背景和静态文字)。
- 关键帧：关键帧在时间轴中是含有黑色实心圆点的帧，如图 7-66 所示。关键帧是用来定义动画变化的帧，在动画制作过程中是最重要的帧类型。在使用关键帧时不能太频繁，过多的关键帧会增大文件的大小。补间动画的制作就是通过关键帧内插的方法实现的。

图 7-65　时间轴中的连续的普通帧　　　　　图 7-66　时间轴中的关键帧

- 空白关键帧：在时间轴中插入关键帧后，左侧相邻帧的内容就会自动复制到该关键帧中，如果不想让新关键帧继承相邻左侧帧的内容，可以采用插入空白关键帧的方法。在每一个新建的 Animate 文档中都有一个空白关键帧。空白关键帧在时间轴中是含有空心小圆圈的帧，如图 7-67 所示。

图 7-67　时间轴中的空白关键帧

7.6.3　帧的基本操作

在制作动画时，可以根据需要对帧进行一些基本操作，如插入、选择、删除、清除、复制、移动和翻转帧等。

1. 插入帧与选择帧

要在时间轴上插入帧，可以通过以下几种方法实现。

- 在时间轴上选中要创建关键帧的帧位置，按下 F5 键，可以插入普通帧；按下 F6 键，可以插入关键帧；按下 F7 键，可以插入空白关键帧。
- 右击时间轴上要创建关键帧的帧位置，在弹出的快捷菜单中选择"插入帧""插入关键帧"或"插入空白关键帧"命令，可以插入帧、关键帧或空白关键帧。
- 在时间轴上选中要创建关键帧的帧位置，选择"插入"|"时间轴"命令，在弹出的子菜单中选择相应命令，可插入帧、关键帧和空白关键帧。

帧的选择是对帧以及帧中内容进行操作的前提条件。要对帧进行操作，首先必须选择"窗

口"|"时间轴"命令,打开"时间轴"面板,选择帧可以通过以下几种方法实现。
- 选择单个帧:把光标移到需要的帧上,单击即可。
- 选择多个不连续的帧:按住 **Ctrl** 键,然后单击需要选择的帧,如图 7-68 所示。
- 选择多个连续的帧:按住 **Shift** 键,单击需要选中的该范围内的开始帧和结束帧,如图 7-69 所示。

图 7-68 选择多个不连续的帧　　　　　　图 7-69 选择多个连续的帧

- 选择所有的帧:在任意一个帧上右击,从弹出的快捷菜单中选择"选择所有帧"命令,或者选择"编辑"|"时间轴"|"选择所有帧"命令,同样可以选择所有的帧。

提示:
在插入了关键帧或空白关键帧之后,可以直接按下 F5 键,进行扩展,每按一次关键帧或空白关键帧长度将扩展 1 帧。

2. 删除帧与清除帧

删除帧操作不仅可以把帧中的内容清除,还可以把被选中的帧进行删除,还原为初始状态,如图 7-70 所示。

要进行删除帧的操作,可以按照选择帧的几种方法,先将要删除的帧选中,然后在被选中的帧中的任意一帧上右击,从弹出的快捷菜单中选择"删除帧"命令;或者在选中帧后,选择"编辑"|"时间轴"|"删除帧"命令即可。

清除帧与删除帧的区别在于,清除帧仅把被选中的帧上的内容清除,并将这些帧自动转换为空白关键帧状态,如图 7-71 所示。

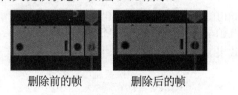
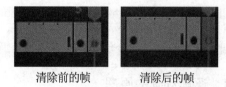

　删除前的帧　　删除后的帧　　　　　清除前的帧　　清除后的帧
　　　图 7-70 删除帧　　　　　　　　　　图 7-71 清除帧

要进行清除帧的操作,可以按照选择帧的几种方法,先将要清除的帧选中,然后在被选中帧中的任意一帧上右击,从弹出的快捷菜单中选择"清除帧"命令;或者在选中帧后,选择"编辑"|"时间轴"|"清除帧"命令即可。

3. 复制帧与移动帧

复制帧操作可以将同一个文档中的某些帧复制到该文档的其他帧位置,也可以将一个文档中的某些帧复制到另外一个文档的特定帧位置。

要进行复制帧的操作，可以按照选择帧的几种方法，先将要复制的帧选中，然后在被选中帧中的任意一帧上右击，从弹出的快捷菜单中选择"复制帧"命令；或者在选中帧以后选择"编辑"|"时间轴"|"复制帧"命令。最后把光标移动到需要粘贴的帧上右击，从弹出的快捷菜单中选择"粘贴帧"命令；或者在选中帧后选择"编辑"|"时间轴"|"粘贴帧"命令即可。

在 Animate 2020 中经常需要移动帧的位置，进行帧的移动操作主要有下面两种方法。

- 选中要移动的帧，然后拖动选中的帧，移动到目标帧位置以后释放鼠标。此时的"时间轴"面板如图 7-72 所示。
- 选中需要移动的帧并右击，从打开的快捷菜单中选择"剪切帧"命令，然后用鼠标选中帧移动的目的地并右击，从打开的快捷菜单中选择"粘贴帧"命令，此时的"时间轴"如图 7-73 所示。

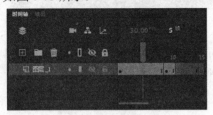
图 7-72　直接移动帧

图 7-73　粘贴帧

4. 翻转帧

翻转帧功能可以使选定的一组帧按照顺序翻转过来，使原来的最后一帧变为第 1 帧，原来的第 1 帧变为最后一帧。

要进行翻转帧操作，首先在时间轴上将所有需要翻转的帧选中，然后右击被选中的帧，从弹出的快捷菜单中选择"翻转帧"命令，最后选择"控制"|"测试影片"命令，会发现播放顺序与翻转前相反。

7.7　逐帧动画效果

对于大多数 Animate 动画的初学者而言，逐帧动画是最简单易懂的一种动画形式，学习起来也比较简单，本节将介绍如何使用逐帧动画效果。

7.7.1　逐帧动画的原理

逐帧动画，也叫"帧帧动画"，是最常见的动画形式，最适合于图像在每一帧中都在变化而不是在舞台上移动的复杂动画。

逐帧动画的原理是在"连续的关键帧"中分解动画动作，也就是要创建每一帧的内容，才能连续播放而形成动画。逐帧动画的帧序列内容不一样，不仅增加制作负担，而且最终输出的文件量也很大。但它的优势也很明显，因为它与电影播放模式相似，适合于表演很细腻的动画，通常在网络上看到的行走、头发的飘动等动画，很多都是使用逐帧动画实现的。

逐帧动画在时间轴上表现为连续出现的关键帧。要创建逐帧动画，就要给每一个帧都定义为关键帧，给每个帧创建不同的对象。通常创建逐帧动画有以下几种方法。

- 用导入的静态图片建立逐帧动画。
- 将 JPEG、PNG 等格式的静态图片连续导入 Animate 中,就会建立一段逐帧动画。
- 绘制矢量逐帧动画,用鼠标或压感笔在场景中一帧帧地画出帧内容。
- 文字逐帧动画,用文字作帧中的元件,实现文字跳跃、旋转等特效。
- 指令逐帧动画,在"时间帧"面板上,逐帧写入动作脚本语句来完成元件的变化。
- 导入序列图像,可以导入 gif 序列图像、swf 动画文件或者利用第 3 方软件(如 swish、swift 3D 等)产生的动画序列。

7.7.2 制作倒计时效果

本小节通过实例介绍逐帧动画的制作过程。

【练习 7-2】在 Animate 2020 中新建一个文档,制作一个"倒计时"的逐帧动画效果,该效果可用于软件的开始部分或者是某些需要计时的场景。

(1) 启动 Animate 2020 程序,选择"文件"|"新建"命令,新建一个 Animate 文档,并将文件的背景设置为黑色。

(2) 选择"视图"|"标尺"命令,调出标尺工具,然后在标尺上拖出两条参考线,以确定图形的中心点位置,如图 7-74 所示。

(3) 选择"椭圆"工具,按住 Alt+Shift 组合键,以中心点为圆心,绘制一个正圆,并将该图层命名为"圆",如图 7-75 所示。然后单击"圆"图层上面的加锁标记,锁定"圆"图层。

图 7-74 确定中心点

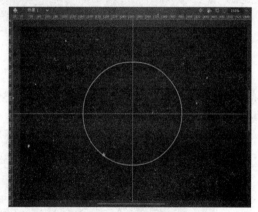
图 7-75 绘制正圆

(4) 创建图层 2 并将其命名为"数字",然后选择"文本"工具,在"属性"面板中设置其为"静态文本",字体为"楷体",大小为 200pt,如图 7-76 所示。

(5) 设置完成后在"数字"图层中使用文本工具输入数字"十",并将数字的颜色设置为红色,然后将其调整到舞台的中央位置,如图 7-77 所示。

(6) 在数字层中,依次在第 5、10、15、20、25、30、35、40、45、50 帧处插入关键帧,在第 55 帧处插入帧,如图 7-78 所示。

(7) 插入完成后,然后将各帧处的数字改为九、八、七、六、五、四、三、二、一、Go,并使每一个数字都位于舞台的中央。另外用户还可对每个数字进行颜色调整,使其获得更好的效果。

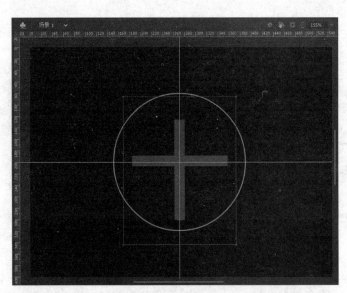

图 7-76　设置文本属性　　　　　　　图 7-77　输入数字

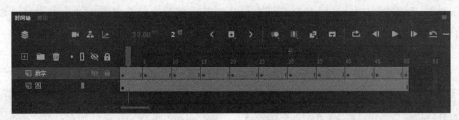

图 7-78　插入关键帧

(8) 将"数字"图层锁定，然后解开"圆"图层，使用直线工具，在圆的内部分别绘制一条水平和一条垂直的直线。绘制完成后，在第 55 帧处插入帧，然后将"帧速率"设置为 10.00fps，如图 7-79 所示。

图 7-79　插入帧并设置帧速率

(9) 选择"文件"|"保存"命令，保存文档，然后按下 Ctrl+Enter 组合键对动画进行测试，效果如图 7-80 所示。

图 7-80　逐帧动画的播放效果

7.8 动作补间动画效果

当需要展示移动位置、改变大小、旋转、改变色彩等效果时，就可以使用动作补间动画了。在制作动作补间动画时，用户只需对最后一个关键帧的对象进行改变，其中间的变化过程即可自动形成，因此大大减少了工作量。

7.8.1 制作弹簧振子

动作补间动画也称动画补间动画，它可以用于补间实例、组和类型的位置、大小、旋转和倾斜，以及表现颜色、渐变颜色切换或淡入淡出效果。在动作补间动画中要改变组或文字的颜色，必须将其转换为元件；而要使文本块中的每个字符分别动起来，则必须将其分离为单个字符。下面通过一个简单实例说明动作补间动画的创建方法。

【练习7-3】在 Animate 2020 中新建一个文档，使用动作补间动画制作一个介绍弹簧振子运动的简单动画，如图 7-81 所示。

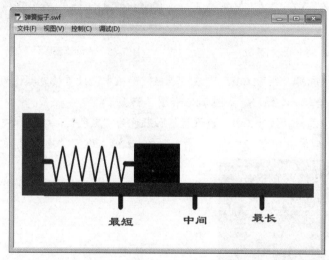

图 7-81 动作补间动画的播放效果

(1) 启动 Animate 2020，新建一个 Animate 文档，并将其以"弹簧振子"为名保存。

(2) 选择"修改"|"文档"命令，打开"文档设置"对话框，在该对话框中进行如图 7-82 所示的设置。

(3) 选择"插入"|"新建元件"命令，打开"创建新元件"对话框，在"名称"文本框中输入文字"弹簧"；在"类型"下拉列表中选中"图形"选项，如图 7-83 所示。然后单击"确定"按钮，进入名为"弹簧"的图形元件的编辑状态。

(4) 在工具箱中选择"线条工具"，绘制一系列的折线，近似地模拟弹簧的形状，如图 7-84 所示。单击舞台上方的"左箭头"按钮，返回"场景 1"的编辑状态。

(5) 选择"插入"|"新建元件"命令，打开"创建新元件"对话框，在"名称"文本框中输入文字"滑块"；在"类型"下拉列表中选中"图形"选项，如图 7-85 所示。然后单击"确定"按钮，进入名为"滑块"的图形元件的编辑状态。

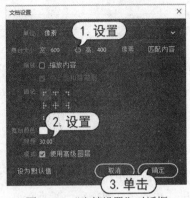

图7-82 "文档设置"对话框　　　图7-83 "创建新元件"对话框一

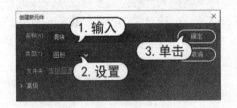

图7-84 绘制弹簧　　　图7-85 "创建新元件"对话框二

(6) 在工具箱中选择"矩形工具",在"属性"面板中,设置填充颜色为"黑色",笔触颜色为"黑色",绘制一个矩形,如图7-86和图7-87所示。

(7) 在工具箱中选择"线条工具",设置笔触颜色为"黑色",绘制滑块与弹簧的连接杆,如图7-88所示。然后单击舞台上方的"左箭头"按钮 ,返回"场景1"的编辑状态。

图7-86 设置矩形工具属性　　　图7-87 绘制矩形　　　图7-88 绘制连接杆

(8) 选择"插入"|"新建元件"命令,打开"创建新元件"对话框,在"名称"文本框中输入文字"底座";在"类型"下拉列表中选中"图形"选项,如图7-89所示。然后单击"确定"按钮,进入名为"底座"的图形元件的编辑状态。

(9) 在工具箱中选择"矩形工具",在"属性"面板中,设置笔触颜色和填充颜色均为"褐色",绘制弹簧振子的底座,并使用"文本工具"标出滑块运动的 3 个关键点,效果如图 7-90 所示。然后单击舞台上方的"左箭头"按钮 ⬅,返回"场景 1"的编辑状态。

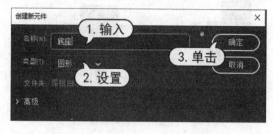

图 7-89 "创建新元件"对话框三

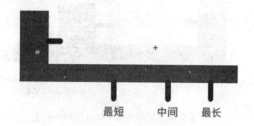

图 7-90 绘制底座

(10) 在"时间轴"面板中新建 3 个图层,从上到下依次命名为"滑块"图层、"弹簧"图层和"底座"图层,如图 7-91 所示。

(11) 选择"窗口"|"库"命令,打开"库"面板;分别选择各图层的第 1 帧,从"库"面板中拖动与图层名称对应的元件到舞台中生成实例,然后配合工具箱中的"选择工具"和"任意变形工具",对各个元件进行调整,并将"弹簧"实例的变形基点调整为左边的中点,效果如图 7-92 所示。

图 7-91 新建图层

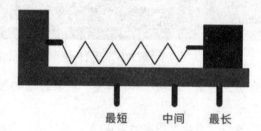

图 7-92 生成实例

(12) 分别右击"滑块"和"弹簧"图层的第 20 帧,在弹出的快捷菜单中选择"插入空白关键帧"命令;右击"底座"图层的第 80 帧,在弹出的快捷菜单中选择"插入关键帧"命令,此时的"时间轴"面板如图 7-93 所示。

图 7-93 "时间轴"面板

(13) 选择"滑块"图层的第 20 帧,从"库"面板中拖动"滑块"元件到舞台中标有"中间"的位置生成实例;在"属性"面板的 Y 文本框中,设置该实例与第 1 帧中的实例有相同的 Y 坐标,如图 7-94 所示。

(14) 选择"弹簧"图层的第 20 帧,从"库"面板中拖动"弹簧"元件到舞台中生成实例;在工具箱中选择"任意变形"工具,调整该实例变形的基点为左边的中点,在水平方向缩小该实例；在"属性"面板的Y文本框中，设置该实例与第1帧中的实例有相同的Y坐标，如图7-95所示。

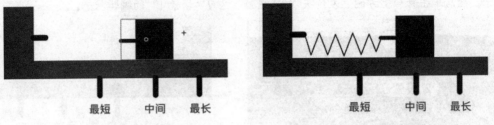

图7-94 设置第20帧时滑块的位置　　图7-95 设置第20帧时弹簧的位置

（15）选择"滑块"图层的第1帧，右击该帧，在弹出的快捷菜单中选择"创建传统补间"命令，创建传统补间动画。使用同样的方法为"弹簧"图层创建传统补间动画，此时的"时间轴"面板如图7-96所示。

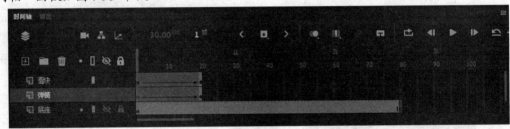

图7-96 设置传统补间动画后的"时间轴"面板

（16）分别右击"滑块"和"弹簧"图层的第40帧，在弹出的快捷菜单中选择"插入空白关键帧"命令。

（17）选择"滑块"图层的第40帧，从"库"面板中拖动"滑块"元件到舞台中标有"最短"的位置生成实例；在"属性"面板的Y文本框中，设置该实例与第1帧中的实例有相同的Y坐标，如图7-97所示。

（18）选择"弹簧"图层的第40帧，从"库"面板中拖动"弹簧"元件到舞台中生成实例；在工具箱中选择"任意变形"工具，调整该实例变形的基点为左边的中点，在水平方向缩小该实例；在"属性"面板的Y文本框中，设置该实例与第1帧中的实例有相同的Y坐标，如图7-98所示。

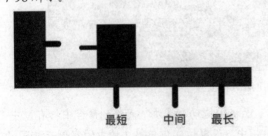 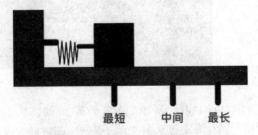

图7-97 设置第40帧时滑块的位置　　图7-98 设置第40帧时弹簧的位置

（19）选择"滑块"图层的第20帧，右击该帧，在弹出的快捷菜单中选择"创建传统补间"命令，创建传统补间动画。使用同样的方法为"弹簧"图层的第20帧处创建传统补间动画。

(20) 使用与步骤(12)~(19)类似的方法设置在第 60、80 帧时的滑块和弹簧的位置，以及"动画"补间的参数，完成后的"时间轴"面板如图 7-99 所示。

图 7-99 完成后的"时间轴"面板

(21) 选择"文件"|"保存"命令，保存使用动作补间动画制作的"弹簧振子"动画。直接按下 Ctrl+Enter 组合键，可预览动画效果，如图 7-100 所示。

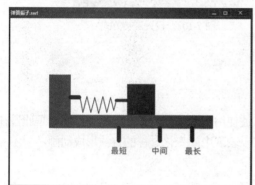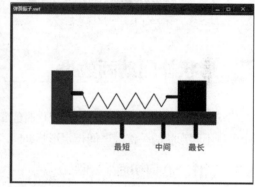

图 7-100 预览动画效果

提示：

为了使滑块的运动更符合振动的规律，即到达平衡位置时速度加快，离开平衡位置时速度减慢，必须在几个特殊位置处设置不同的"缓动"参数。本例中第 1 帧和第 40 帧设置"缓动"参数为-100；第 20 帧和第 60 帧设置"缓动"参数为 100。

7.8.2 编辑动作补间动画

在设置了动作补间动画之后，可以通过"属性"面板，对动作补间动画进行进一步的编辑。选中创建动作补间动画的任意一帧，打开"属性"面板，如图 7-101 所示。在该"属性"面板中各选项的具体作用如下。

- "缓动"选项：可以设置补间动画的缓动速度。如果该文本框中的值为正，则动画越来越慢；如果为负，则越来越快。
- "旋转"下拉按钮：单击该下拉按钮，在弹出的下拉列表中可以选择对象在运动的同时产生旋转效果，在后面的文本框中可以设置旋转的次数，如图 7-102 所示。
- "调整到路径"复选框：选择该复选框，可以使动画元素沿路径改变方向。
- "同步元件"复选框：选中该复选框，可以对实例进行同步校准。

图 7-101　"属性"面板　　　　图 7-102　设置旋转方式

7.9 形状补间动画效果

形状补间是一种在制作对象形状变化时经常被使用到的动画形式，它的制作原理是通过在两个具有不同形状的关键帧之间指定形状补间，以表现中间变化过程的方法形成动画。

7.9.1 制作"几何切面"动画

形状补间动画是通过在时间轴的某个帧中绘制一个对象，在另一个帧中修改该对象或重新绘制其他对象；然后由 Animate 计算出两帧之间的差距并插入过渡帧，从而创建出动画的效果。要在不同的形状之间形成形状补间动画，对象就不能是元件实例，对于图形元件和文字等，必须先进行"分离"操作，然后才能创建形状补间动画。

最简单的完整形状补间动画至少应该包括两个帧，一个起始帧和一个结束帧，在起始帧和结束帧上至少各有一个不同的形状，系统根据两个形状之间的差别生成形状补间动画。

【练习 7-4】在 Animate 2020 中新建一个文档，使用形状补间动画制作一个介绍几何切面的简单动画。

(1) 启动 Animate 2020，新建一个 Animate 文档，并将其以"几何切面"为名保存。

(2) 在"时间轴"面板中的"图层_1"图层中选中第 1 帧，使用"矩形工具"和"线条工具"，在舞台中绘制一个长方体，并在"属性"面板中设置矩形和线条的笔触样式、颜色和笔触高度，如图 7-103 所示。

(3) 在"图层_1"图层的第 100 帧处右击，在弹出的快捷菜单中选择"插入帧"命令，使得长方体在时间轴中存在第 100 帧，如图 7-104 所示。

(4) 在"时间轴"面板中单击"新建图层"按钮，新建一个"图层_2"图层。

(5) 在"图层_2"图层中选中第 1 帧，使用"线条"工具，在舞台中绘制一个四边形，注意控制其中一条边要很短，使四边形看起来更像三角形，如图 7-105 所示。

(6) 在"图层_2"图层中右击第 20 帧，在弹出的快捷菜单中选择"插入空白关键帧"命令，插入一个空白关键帧。

(7) 在"图层_2"图层中选中第 20 帧，使用"线条"工具，在舞台中绘制一个平行四边形，如图 7-106 所示(注意：平行四边形 4 条边的绘制顺序应和步骤 5 中四边形 4 条边的绘制顺序保持一致)。

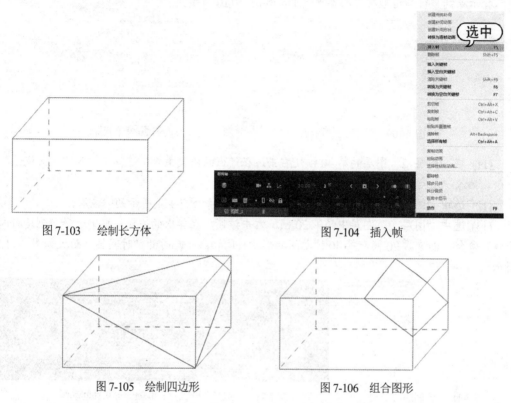

图 7-103　绘制长方体　　　　　　　　图 7-104　插入帧

图 7-105　绘制四边形　　　　　　　　图 7-106　组合图形

(8) 选中"图层_2"图层中的第 1 帧，右击该帧，在弹出的快捷菜单中选择"创建补间形状"命令，创建第 1 帧和第 20 帧之间的形状补间动画，如图 7-107 所示。此时的"时间轴"面板如图 7-108 所示。

图 7-107　创建形状补间动画　　　　　图 7-108　"时间轴"面板

(9) 选中"图层_2"图层中的第 1 帧,选择 4 次"修改"|"形状"|"添加形状提示"命令,为四边形添加 4 个形状提示点。按字母顺序,顺时针方向,依次移动各形状提示点到四边形的 4 个顶点,如图 7-109 所示。

(10) 选中"图层_2"图层中的第 20 帧,按照第 1 帧同样的字母顺序和方向,依次移动各形状提示点到平行四边形对应的各顶点上,如图 7-110 所示。

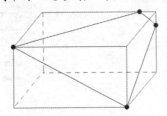 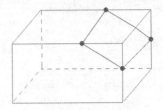

图 7-109 添加形状提示点　　　　　图 7-110 移动第 20 帧形状提示点

(11) 在"图层_2"图层的第 40 帧处右击,在弹出的快捷菜单中选择"插入空白关键帧"命令,插入一个空白关键帧。

(12) 选中"图层_2"图层中的第 40 帧,绘制一个如图 7-111 所示的四边形。

(13) 选中"图层_2"图层中的第 20 帧,右击该帧,在弹出的快捷菜单中选择"创建补间形状"命令,创建第 20 帧和第 40 帧之间的形状补间动画,此时的"时间轴"面板如图 7-112 所示。

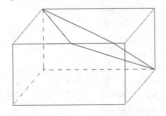 

图 7-111 绘制四边形　　　　　图 7-112 创建第 20 帧~第 40 帧的形状补间动画

(14) 参照步骤(9)、(10)为第 40 帧中的图形添加形状提示点,如图 7-113 所示。

(15) 参照步骤(11)~(14)的方法,分别在图层_2 的第 60 帧、第 80 帧和第 100 帧处插入空白关键帧并绘制四边形和添加形状提示点(四边形的形状由用户自己确定),第 80 帧处的图形形状如图 7-114 所示。

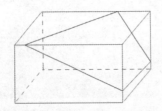 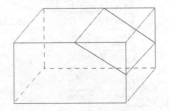

图 7-113 添加第 40 帧的形状提示点　　　　　图 7-114 第 80 帧处的图形

(16) 选择"文件"|"保存"命令,保存使用形状补间动画制作的"几何切面"动画。直接按下 Ctrl+Enter 组合键,可预览动画效果,如图 7-115 所示。

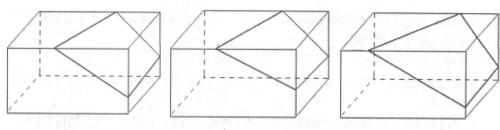

图 7-115　动画播放效果

提示：

用户在使用形状提示时，如果要隐藏所有的形状提示，可取消"视图"|"显示形状提示"命令的选中状态；再次选择该命令可显示所有的形状提示。如果要删除某个形状提示，可将其从舞台中拖出；如果要删除所有的形状提示，可选择"修改"|"形状"|"删除所有提示"命令。

7.9.2　编辑补间形状动画

当创建了一个补间形状动画后，可以进行适当的编辑操作。选中补间形状动画中的某一帧，打开"属性"面板，如图 7-116 所示。在该面板中，主要参数选项的具体作用如下。

- "缓动"：设置补间形状动画会随之发生相应的变化。
- "效果"：数值范围在-1～-100 时，动画运动的速度从慢到快，朝运动结束的方向加速度补间；数值范围在 1～100 时，动画运动的速度从快到慢，朝运动结束的方向减速度补间。默认情况下，补间帧之间的变化速率不变。
- "混合"：单击该按钮，在下拉列表中选择"角形"选项，在创建的动画中间形状会保留有明显的角和直线，适合于具有锐化转角和直线的混合形状；选择"分布式"选项，如图 7-117 所示，创建的动画中间形状比较平滑和不规则。

图 7-116　"属性"面板

图 7-117　选择"混合"选项

此外，在创建补间形状动画时，如果要控制较为复杂的形状变化，可使用形状提示。形状提示会标识起始形状和结束形状中相对应的点，以控制形状的变化，从而达到更加精确的动画效果。形状提示包含 26 个字母(从 a 到 z)，用于识别起始形状和结束形状中相对应的点。其中，起始关键帧的形状提示是黄色的，结束关键帧的形状提示是绿色的，而当形状提示不在一条曲线上时则为红色。在显示形状提示时，只有包含形状提示的层和关键帧处于当前状态下时，"显示形状提示"命令才可使用。

在补间形状动画中遵循以下原则，可获得最佳的变形效果。
- 在复杂的补间形状中，最好先创建中间形状然后再进行补间，而不是只定义起始和结束的形状。
- 使用形状提示时要确保形状提示是符合逻辑的。例如，如果在一个三角形中使用 3 个形状提示，则在原始三角形和要补间的三角形中它们的顺序必须是一致的，而不是在第一个关键帧中是 abc，而在第二个关键帧中是 acb。

7.10 高级动画制作

使用图层可以制作比较高级的动画，Animate 2020 中使用不同的图层种类可以制作不同的动画。例如，比较传统的引导层动画和遮罩层动画等传统动画方式，另外还包括了骨骼反向动画的新型动画种类。

7.10.1 遮罩层动画——地球自转

Animate 的遮罩层功能是一个强大的动画制作工具，利用遮罩层的功能，在动画中只需要设置一个遮罩层，就能遮掩一些对象，可以制作出灯光移动或其他复杂的动画效果。

1. 遮罩层动画原理

Animate 中的遮罩层是制作动画时非常有用的一种特殊图层，它的作用就是可以通过遮罩层内的图形看到被遮罩层中的内容，利用这一原理，制作者可以使用遮罩层制作出多种复杂的动画效果。

在遮罩层中，与遮罩层相关联图层中的实心对象将被视作一个透明的区域，透过这个区域可以看到遮罩层下面一层的内容；而与遮罩层没有关联的图层，则不会被看到。其中，遮罩层中的实心对象可以是填充的形状、文字对象、图形元件的实例或影片剪辑等，但是，线条不能作为与遮罩层相关联的图层中的实心对象。

此外，设计者还可以创建遮罩层动态效果。对于用作遮罩的填充形状，可以使用补间形状；对于对象、图形实例或影片剪辑，可以使用补间动画。当使用影片剪辑实例作为遮罩时，可以使遮罩沿着运动路径运动。

2. 创建遮罩层动画

了解了遮罩层的原理后，可以来创建遮罩层，此外，还可以对遮罩层进行适当的编辑操作。Animate 2020 中没有专门的按钮来创建遮罩层，所有的遮罩层都是由普通层转换过来的。要将普通层转换为遮罩层，可以右击该图层，在弹出的快捷菜单中选择"遮罩层"命令，此时该图层的图标会变为 ▨，表明它已被转换为遮罩层；而紧贴它下面的图层将自动转换为被遮罩层，图标为 ▨，它们在"图层"面板上的表示如图 7-118 所示。

在创建遮罩层后，通常遮罩层下方的一个图层会自动设置为被遮罩图层，若要创建遮罩层与普通图层的关联，使遮罩层能够同时遮罩多个图层，可以通过下列方法来实现。
- 在时间轴上的"图层"面板中，将现有的图层直接拖到遮罩层下面。
- 在遮罩层的下方创建新的图层。
- 选择"修改"|"时间轴"|"图层属性"命令，打开"图层属性"对话框，在"类型"选项区域中选中"被遮罩"单选按钮即可，如图 7-119 所示。

如果要断开某个被遮罩图层与遮罩层的关联，可先选择要断开关联的图层，然后将该图层拖到遮罩层的上面；或选择"修改"|"时间轴"|"图层属性"命令，在打开的"图层属性"对话框中的"类型"选项区域中选中"一般"单选按钮。

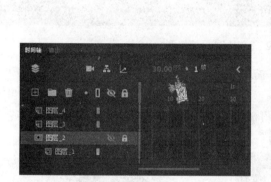
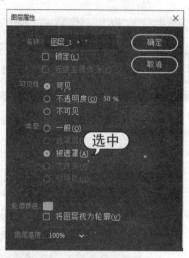

图 7-118　创建遮罩层　　　　　　　图 7-119　"图层属性"对话框

【练习 7-5】在 Animate 2020 中新建一个文档，使用遮罩层动画制作一个介绍地球自转的简单动画。

(1) 启动 Animate 2020，新建一个像素为 400×400 的 Animate 文档，并将其以"地球自转"为名保存。

(2) 选择"插入"|"新建元件"命令，如图 7-120 所示；打开"创建新元件"对话框，设置元件"名称"为"地图"，"类型"为"图形"，如图 7-121 所示。

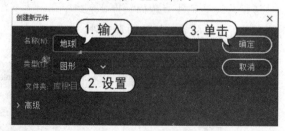

图 7-120　选择"新建元件"命令　　　　图 7-121　"创建新元件"对话框

(3) 单击"确定"按钮，进入元件编辑模式，在元件中导入一幅世界地图，然后将该地图复制一份并调整位置，使两幅地图首尾相接，效果如图 7-122 所示。

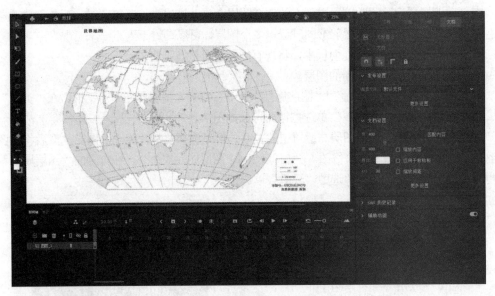

图 7-122 编辑好的元件效果

(4) 切换至"场景 1",在"时间轴"面板中新建 3 个图层,从上到下依次为"遮罩""地图""背景",如图 7-123 所示。

(5) 选中"背景"图层的第 1 帧,使用椭圆工具在舞台中央绘制一个正圆形,使其充满舞台,并设置其笔触颜色为"无色",如图 7-124 所示。

图 7-123 "时间轴"面板

图 7-124 绘制正圆

(6) 选中绘制的正圆,选择"修改"|"转换为元件"命令,如图 7-125 所示,打开"转换为元件"对话框,设置元件"名称"为"地球","类型"为"图形",然后单击"确定"按钮,如图 7-126 所示,将其转换为图形元件。

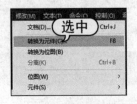

图 7-125 选择"转换为元件"命令

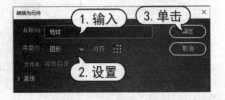

图 7-126 "转换为元件"对话框

(7) 选中"遮罩"图层的第 1 帧,然后从"库"面板中将"地球"元件拖动至舞台中央,并使其和"背景"图层中的正圆形完全重合。

(8) 选中"地图"图层的第一帧,将"地图"元件拖动至舞台中,然后使用"任意变形工具"调整地图的大小,使其和正圆形高度相等,并将地图的右边缘和正圆形右侧对齐,效果如图 7-127 所示。

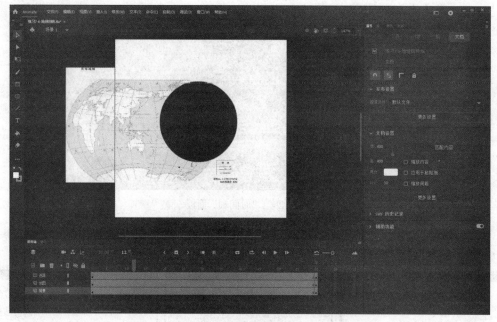

图 7-127　将"地图"元件放置在舞台的合适位置

(9) 分别在 3 个图层的第 60 帧处插入关键帧,然后选中"地图"图层的第 60 帧,在按住 Shift 键的同时移动"地图"元件,使其水平移动,并使地图的中心线(也就是两幅地图的衔接位置)和正圆形的右边缘重合,效果如图 7-128 所示。

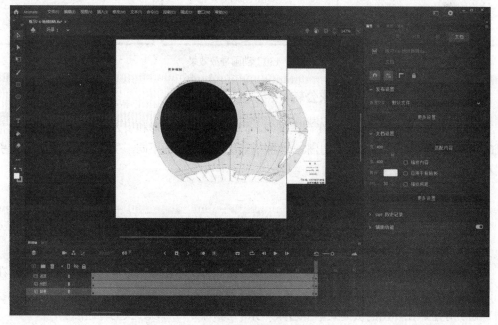

图 7-128　第 60 帧处的效果

(10) 在"地图"图层的第1帧处右击,在弹出的快捷菜单中选择"创建传统补间"命令,在第1帧和第60帧之间创建动作补间动画。

(11) 右击"遮罩"图层,在弹出的快捷菜单中选择"遮罩层"命令,将"遮罩"图层设置为"地图"图层的遮罩层,此时的"时间轴"面板如图7-129所示。

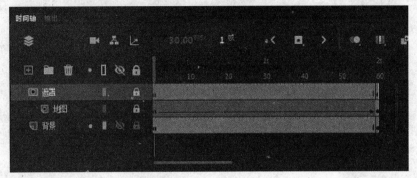

图7-129 "时间轴"面板

(12) 选择"文件"|"保存"命令,保存使用遮罩层动画制作的"地球自转"动画。直接按下 Ctrl+Enter 组合键,可预览动画效果,如图7-130所示。

图7-130 动画播放效果

7.10.2 引导层动画——地球公转

引导层是一种特殊的图层,在该图层中,同样可以导入图形和引入元件,但是最终发布动画时引导层中的对象不会被显示出来。按照引导层发挥的功能不同,引导层可以分为普通引导层和运动引导层两种类型。

1. 普通引导层

普通引导层在"时间轴"面板的图层名称前方会显示 图标,该图层主要用于辅助静态对象定位,并且可以不使用被引导层而单独使用。

创建普通引导层的方法与创建普通图层的方法相似,右击要创建普通引导层的图层,在弹出的快捷菜单中选择"引导层"命令,即可创建普通引导层,如图7-131所示。重复操作,右击普通引导层,在弹出的快捷菜单中选择"引导层"命令,可以转换为普通图层。

2. 传统运动引导层

传统运动引导层在时间轴上以 按钮表示，该图层主要用于绘制对象的运动路径，可以将图层链接到同一个运动引导层中，使图层中的对象沿引导层中的路径运动，这时该图层将位于运动引导层下方并成为被引导层。

右击要创建传统运动引导层的图层，在弹出的快捷菜单中选择"添加传统运动引导层"命令，即可创建传统运动引导层，而该引导层下方的图层会自动转换为被引导层，如图 7-132 所示。

图 7-131 创建普通引导层

图 7-132 创建传统运动引导层

重复操作，右击传统运动引导层，在弹出的快捷菜单中选择"引导层"命令，可以转换为普通图层。

3. 制作引导层动画

【练习 7-6】在 Animate 2020 中新建一个文档，使用引导层动画制作一个介绍地球公转的简单动画。

(1) 启动 Animate 2020，新建一个 Animate 文档，并将其文档名保存为"地球公转"。

(2) 打开【练习 7-5】中制作的"地球自转.fla"，选中该动画中的所有帧，右击任意选中的帧，在弹出的快捷菜单中选择"复制帧"命令，复制所有的帧，如图 7-133 所示。

(3) 单击"地球公转"文档，进入"地球公转.fla"的编辑状态。选择"插入"|"新建元件"命令，打开"创建新元件"对话框，在"名称"文本框中输入文字"地球 1"；在"类型"下拉列表中选中"影片剪辑"选项，如图 7-134 所示。

(4) 单击"确定"按钮，进入"地球 1"影片剪辑元件的编辑环境。右击"图层_1"图层的第 1 帧，在弹出的快捷菜单中选择"粘贴帧"命令，完成编辑"地球 1"影片剪辑元件。

图 7-133 复制帧

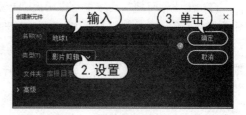

图 7-134 "创建新元件"对话框

(5) 返回"场景1",选择"文件"|"导入"|"导入到库"命令,导入一张"太阳"图片到库中,如图 7-135 和图 7-136 所示。

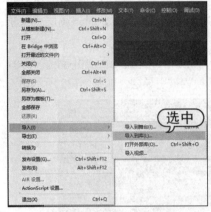
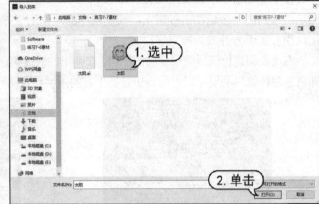

图 7-135　选择"导入到库"命令　　　　　图 7-136　"导入到库"对话框

(6) 双击"图层_1"图层的名称,将该图层重命名为"太阳";然后从库中将"太阳"元件拖动到舞台中,并使用"任意变形工具"调整其大小和位置,效果如图 7-137 所示。

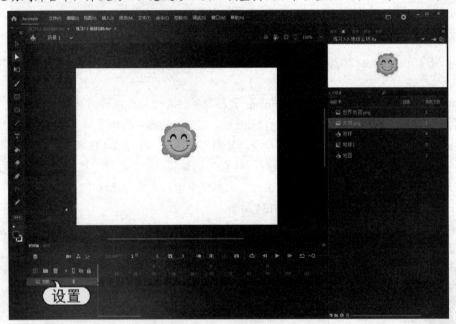

图 7-137　将"太阳"元件拖动至舞台中央并调整其大小和位置

(7) 在"时间轴"面板中单击两次"新建图层"按钮,新建两个图层,分别命名为"地球1"图层和"公转轨道"图层,此时的"时间轴"面板如图 7-138 所示。

(8) 在"公转轨道"图层中绘制一个围绕太阳的椭圆,作为地球的公转轨道;在"地球1"图层中,从库中拖动"地球"影片剪辑元件到舞台中生成实例,并使用"任意变形工具"调整其大小,效果如图 7-139 所示。

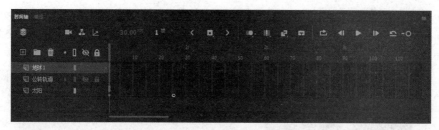

图 7-138 "时间轴"面板

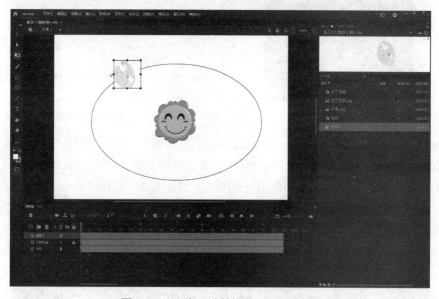

图 7-139 添加"公转轨道"和"地球"

(9) 右击"地球 1"图层,在弹出的快捷菜单中选择"添加传统运动引导层"命令,添加"引导层:地球 1"图层,如图 7-140 所示,添加引导层后的"时间轴"面板如图 7-141 所示。

图 7-140 选择"添加传统运动引导层"命令

图 7-141 添加引导层后的"时间轴"面板

(10) 单击"引导层：地球 1"图层，在该图层中绘制一个椭圆，在其"属性"面板中，设置该椭圆的大小与"公转轨道"图层中椭圆的大小相同；移动椭圆的位置，使其与"公转轨道"图层中的椭圆重合。

(11) 在工具箱中选择"橡皮擦工具"，并设置橡皮擦工具为最小形状，然后在椭圆上擦出一个小的豁口，如图 7-142 和图 7-143 所示。

图 7-142　设置橡皮擦大小

图 7-143　在椭圆上擦出一个小的豁口

(12) 在"时间轴"面板中选中"引导层：地球 1"图层、"太阳"图层和"公转轨道"图层的第 100 帧，按 F5 键插入帧；选择"地球 1"图层的第 100 帧，按 F6 键插入一个关键帧。

(13) 在"地球 1"图层的第 1~100 帧中的任意一帧上右击，在弹出的快捷菜单中选择"创建传统补间"命令，创建其动画补间动画，此时的"时间轴"面板如图 7-144 所示。

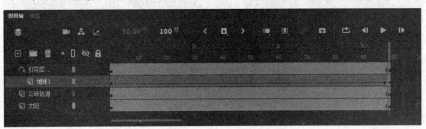
图 7-144　完成后的"时间轴"面板

(14) 在工具箱中选择"选择"工具，并单击"贴紧至对象"按钮 ，分别调整"地球"图层中第 1 帧和第 100 帧处的地球的位置，使其中心点分别与豁口的左右两个端点对齐。

(15) 直接按下 Ctrl+Enter 组合键，测试动画，可以看到地球开始沿椭圆轨道运动。

(16) 在"时间轴"面板中单击"新建图层"按钮，新建一个图层，并重命名为"文字"图层，然后将该图层置于最底层。

(17) 在工具箱中选择"直线工具"和"文本工具"，在文字图层中添加相应的内容，效果如图 7-145 所示。

(18) 选择"文件"|"保存"命令，保存使用引导层动画制作的地球一边自转一边围绕太阳公转的动画。

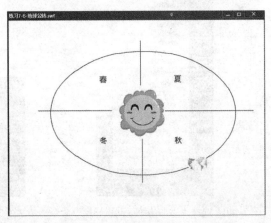
图 7-145　最终效果展示

7.11 Animate 中的声音和视频

在 Animate 中加入声音和视频可以使动画效果更加生动形象，提高动画的可观赏性。本节介绍在 Animate 中加入声音和视频信息的技巧。

7.11.1 导入声音文件

Animate 在导入声音时，可以给按钮添加音效，也可以将声音导入"时间轴"面板上，作为整个动画的背景音乐。在 Animate 2020 中，可以导入外部的声音文件到动画中，也可以使用共享库中的声音文件。

1. 声音类型

在 Animate 动画中插入声音文件，首先要确定插入声音的类型。Animate 2020 中的声音分为事件声音和音频流两种类型。

- 事件声音：事件声音必须在动画全部下载完后才可以播放，如果没有明确的停止命令，它将连续播放。在 Animate 动画中，事件声音常用于设置单击按钮时的音效，或者用来表现动画中某些短暂动画时的音效。因为事件声音在播放前必须全部下载才能播放，所以此类声音文件不能过大，以减少下载动画的时间。在运用事件声音时要注意无论什么情况下，事件声音都是从头开始播放的且无论声音的长短都只能插入一个帧中。
- 音频流：音频流在前几帧下载了足够的数据后就开始播放，通过和时间轴同步可以使其更好地在网站上播放，可以边看边下载。此类声音较多应用于动画的背景音乐。

在实际制作动画的过程中，绝大多数是结合事件声音和音频流两种类型声音的方法来插入音频的。

2. 导入声音

在 Animate 2020 中，可以导入 WAV、MP3 等文件格式的声音文件，但不能直接导入 MIDI 文件。如果系统上已经安装了 QuickTime4 或更高版本的播放器，还可以导入 AIFF、Sun AU 等格式的声音文件。导入文档的声音文件一般会保存在"库"面板中，因此与元件一样，只需要创建声音文件的实例就可以以各种方式在动画中使用该声音。

要将声音文件导入 Animate 文档的"库"面板中，可以选择"文件"|"导入"|"导入到库"命令，打开"导入到库"对话框，如图 7-146 所示。选择需要导入的声音文件，单击"打开"按钮，即可添加声音文件至"库"面板中，如图 7-147 所示。

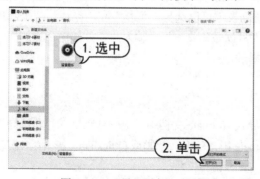

图 7-146 "导入到库"对话框

图 7-147 添加声音文件至"库"面板

3. 添加文档声音

导入声音文件后，用户可以将声音文件添加到文档中。

要在文档中添加声音，从"库"面板中拖动声音文件到设计区中，即可将其添加至当前文档中。选择"窗口"|"时间轴"命令，打开"时间轴"面板，在该面板中显示了声音文件的波形，如图 7-148 所示。

用户可以把多个声音放在同一图层上，或放在包含其他对象的图层上，不过应尽量将每个声音放在独立的图层上。这样每个图层可以作为一个独立的声音通道。当回放 SWF 文件时，所有图层上的声音就可以混合在一起。

要测试添加到文档中的声音，可以使用与预览帧或测试 SWF 文件相同的方法，在包含声音的帧上面拖动播放头，或使用面板或"控制"菜单中的命令。

选择"时间轴"面板中包含声音波形的帧，打开"属性"面板，如图 7-149 所示。

图 7-148　"时间轴"面板

图 7-149　帧"属性"面板

在帧"属性"面板中，"声音"选项组中的主要参数选项的具体作用如下。

- "名称"选项：选择导入的一个或多个声音文件名称。
- "效果"选项：设置声音的播放效果。
- "同步"选项：设置声音的同步方式。在第一个下拉列表中可以选择"事件""数据流""开始"和"停止"。在第二个下拉列表中可以选择"重复"和"循环"两个选项，选择"重复"选项，可以在右侧的"循环次数"文本框中输入声音外部循环播放次数；选择"循环"选项，声音文件将循环播放。

7.11.2　导入视频文件

在 Animate 2020 中，可以将视频剪辑导入 Animate 文档中。根据视频格式和所选导入方法的不同，可以将具有视频的影片发布为 Animate 影片(SWF 文件)或 QuickTime 影片(MOV 文件)。在导入视频剪辑时，可以将其设置为嵌入文件或链接文件。

1. 视频文件的导入

导入视频文件时，该视频文件将成为影片的一部分，就如同导入位图或矢量图文件一样，而导入的视频文件将会被转换为 FLV 格式以供 Animate 播放。

如果要将视频文件直接导入 Animate 文档的舞台中，可以选择"文件"|"导入"|"导入视频"命令。打开"导入视频-选择视频"对话框，如图 7-150 所示。

单击"浏览"按钮，打开"打开"对话框，选择要导入的视频文件，单击"打开"按钮，返回"导入视频"对话框。

单击"下一步"按钮，打开"导入视频-设定外观"对话框，如图 7-151 所示。

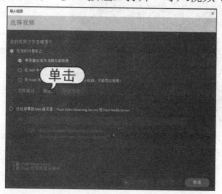 

图 7-150　"导入视频-选择视频"对话框　　　图 7-151　"导入视频-设定外观"对话框

在"导入视频-设定外观"对话框中，可以在"外观"下拉列表中选择播放条样式，单击"颜色"按钮，可以选择播放条样式的颜色。

单击"下一步"按钮，打开"导入视频-完成视频导入"对话框，如图 7-152 所示。在该对话框中显示了导入视频的一些信息，单击"完成"按钮，即可将视频文件导入到设计区中，如图 7-153 所示。

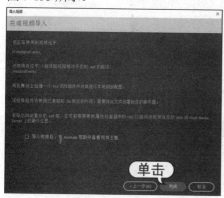 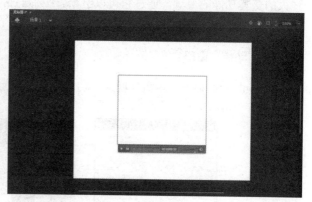

图 7-152　"导入视频-完成视频导入"对话框　　　图 7-153　导入视频

2. 编辑导入的视频文件

在 Animate 文档中选择嵌入的视频剪辑后，可以进行一些编辑操作。选中导入的视频文件，打开"属性"面板，如图 7-154 所示。

在"属性"面板中可以为该视频剪辑指定一个实例名称；在"宽""高"、X 和 Y 文本框中可以设置影片剪辑在舞台中的位置及大小。选择"窗口"|"组件参数"命令，可以在打开的"组件参数"面板中设置视频组件播放器的相关参数，如图 7-155 所示。

图 7-154　视频文件"属性"面板

图 7-155　"组件参数"面板

7.12　Animate 的交互设计

Animate 不仅可以制作出形象生动的动画，还可以通过交互设置来控制动画的播放，使软件具有更强的可操作性和互动性。

7.12.1　交互设计的基本知识

Animate 2020 中的交互效果主要是通过 ActionScript 语言来实现的，它是 Animate 2020 强大的交互功能的灵魂，通过它可以给帧、影片剪辑实例和按钮赋予动作，从而实现对动画的控制。

1. "动作"窗口

ActionScript 语言的编辑环境是"动作"窗口，选择"窗口"|"动作"命令，可打开"动作"窗口，如图 7-156 所示。

图 7-156　打开"动作"窗口

2. 在"动作"窗口中添加动作

在"动作"窗口中，用户可以使用以下几种方法添加动作，添加的动作将会显示在窗口右边的命令列表框中，添加后可设置相关参数。

方法一：双击"动作"面板左侧列表中的动作代码。

方法二：选择要添加的动作代码，然后将其拖动至右侧的编辑区域。

方法三：右击要添加的动作代码，在弹出的快捷菜单中选择"添加到脚本"命令。

方法四：直接在编辑区域输入动作语句。

7.12.2 创建个性化的按钮元件

在具有交互功能的软件中，按钮是必不可少的主角，同时也是元件中的一种重要类型。在 Animate 2020 的公用库中有系统自带的按钮元件，另外用户还可根据需要自己创建按钮元件。

按钮的外观有 4 种状态，每种状态都有特定的名称与之对应。选择"插入"|"新建元件"命令，打开"创建新元件"对话框，在"类型"下拉列表中选择"按钮"选项，然后单击"确定"按钮，即可创建一个按钮元件，如图 7-157 所示。创建一个按钮元件后，其"时间轴"面板窗口如图 7-158 所示。

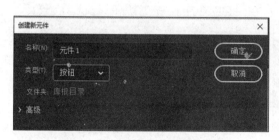

图 7-157 "创建新元件"对话框

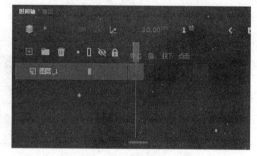

图 7-158 "时间轴"面板

下面是按钮所呈现的几种状态。

- 弹起：当鼠标指针没有进入按钮区域时，按钮所呈现的状态。
- 指针：当鼠标移动到按钮上面，但没有按下时，按钮所呈现的状态。
- 按下：按钮在被按下时呈现的状态。
- 点击：用于设置按钮响应区域的大小，该状态下图形的范围大小为按钮响应区域的大小，如果该帧内没有任何内容，那么响应区域的大小与按钮大小相同。

1. 创建按钮元件

【练习 7-7】在 Animate 2020 中创建一个按钮。

(1) 启动 Animate 2020，新建一个 Animate 文档，并将其以"个性按钮"为名保存。

(2) 选择"修改"|"文档"命令，打开"文档设置"对话框，在该对话框中进行如图 7-159 所示的设置(背景颜色为"黄色")。

(3) 设置完成后，单击"确定"按钮，关闭"文档设置"对话框，然后选择"视图"|"网格"|"编辑网格"命令，打开"网格"对话框，并进行如图 7-160 所示的设置。

图 7-159 "文档设置"对话框

图 7-160 "网格"对话框

(4) 单击"确定"按钮,关闭"网格"对话框。选择"插入"|"新建元件"命令,打开"创建新元件"对话框,在"名称"文本框中输入"按钮",在"类型"下拉列表中选择"按钮"选项,如图 7-161 所示,然后单击"确定"按钮,创建一个按钮元件。

(5) 此时进入"按钮"元件的编辑状态,在工具箱中选择"椭圆工具",在舞台中绘制一个椭圆,并将该椭圆的"笔触"颜色设置为"黑色","填充"颜色设置为"橙色",如图 7-162 所示。

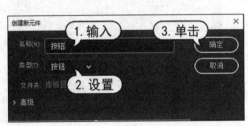
图 7-161 "创建新元件"对话框

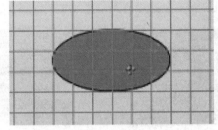
图 7-162 绘制椭圆

(6) 选中椭圆的外边框,在"属性"面板中将其颜色设置为"白色",如图 7-163 所示。

(7) 在"指针"帧中插入关键帧,然后在"属性"面板中设置椭圆的"填充"颜色为"淡蓝色",如图 7-164 所示。

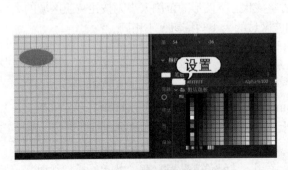
图 7-163 设置边框颜色

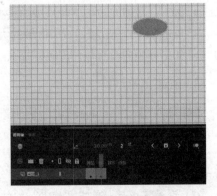
图 7-164 设置填充颜色

(8) 在"按下"帧中插入关键帧,将椭圆的"填充颜色"设置为"红色"。

(9) 返回"场景 1"的编辑窗口，在库中将刚刚创建的按钮元件拖动至舞台中，然后按下 Ctrl+Enter 组合键，预览动画效果，分别观察按钮的正常状态、鼠标指针经过时和单击按钮时按钮的反应，如图 7-165 所示。

　　　正常状态　　　　　　　鼠标指针经过时　　　　　　单击按钮时

图 7-165　观察按钮的变化

2. 隐形按钮的创建

在制作动画时，常常会需要用到一些看不见的按钮，这些按钮在动画中虽然看不清其形状，但是仍然可以起到一般按钮的作用。

隐形按钮的原理很简单，创建了一个按钮元件后，在"时间轴"面板中只需在"点击"帧中插入一个关键帧，并绘制一个按钮的点击热区即可，如图 7-166 所示。该按钮生成实例后，在运行过程中是看不到的，但是当鼠标指针移至该按钮区域时，指针将变成 形状，如图 7-167 所示，单击鼠标即可执行与该按钮相关的操作。

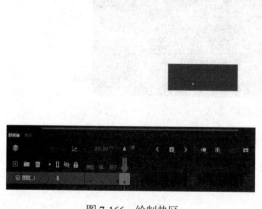 

　　图 7-166　绘制热区　　　　　　　　　图 7-167　运行效果

7.12.3　交互设计的实例

在了解了交互设计的相关知识后，本节通过几个实例来具体介绍交互设计的应用，使用户对交互设计有一个初步的了解。

1. 同一场景不同帧的交互

【**练习 7-8**】在 Animate 2020 中新建一个文档，然后导入一系列图片，并控制这些图片逐帧播放。

(1) 启动 Animate 2020，新建一个 ActionScript 3.0 类型的 Animate 文档，并将其保存为"同场景帧之间的交互"。

(2) 选中"图层_1"的第 1 帧，选择"文件"|"导入"|"导入到舞台"命令，打开"导入"对话框，在该对话框中选择一幅图片，如图 7-168 和图 7-169 所示。

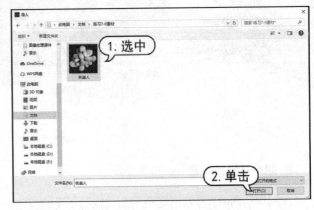

图 7-168　选择"导入到舞台"命令　　　　图 7-169　"导入"对话框

(3) 单击"打开"按钮，导入图片，在第 2 帧处插入空白关键帧，然后按照同样的方法在"图层 1"的第 2 帧到第 6 帧中都导入图片，并将这些图片调整至合适大小，此时的"时间轴"面板如图 7-170 所示。

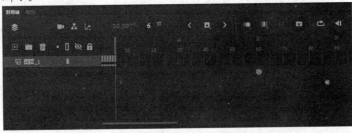

图 7-170　"时间轴"面板

(4) 右击"图层_1"的第 1 帧，在弹出的快捷菜单中选择"动作"命令，打开"代码片断"面板，在该面板左侧的列表中展开"ActionScript"|"时间轴导航"列表，然后双击其中的"在此帧处停止"选项，为该帧添加一个停止动作，如图 7-171 所示。此时当第 1 帧动画播放完后将自动停止播放。

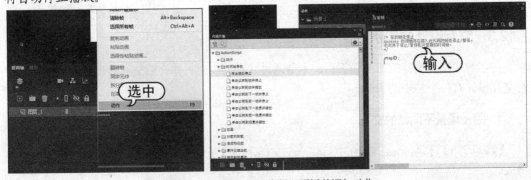

图 7-171　打开"代码片断"面板并添加动作

(5) 打开【练习 7-7】中制作的"个性按钮"文档,复制其中的按钮,返回本例中的文档,然后新建一个"图层_2",在"图层 2"中按下两次 Ctrl+V 组合键,粘贴两个按钮,在两个按钮上添加文本并调整其位置,效果如图 7-172 所示。

(6) 右击"上一张"按钮,在弹出的快捷菜单中选择"动作"命令,如图 7-173 所示。

图 7-172 添加按钮

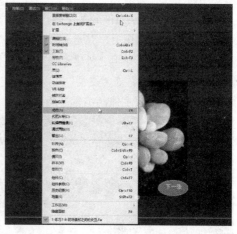
图 7-173 选择"动作"命令

(7) 打开"代码片断"面板,在该面板中输入如图 7-174 所示的代码。该代码的含义是:当用户单击该按钮时,播放上一帧。

(8) 使用同样的方法,为"下一张"按钮添加如图 7-175 所示的代码。该代码的含义是:当用户单击该按钮时,播放下一帧。

图 7-174 添加代码一

图 7-175 添加代码二

(9) 到此为止,"同一场景不同帧之间的交互"动画制作完毕,按下 **Ctrl+Enter** 组合键预览动画效果,当用户单击"下一张"按钮时,将播放下一帧中的图片,单击"上一张"按钮时,将播放上一帧中的图片,效果如图 7-176 所示。

图 7-176 预览"同场景帧之间的交互"动画效果

2. 不同场景间的交互

【**练习 7-9**】在 Animate 2020 中新建一个文档，添加多个场景，并控制这些场景间的切换。

(1) 启动 Animate 2020，新建一个 ActionScript 3.0 类型的 Animate 文档，并将其以"不同场景间的交互"为名保存。

(2) 选中"图层_1"的第 1 帧，选择"文件"|"导入"|"导入到舞台"命令，打开"导入"对话框，导入一幅图片。然后调整其大小并添加文字说明，效果如图 7-177 所示。

(3) 选择"插入"|"新建元件"命令，打开"创建新元件"对话框，在"名称"文本框中输入"隐形按钮"，在"类型"下拉列表中选择"按钮"选项，如图 7-178 所示。然后单击"确定"按钮，进入到元件的编辑界面。

图 7-177 导入图片并添加文字

图 7-178 "创建新元件"对话框

(4) 在元件的"点击"帧中插入空白关键帧，然后绘制一个和"场景 1"中的舞台大小相同的热区，效果如图 7-179 所示。

(5) 返回"场景 1"，新建一个"图层_2"，从"库"中将"隐形按钮"元件拖动至"图层_2"中，并使其大小完全覆盖舞台，效果如图 7-180 所示。

图 7-179 绘制按钮热区

图 7-180 将按钮拖动至舞台

(6) 选择"窗口"|"场景"命令，打开"场景"面板，在该面板的下方单击 3 次"重制场景"按钮 ，复制 3 个"场景 1"的副本，如图 7-181 所示。

(7) 在"场景"面板中，将 4 个场景分别命名为"百合花""玫瑰""凤仙花"和"香草"，效果如图 7-182 所示。

图 7-181 复制场景　　　　图 7-182 重命名场景

(8) 分别单击"场景"面板中的"百合花""玫瑰""凤仙花"和"香草"场景,进入对应场景,然后删除原图像和文字并导入新的图像和输入新的文字(注意:操作时应将含有按钮的"图层_2"图层隐藏)。

(9) 打开"百合花"场景,打开隐形按钮的"动作"和"代码片断"面板,单击"代码片断"面板中的"ActionScript"|"时间轴导航"|"单击以转到帧并停止"选项,添加如图 7-183 所示的代码。

(10) 选中"图层1"的第1帧,然后在"动作"和"代码片断"面板中单击"ActionScript"|"时间轴导航"|"在此帧处停止"选项,添加如图 7-184 所示的代码。该代码的含义是播放到该帧时,停止播放。

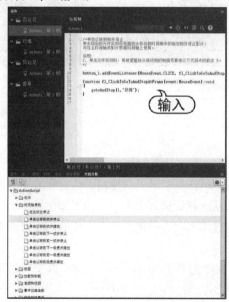

图 7-183 添加按钮动作代码　　　　图 7-184 添加帧动作代码

按钮动作代码的含义如下。

```
button_1.addEventListener(MouseEvent.CLICK,fl_ClickToGoToAndStopAtFrame)  //单击按钮
function fl_ClickToGoToAndStopAtFrame(event:MouseEvent):void
{
    gotoAndStop(1,"玫瑰")  //跳转到"玫瑰"场景的第1帧并停留在该帧
}
```

(11) 根据步骤(9)和步骤(10)的方法，编辑"玫瑰"场景中的动作按钮代码和帧代码，注意：需将动作代码中的"gotoAndStop(1,"玫瑰")"改为"gotoAndStop(1,"凤仙花")"。

(12) 根据步骤(9)和步骤(10)的方法，编辑"凤仙花"场景中的动作按钮代码和帧代码，注意：需将动作代码中的"gotoAndStop(1,"玫瑰")"改为"gotoAndStop(1,"香草")"。

(13) 根据步骤(9)和步骤(10)的方法，编辑"香草"场景中的动作按钮代码和帧代码，注意：需将动作代码中的"gotoAndStop(1,"玫瑰")"改为"gotoAndStop(1,"百合花")"。

(14) 动画制作完成后，按下 Ctrl+Enter 组合键运行动画。单击鼠标，即可切换至下一个场景，如图 7-185 所示。

图 7-185　预览动画效果

7.13　Maya 三维动画

Maya 2020 是 Autodesk 公司最新发布的一款三维计算机动画、建模、仿真和渲染软件。Maya 2020 可以帮助用户开发出丰富的 3D 图像，从龙到规模宏大的景观和爆炸性战争场景都能轻松胜任，能够帮助动画师、建模师、绑定师和技术美工人员提高效率，使他们能够腾出更多时间发挥创意。

而此次新版本更是提供了诸多新工具和更新，比如新增了 60 多个动画功能，并提供了新的"时间滑块书签"以帮助用户基于时间和播放范围组织工作。Maya 2020 还更新了"缓存播放"以针对图像平面和动力学提供新的预览模式和高效缓存，从而提高播放速度和结果的可预测性。

另外，利用新的"重新划分网格"和"重新拓扑"命令，建模师可以花费更少的时间来清理模型。与以前的版本相比，Maya 2020 最大的更新是增加了全新的 Arnold GPU 渲染，并且还提供了可显著提高性能的新版 Bifrost 以及多个新的预构建图表。

7.13.1　三维动画的制作流程

无论是三维动画、二维动画还是摆拍动画，前期的流程都是一样的：先创建剧本，再根据剧本制作文字分镜或画面分镜，以及角色设计、场景设计、道具设计等。动画的制作流程如图 7-186 所示。

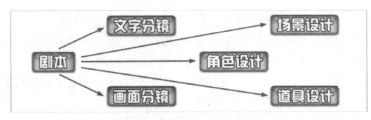

图 7-186 动画的制作流程

一般动画制作流程分为下面几点。
- 剧本：剧本是整个生产的开始，制作的依据。即整部动画的故事情节，如果是一般的动画创作，需要有故事梗概、发展主线、故事情节等。故事梗概要求用最少的文字将故事讲述出来；发展主线是将故事发展的一些转折点标注出来；故事情节则是完整的讲述。
- 角色设计：根据剧本提供的内容创造个性鲜明的角色。
- 文字分镜：根据剧本提供的内容，用文字描述每个分镜的详细细节，如时间、人物、场景、对白、特效等。
- 画面分镜：在文字剧本的基础上，依照编辑意图用文字描绘出来的情境，全面运用蒙太奇思维构筑出具体可见的屏幕形象，对整个片子重新进行整体设计和构思，编写出分镜头剧本。
- 模型制作：根据原画提供的三视图创建模型。
- 设置：把建好的模型绑定上骨骼，让模型可以"动"起来。
- LAYOUT(三维故事板)：将模型里面的场景、角色根据文字分镜设定好摄像和场景，对角色进行粗动画制作。
- 动画制作：根据三维故事板(分镜动画)细化、完善。
- 灯光、材质：给制作动画的角色场景指定贴图文理、添加材质和灯光之后，分层渲染。
- 后期：将分层渲染出来的序列图进行组合和剪辑，相应地添加特效进行输出。

7.13.2 Maya 动画制作

在三维动画的制作过程中，一般的流程都是建模、材质、骨骼、动画、灯光、渲染、后期。这些步骤中，除了最后的后期合成要用到视频编辑软件以外，其他的部分都需要在三维软件中完成，如图 7-187 所示。

图 7-187 Maya 动画的制作流程

- 建模：根据前期的人物设定和场景设定，在三维软件中制作出相应的模型。这个工种对人体结构、肌肉分布等要求很高，最好有一定的雕塑基础。另外，建模并不仅仅是把模型制作出来就行，它还有很多细的要求，例如有的要求模型的面数在 2000 以内，这样的模型称为简模，但绝对不是很粗糙的模型，而是用最少的线做出高模的效果来。既然有简模，就肯定会有高模，这样的高精度模型对细节要求极为严格，如脸上的皱纹甚至皮肤的纹理。

- 材质：为制作好的模型绘制皮肤、服饰的贴图，以及设定场景、道具和各物体的质感效果，要求对色彩和质感较为敏感，有较强的美术功底，可以直接绘制贴图。
- 骨骼：为角色的模型装配骨骼系统，其中包括 IK、FK，以及控制器、驱动关键帧等，大量的层级关系、约束和被约束、IK 和 FK 的转换等，都有着较强的逻辑关系。逻辑思维能力比较强的人才能胜任这个工作。
- 动画：调整角色的骨骼，使角色根据剧情的需要，做出不同的动作和表情，要求用户对角色的运动规律有较深的了解，使动作真实可信，而且使其能够在原基础上进行夸张甚至变形的动作。
- 灯光：根据环境气氛，调节出适当的光影效果，要求用户对摄影技术有一定的了解，并且对光影的变化很敏感。
- 渲染：使用默认或外部的渲染器，对场景进行渲染，输出成序列图片，要求用户懂一定的计算机编程。
- 后期：使用视频特效或合成软件，将镜头合成，并进行一些特效制作和校色工作，最后输出成完整的动画短片。

7.13.3 Maya 动画制作实例——跳动的小球

Maya 为用户提供了功能强大的动画制作工具，通过这些工具，用户可以自由地为对象设置动画。

【练习 7-10】在 Maya 中新建一个场景，并制作小球弹跳动画。

小球的弹跳动画原理：制作小球弹跳动画，首先要考虑几点因素：球的轻重感、球的质地、球的大小及运动的速度。不同质地的小球的运动方式会有很大的不同，如乒乓球和铁球。以下以皮球为例来制作小球的弹跳动画。

皮球弹跳的原理和运动规律：①皮球从被抛出到最终落地是一个逐渐加速的过程。②皮球在弹跳的过程中，会发生压缩和伸展的变形。即皮球下落时拉伸变形；与地面碰撞时压缩变形；弹起到达高点时回原状。③皮球弹起的过程中，由于重力和空气阻力的作用，向上的运动速度变慢，就这样，皮球不断重复向前弹起，但弹起高度越来越低，直到形变的作用力消失，各种力达到平衡，皮球最终静止下来。皮球弹跳的运动规律如图 7-188 所示。

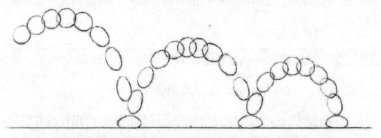

图 7-188　皮球弹跳的运动规律

(1) 基本设置：由于本例制作的是一个动画，因此在开启 Maya 后首先需要设置场景的帧率。首先确定该动画的最后输出形式：运行启动 Maya 软件，执行"窗口"|"设置/首选项"|"首选项"命令，如图 7-189 所示。

(2) 在打开的"首选项"对话框左侧的"类别"中选择"设置"选项,这时右栏"工作单位"中列出当前 Maya 运行中所使用的各种单位,从"时间"参数下拉列表中选择 Film(24fps),如图 7-190 所示。

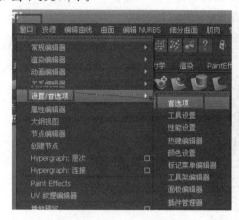
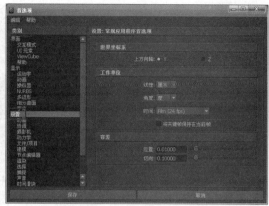

图 7-189 选择"首选项"命令　　　　　图 7-190 "首选项"对话框

(3) 在"首选项"对话框左侧的"类别"中选择"动画"选项,在右栏中的"默认入切线"和"默认出切线"下拉列表中均选择"钳制"选项,如图 7-191 所示。

(4) 接下来将播放速率改为实时播放。在"首选项"对话框中选择左侧的"类别"中的"时间滑块"选项,然后在右侧将"播放"选项组中的"播放速度"下拉列表选择"实时(24fps)",最后单击"保存"按钮,这样动画就可以实时播放了,如图 7-192 所示。

图 7-191 动画设置　　　　　图 7-192 播放设置

(5) 接着开始创建动画。选择"创建"|"多边形基本体"|"立方体"命令,创建立方体作为地面,设置宽为 50、纵深为 20,如图 7-193 所示。

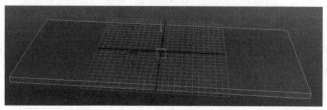

图 7-193 创建地面

(6) 选中此立方体，在其属性栏中将 X、Y、Z 数值清零，设置平移 Y 的值为-0.5。单击选中"创建"|"多边形基本体"|"球体"复选框，在弹开的窗口中设置"轴分段数"和"高度分段数"的值均为 25，如图 7-194 所示，单击"创建"按钮创建一个皮球。

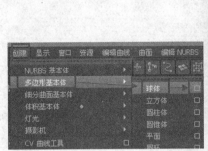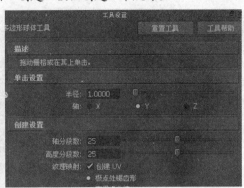

图 7-194　创建球体

(7) 选择球体，在其属性栏中设置 X 轴位移为-30，Y 轴位移为 15，调整球体与立方体的位置，如图 7-195 所示。

(8) 分别选择球体和立方体，执行"修改"|"冻结变换"和"居中枢轴"命令，如图 7-196 所示。

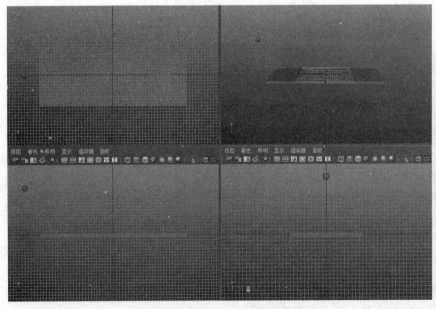

图 7-195　调整球和立方体位置　　　　　　　　　　　图 7-196　选择
　　　　　　　　　　　　　　　　　　　　　　　　　"居中枢轴"命令

在制作过程中要注意如下 4 点：①皮球弹跳的运动轨迹是抛物线；②皮球在压缩和拉伸变形时需要保持其原有体积；③拉伸时应注意拉伸的方向；④皮球弹跳接触地面时，立即压扁。

(9) 制作弹跳位移动画。首先要将几个关键帧动作制作出来，也就是第 1、10、18、25、32、38、43、47、50、53、57、60、70 帧处的关键动作。这需要改变时间滑块的范围，将播放范围结束帧和动画范围结束帧都设置为 70，即要在第 1～70 帧范围内制作动画。然后单击"自动关键帧切换"按钮，将自动变更的信息记录为关键帧，如图 7-197 所示。

图 7-197　关键帧

(10) 切换到前视图，选中小球，将时间滑块拖动到第 1 帧，按 S 键，为小球的所有属性设置为关键帧，这时可以看到通道盒中的全部属性已变为红色。在时间滑块的第 1 帧处会显示一条红色的线，这就是已设置好的关键帧，如图 7-198 所示。

 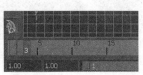

图 7-198　关键帧设置

(11) 将时间滑块移动至第 10 帧处，将小球移动到如图 7-199 所示立方体的表面上，按 S 键设置关键帧。注意，此处小球只是向前跳，故 Z 轴没有位移。

图 7-199　设置弹跳关键帧

(12) 分别在第 18、25、32、38、43、47、50、53、57、60、70 帧处将小球移动到如图 7-200 所示的位置，设置关键帧。

图 7-200　继续设置弹跳关键帧

(13) 选中小球，单击选中"动画"|"创建可编辑的运动轨迹"复选框，打开"运动轨迹选项"对话框，选中"时间范围"的"时间滑块"单选按钮和"固定"的"选择时绘制"单选按钮，并选中"显示帧数"复选框，如图 7-201 所示，并可适当调整小球运动轨迹。

图 7-201　创建运动轨迹

(14) 调整小球弹跳重量感。选择小球，执行"窗口"|"动画编辑器"|"曲线图编辑器"命令，打开"曲线图编辑器"窗口，单击左侧通道中的 pSphere1，此时右侧会出现两条动画曲线，如图 7-202 所示。

 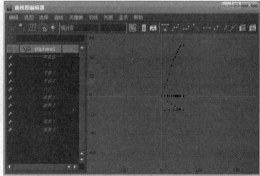

图 7-202　动画编辑器

(15) 在曲线编辑器中，红色曲线表示小球沿 X 轴正向的位移，对应左侧通道中的轴位移属性，小球在 X 轴位移的动画曲线应为一条逐渐升高的曲线。另一条曲线代表小球沿 Y 轴的位移，对应左侧通道中的 Y 轴位移属性。由于小球在做上下弹跳的运动时受到重力和空气阻力的影响，弹跳的力度会逐渐减弱，直到消耗殆尽，因而 Y 轴位移应该是一条逐渐平缓的抛物线。在编辑器中可以像 Maya 操作区一样移动、放大、缩小曲线。单击 X 轴位移动画曲线，选中右侧图中除开始和结束之外的所有关键帧，然后按 Delete 键将其删除，如图 7-203 所示。

(16) 单击 Y 轴位移动画曲线，选中所有位于球体在高点的关键帧，这时关键帧上会显示出一种两头为方形的实心操纵杆。执行"曲线"|"加权切线"命令，此时关键帧上的手柄会变成实心圆点，如图 7-204 所示。

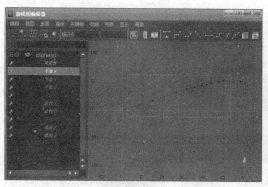

图 7-203 曲线图编辑器

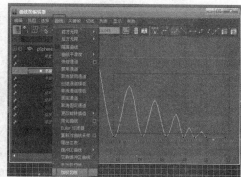

图 7-204 曲线图编辑器 1

(17) 执行"切线"|"自由切线权重"命令,如图 7-205 所示,此时可看到所有关键帧的手柄两端都变成了空心正方形。

(18) 选中第一个关键帧,再选中右侧手柄,按住鼠标左键向右拖动,将曲线调节为图 7-206 右图的形状,曲线调节如图 7-206 所示。

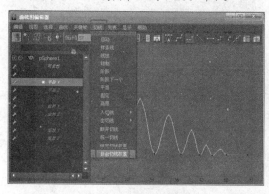

图 7-205 曲线图编辑器 2

图 7-206 调节曲线

(19) 依此方法,将所有端点关键帧调节好,如图 7-207 所示。框选所有底端关键帧,单击工具栏上的自动切线按钮,使切线自动调节到平滑,如图 7-208 所示。

图 7-207 调节端点关键帧

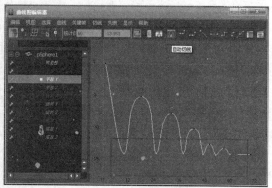

图 7-208 平滑端点关键帧

(20) 框选所有底端关键帧,执行"切线"|"断开切线"命令,使关键帧变成如图 7-209 右图所示两种颜色调节杆。

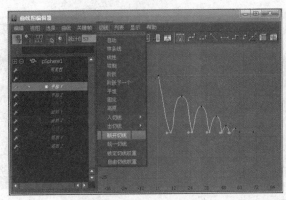

图 7-209 调节曲线

(21) 用鼠标左键移动手柄,使其由图 7-210 左图形状变为右图效果。调节所有位于底部的节点,完成后单击播放观察小球此时的运动状态。

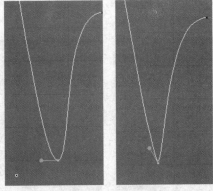

图 7-210 曲线调节

(22) 为了使小球更加美观,给小球指定一种材质,以方便后面制作小球的缩放与旋转效果。打开材质编辑窗口,新建一个 Blinn 材质球,单击其颜色属性后面的小方块,为其创建一个棋盘格纹理,然后将该材质球指定给小球。

(23) 缩放与拉伸变形:在制作小球的缩放与拉伸动画时,一定要保持小球的体积不变,也就是说调节小球的缩放属性时,缩放前后小球的体积是不变的。本例中小球的原体积数是 3(即 Scale X、Scale Y, Scale Z 的总和为 3)。回到前视图中,将时间滑块移至第 9 帧,在属性栏中将小球的 Scale X(X 轴缩放)、Scale Y(Y 轴缩放)、Scale Z(Z 轴缩放)属性分别调节为 0.9、1.2、0.9,按 S 设置关键帧。将时间滑块移至第 10 帧,在属性栏中将小球的 Scale X(X 轴缩放)、Scale Y(Y 轴缩放)、Scale Z(Z 轴缩放)属性分别调节为 1.15、0.7、1.15,按 S 设置关键帧。将时间滑块移至第 11 帧,在属性栏中将小球的 Scale X(X 轴缩放)、Scale Y(Y 轴缩放)、Scale Z(Z 轴缩放)属性分别调节为 0.9、1.2、0.9,按 S 设置关键帧。如果数值无法保存,请单击右下角的■按钮。将时间滑块移至第 18 帧,即小球弹跳的最高点处还原,在属性栏中将小球的 Scale X(X 轴缩放)、Scale Y(Y 轴缩放)、Scale Z(Z 轴缩放)属性分别调节为 1、1、1,按 S 设置关键帧。以此类推,对小球进行压缩和拉伸操作,在接触地面前一帧进行拉伸,接触地面时进行压缩,再次起跳的第一帧进行拉伸,到达最高点时还原。按如图 7-211 所示数值进行设置。

> 小球在第24、25、26、32、37、38、39、43、46、47、48、50、52和53帧的Scale X（x轴缩放）、Scale Y（y轴缩放）和Scale Z（z轴缩放）的值分别为（0.925、1.15、0.925）、（1.1、0.8、1.1）、（0.925、1.15、0.925）、（1、1、1）、（0.95、1.1、0.95）、（1.05、0.9、1.05）、（0.95、1.1、0.95）、（1、1、1）、（0.975、1.05、0.975）、（1.025、0.95、1.025）、（0.975、1.05、0.975）、（1、1、1）、（0.988、1.025、0.988）和（1、1、1）。

图 7-211　小球拉伸数值设置

(24) 小球旋转动画：将时间滑块拖动到第 1 帧，在属性栏中设置 Z 轴旋转为-90，按 S 记录关键帧；将时间滑块拖动到第 10 帧，在属性栏中设置 Z 轴旋转为-180，按 S 记录关键帧；将时间滑块拖动到第 18 帧，在属性栏中设置 Z 轴旋转为-270，按 S 记录关键帧。以此类推，设置数值如图 7-212 所示。

> 以此类推，在第25帧时设置Rotate Z（z轴旋转）值为-360，在第32、38和43帧时设置Rotate Z（z轴旋转）值分别为-360、-450和-540，依次调节，因为小球在59帧时已经开始在地面上向前滚动旋转，所以在第70帧时将Rotate Z（z轴旋转）值设置为-1 800，使其从第59帧开始向前旋转两圈到达终点。

图 7-212　小球旋转数值设置

(25) 输出动画：单击选中小球，然后在时间轴上右击，从弹出的快捷菜单中选择"播放预览"命令，在弹出的对话框中按如图 7-213 所示进行设置。

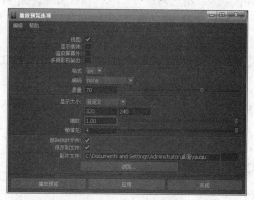

图 7-213　输出动画设置

(26) 完成后输出动画，并保存当前场景。这里小球的关键帧的位置及数值并不是一次设置完成的，需要在操作的过程中不断地调整，最后完善。通常来说，为了测试动画时间安排是否合理，需要生成一个影片文件来进行观察。

7.14　本章小结

本章介绍了计算机动画的基础知识，包括计算机动画的工作原理，计算机动画的分类，常见的动画制作软件和动画的文件格式；讲述了 Animate 概述、Animate 动画制作过程、Animate 动画的类型及各类动画制作的过程；对元件的创建与使用、Animate 中声音的应用进行了详细介绍；最后讲述了实现交互动画的基本内容；简单讲述了 Maya 三维软件的使用和简单三维动画的制作。

7.15 习题

一、填空题

1. 依据空间的视觉效果可分为_____动画和_____动画。依据运动的控制方式可分为_____动画和_____动画。

2. 在时间轴上，帧有_____、_____、_____、_____、静态帧等几种。_____决定动画的进行方式，其中的元件实例显示在时间轴中。_____是在补间范围中为补间目标对象显式定义属性值的帧。

3. _____是一种使用骨骼的关节结构对一个对象或彼此相关的一组对象进行动画处理的方法。

4. 遮罩动画是使用_____产生的遮罩效果而实现的动画。

5. 在 Animate 2020 中，可以创建_____、_____和_____ 3 种类型的元件。

6. 按钮元件的时间轴上每一帧都有一个特定的功能：第一帧是_____状态，代表指针_____按钮时该按钮的状态；第二帧是_____状态，代表指针_____按钮时该按钮的外观；第三帧是_____状态，代表_____按钮时该按钮的外观；第四帧是点击状态，定义响应鼠标单击的区域。

7. Animate 2020 包含多个 ActionScript 版本，以满足各类开发人员需要。使用 ActionScript 3.0 的 FLA 文件_____包含 ActionScript 的早期版本。

8. 在 Animate 2020 中，按_____插入帧，按_____插入关键帧，按_____插入空白关键帧。

9. 在 Animate 2020 中，按_____对动画进行测试。

10. 在 Animate 2020 中，设置声音的同步类型有_____、_____、_____和_____。

二、选择题(可多选)

1. 动画利用了人眼的_____的特性。
   A. 色彩感应　　B. 视觉暂留　　C. 视觉空间　　D. 视觉转移

2. 下列动画文件格式中，_____文件不能用来存放声音。
   A. GIF　　　　B. AVI　　　　C. MOV　　　　D. MPEG

3. Animate 2020 中的工具箱分为_____大类。
   A. 3　　　　　B. 4　　　　　C. 5　　　　　D. 6

4. _____是动画的最小单位。
   A. 帧　　　　　B. 图层　　　　C. 场景　　　　D. 舞台

5. 在下面的说法中，正确的是_____。
   A. Animate 动画中包含多种类型的帧
   B. 帧是 Animate 动画的最小单位
   C. 图层是 Animate 动画的最小单位
   D. 图层使用户能够控制多个对象，它们不会互相干扰

6. 通常情况下，帧的显示速率超过_____时，动画会出现停滞和变慢的现象。
   A. 1/30 秒   B. 1/15 秒   C. 1/4 秒   D. 1/2 秒   E. 1 秒
7. 链接一些物体，例如手和手臂，并定义它们的关系和限制(例如肘关节不能向后弯曲)，然后拖动这些部分，让计算机计算结果。这个过程称为_____。
   A. 速动观察器   B. 反变形   C. 元链接   D. 电脑运动   E. 反向动力学
8. 计算机动画的标准帧速率是_____。
   A. 每秒 10 帧   B. 每秒 15 帧   C. 每秒 24 帧
   D. 每秒 30 帧   E. 没有标准，取决于文件的设置
9. 目前，创建矢量动画最常用的软件工具有_____。
   A. Adobe 公司的 Animate   B. Adobe 公司的 GoLive
   C. Corel 公司 CorelDraw   D. 微软公司的 KineMatix
   E. Activa 公司的 InterStudio
10. 为了保证压缩后的文件尺寸达到最小，Animate 大量使用了_____。
    A. 反向运动学   B. cel 类型的动画   C. 矢量图
    D. 墨水   E. NURBS

三、简答题

1. 简述创建 Animate 动画的一般设计步骤。
2. 简述遮罩动画的原理。
3. 如何创建"影片剪辑"元件？
4. 简述计算机动画的工作原理。
5. 简要描述计算机动画的分类。

四、操作题

1. 制作一个由大变小的圆。
2. 给图像添加背景音乐：自选"风景"图像和 MP3 声音文件，导入到库；建立"风景"图层，将"库"中的"风景"图像拖入场景中，在第 50 帧处按 F5 键插入帧；建立"声音"图层，将"库"中的 MP3 声音文件拖入场景；测试。
3. 制作一个引导路径动画：选择一幅风景图像做背景图片，制作"蝴蝶"在画面中按绘制路径运动的动画。
4. 用搜索引擎搜索关键词"动画"和"定义"，新建一个文档，提供术语"动画"的多种不同定义，描述各种定义之间的区别。哪些元素是最主要的区别——运动类型、创建过程、播放方法还是其他因素？那些定义有什么相同之处？
5. 在网站上找到一幅 GIF 动画，将选中的文件保存到计算机的硬盘上，使用某个共享或免费的 GIF 动画软件打开这一文件，将其中各个帧保存为单独的文件并打印出来。注意 GIF89a 规范允许在文件保存时，只保存关键帧之间的差异。

五、上机实验

制作"××课程多媒体课件"。制作课件之前，准备素材非常重要。根据需要收集、制作所需的各种素材，包括：

- 该课程相关的文字资料。文字内容尽量言简意赅。
- 直观的图形图像。根据需要使用 Photoshop 等软件进行必要的处理。
- 视频素材。根据教学设计，把难点重点以动画或视频的形式展示，需要制作 Flash 动画或者通过录屏软件等制作相关的素材。
- 音频资料。根据需要创作或处理。

制作步骤如下：

(1) 建立 Animate 文档。选择"文件"｜"新建"命令，弹出"新建文档"对话框，在"平台类型"的下拉列表中选择"ActionScrip 3.0"选项，如图 7-214 所示，单击"创建"按钮。

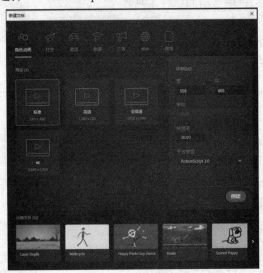

图 7-214　新建 Animate 文档

(2) 设计系统首页。选择图层 1，重命名为"背景"，将"背景.jpg"拖入到场景中，调整其大小和屏幕大小相同(550×400)。选择图层 2，重命名为"标题"，在"标题"层上新建图层，重命名为"遮罩"，设计系统首页上"计算机基础"的动画，图 7-215 显示的是文本属性的设置情况。

新建图层，重命名为"按钮"图层。选择"插入"｜"新建元件"命令，在"创建新元件"对话框中将元件名称设置为"button"，单击"确定"按钮，进入元件编辑区。在按钮"弹起"帧中，绘制一个矩形，属性设置如图 7-216 所示，在"指针经过"帧绘制大小相同的矩形，属性设置如图 7-217 所示。选择"时间轴"面板中的"编辑多个帧"按钮，将"弹起"帧和"指针经过"帧中的两个矩形重合，单击"场景 1"返回文档编辑模式。选择"按钮"图层上的第 30 帧，按 F6 键插入关键帧，右击第 30 帧，选择"动作"命令，输入代码：stop();，将"库"面板的"button"拖入到场景中，调整位置，并在按钮上添加文字"进入"。系统首页如图 7-218 所示。

(3) 系统主界面设计。选择"窗口"｜"场景"命令，在"场景"面板中将"场景 1"重命名为"首页"，单击"场景"面板左下角的"添加场景"按钮，将添加的场景重命名为"主页"，选择"首页"场景，右击"按钮"图层上的"进入"按钮，选择"动作"，输入代码：

　　button_1.addEventListener(MouseEvent.CLICK, fl_ClickToGoToScene); //按钮的单击事件

```
function fl_ClickToGoToScene(event:MouseEvent):void
{
    MovieClip(this.root).gotoAndPlay(1, "主页");    //跳转到"主页"场景的第 1 帧并播放
}
```

图 7-215 首页文本属性设置

图 7-216 button 弹起帧

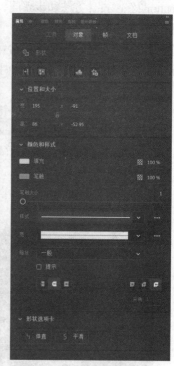

图 7-217 button 指针经过帧

图 7-218 系统首页

选择"主页"场景,将图层1重命名为"背景",将图层2重命名为"按钮"。选择"背景"图层的第 1 帧,导入图片"主页.jpg",拖入到舞台,调整其大小和屏幕大小相同,利用"文本"工具在屏幕上输入"计算机基础",调整大小和颜色。选择"按钮"图层,新建元件"button2",设计方法和步骤同"button",将 button2 拖入"主页"场景中,利用"文本"工具在按钮上输入"基础知识",调整其颜色以及和按钮的相对位置,按 Shift 键同时选中按钮和按钮上的文本,按 Ctrl+D 组合键复制 5 份,调整它们的位置,将对应按钮上的文本修改。将"button"拖入"主页"场景中,调整位置到场景右下角,添加文字"退出"。整体布局如图 7-219 所示。

选中"退出"按钮,按 F9 键,在"动作"面板中输入代码:

```
button_close.addEventListener(MouseEvent.CLICK,CloseEvent);
function CloseEvent(event:MouseEvent):void
{
    fscommand("quit","true");     //退出影片
}
```

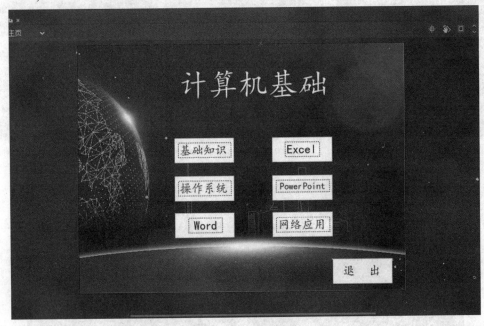

图 7-219　主页设计

其他各知识模块对应代码在设计时根据相关内容对应的位置编写代码。以"基础知识"按钮为例,第 3 帧是基础知识部分所在的第 1 帧,选中该按钮,按 F9 键,在"动作"面板中输入代码:

```
button_3.addEventListener(MouseEvent.CLICK, fl_ClickToGoToAndPlayFromFrame);
function fl_ClickToGoToAndPlayFromFrame(event:MouseEvent):void
{
    gotoAndPlay(3);     //跳转到当前场景的第 3 帧并播放
}
```

单击"基础知识"按钮时，跳转到当前场景的第 3 帧开始播放，其他的按钮设置方法相同。
　　选择"背景"图层的第 2 帧，按 F7 键插入空白关键帧，使用"矩形"工具绘制和舞台大小相同的矩形，设置其颜色和第 1 帧背景相同，即从上至下线性渐变的蓝色背景。
　　选择"按钮"图层的第 2 帧，按 F7 键插入空白关键帧，将"button"拖入场景，调整其大小，使用"文本"工具输入文字"上一页"，调整其颜色以及其和按钮的相对位置，同时选中文字和按钮，按 Ctrl+D 组合键复制两份，修改按钮对应的文字，调整位置后的效果如图 7-220 所示。

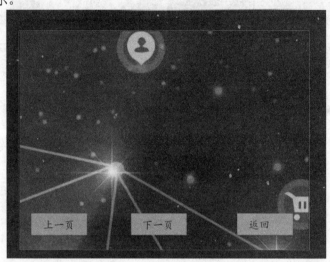

图 7-220　按钮图层设计

选中"上一页"按钮，按 F9 键，在"动作"面板中输入代码：
　　button_4.addEventListener(MouseEvent.CLICK, fl_ClickToGoToPreviousFrame);
　　function fl_ClickToGoToPreviousFrame(event:MouseEvent):void
　　{
　　　prevFrame();　　//跳转到当前场景的前一帧
　　}
选中"下一页"按钮，按 F9 键，在"动作"面板中输入代码：
　　button_5.addEventListener(MouseEvent.CLICK, fl_ClickToGoToNextFrame);
　　function fl_ClickToGoToNextFrame(event:MouseEvent):void
　　{
　　　nextFrame();　　//跳转到当前场景的后一帧
　　}
选中"返回"按钮，按 F9 键，在"动作"面板中输入代码：
　　button_6.addEventListener(MouseEvent.CLICK, fl_ClickToGoToAndPlayFromFrame_2);
　　function fl_ClickToGoToAndPlayFromFrame_2(event:MouseEvent):void
　　{
　　　gotoAndPlay(1);　　//跳转到当前场景的第 1 帧并播放
　　}

(4) 测试动画。按 Ctrl+Enter 组合键测试动画，图 7-221(a)、(b)中分别是欢迎界面和主页。

(5) 发布动画。动画设计完成，测试运行正常后，选择"文件"|"发布"命令，发布动画。

 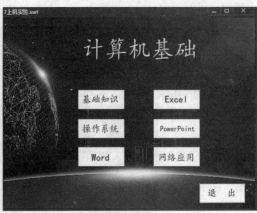

(a) 欢迎界面　　　　　　　　　　　　　　(b) 主页

图 7-221　动画测试

第 8 章 多媒体制作工具

多媒体产品是多媒体技术综合应用的产物，是运用多媒体技术进行制作的最终成果。使用前面所讲的各种工具对图形图像、音频、视频、动画等各种素材进行处理后，就可以使用多媒体平台软件进行加工，将它们组合起来，辅以交互功能，完成一个完整的多媒体产品。因此，熟悉多媒体产品的制作工具并熟练使用多媒体平台软件是制作多媒体产品的关键。本章介绍多媒体平台软件的概念、光盘刻录技术、最后对目前比较流行的网页制作软件 Dreamweaver 2020 进行详细的介绍。

本章的学习目标：
- 了解常用的多媒体平台软件
- 掌握刻录光盘的操作方法
- 掌握用 Dreamweaver 2020 开发网络多媒体应用系统

8.1 多媒体平台软件

多媒体平台软件也称为多媒体创作工具，是指能够集成处理和统一管理文本、图形、图像、音频、视频和动画等多媒体素材，使之能够根据用户的需要生成多媒体应用系统的编辑工具。

多媒体平台软件分两类，一是多媒体素材制作软件，包括：文本编辑与录入软件、图形和图像编辑与处理软件、音频编辑与处理软件、视频编辑与处理软件、动画编辑软件等；二是多媒体制作软件。比如美国微软公司 Office 办公软件之一的 PowerPoint、Adobe 公司的 Animate、Macromedia 公司的 Authorware、Director，Asymetrix 公司的 ToolBook、我国北大方正公司的方正奥思等。通过这些工具，使得多媒体应用系统不再是专业程序员的专利，普通应用领域的开发者也能够高效地制作适合不同专业的多媒体应用系统。

由于多媒体技术的复杂性及各种媒体处理与合成的高难度，开发一个多媒体应用系统要比一般的应用系统困难。

8.1.1 多媒体平台软件概述

平台软件是在系统集成阶段广泛使用的一种多媒体软件工具，具有良好的导向结构与集成环境，能简化多媒体系统制作的编码过程。其基本任务是能够支持一系列音频与视频的数字信号输入设备，形成文本、图形、图像、动画、音频和视频文件，并能够在同一屏幕画面内融合各种媒体要素，组成一个能够人机交互的多媒体应用系统。

多媒体平台软件是为非计算机专业的设计人员制作多媒体产品提供的一种便利的工具，使设计人员将更多的精力放在主题表达、界面设计、交互设计等方面。多媒体平台软件一般都具有界面简洁、操作简单、易学易用等特点，如图8-1所示为Animate 2020的工作界面。

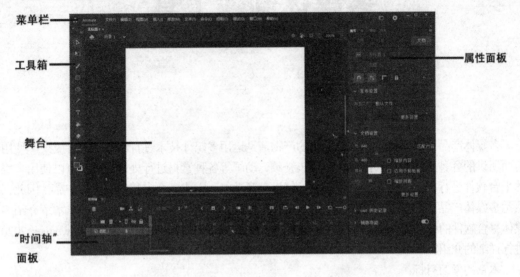

图 8-1　Animate 2020 的工作界面

一个理想的多媒体平台软件一般都具有以下功能。

- 提供可视化的、集成性的开发环境

多媒体软件平台应提供可视化的、集成性的开发环境。创作人员通过简单的鼠标单击、拖放等操作，就可以完成多媒体素材的集成及画面的布局等工作，并且画面编辑时的效果与程序运行时的效果基本一致，达到"所见即所得"效果。另外多媒体平台软件还应具备一般编码工具的流程控制能力，如选择、循环等逻辑运算，对多媒体数据流的编排与控制能力，包括空间分布，呈现顺序以及实现动态输入/输出的能力等。

- 提供媒体的导入/导出功能

一般来说，开发多媒体应用系统所需要的素材由相关软件进行处理加工，而平台软件则主要负责将素材进行整合与集成。所以，对于不同格式的媒体数据文件，平台软件应具有将它们输入/输出的能力，并通过相应工具，在平台软件和其他媒体编辑软件之间实现数据交换。

- 提供超文本、超媒体和多媒体数据管理功能

超文本是基于网络节点和连接数据库实现信息的非线性组织，为用户提供快速灵活的检索和查询信息。其中数据节点可以包括正文、图形、图像、声音和其他媒体。由于多媒体信息引入了超文本，人们提出超媒体来强调这种超文本系统是多媒体的，一般的创作工具都提供超链接的功能。

- 提供支持应用程序的动态链接

除了多媒体数据之间的链接外，许多平台软件还应支持把外部的应用程序与用户自己创作的应用程序相链接。即允许用户将外部的多媒体应用程序接入自己开发的多媒体应用系统，向外部程序加载数据，然后返回自己的程序。通过动态链接，可以很方便地扩充所开发的多媒体应用系统的功能。

8.1.2 常见的多媒体平台软件

目前，市场上流行的多媒体平台软件有很多。这些软件功能不尽相同，各有所长。下面简单介绍几种最常用的平台软件。

- PowerPoint

PowerPoint 是美国微软公司 Office 办公系列软件之一，用于制作具有简单交互作用的演示类多媒体产品。该软件易于掌握、操作简便，能够把众多形式的多媒体素材组合起来，展现在一个平台上。它的控制功能主要包括：实现演示页面之间的转向、顺序翻页；通过制作对象按钮，对互联网进行访问，播放声音，运行 Windows 应用程序等。它不需要编程，对于非计算机专业的学生和普通工作者非常适用。

- Flash

Flash 的前身是 Future Wave 公司的 Future Splash，它是世界上第一个商用的二维矢量动画软件，用于设计和编辑 Flash 文档。1996 年 11 月，美国 Macromedia 公司收购了 Future Wave，并将其改名为 Flash。到 Flash 8 以后，Macromedia 公司被 Adobe 公司收购，2015 年 5 月 2 日 Adobe 公司将 Adobe Flash 更名为 Adobe Animate CC。其最新版本为 Animate 2020。Flash 通常也指 Macromedia Flash Player(现 Adobe Flash Player)，用于播放 Flash 文件。

Animate 是一种创作工具，设计人员和开发人员可使用它来创建演示文稿、应用程序和其他允许用户交互的内容。Animate 可以包含简单的动画、视频内容、复杂演示文稿和应用程序以及介于它们之间的任何内容。通常，使用 Animate 创作的各个内容单元称为应用程序，即使它们可能只是很简单的动画，也可以通过添加图片、声音、视频和特殊效果，构建包含丰富媒体的 Animate 应用程序。

Animate 特别适用于创建通过 Internet 提供的内容，因为它的文件非常小。Animate 是通过广泛使用矢量图形做到这一点的。与位图图形相比，矢量图形需要的内存和存储空间小很多，因为它们是以数学公式而不是大型数据集来表示的。位图图形之所以更大，是因为图像中的每个像素都需要一组单独的数据来表示。

要在 Animate 中构建应用程序，可以使用 Animate 绘图工具创建图形，并将其他媒体元素导入 Animate 文档。接下来，定义如何以及何时使用各个元素来创建设想中的应用程序。

Animate 包含了许多功能，如预置的拖放用户界面组件，可以轻松地将 ActionScript 添加到文档的内置行为，以及可以添加到媒体对象的特殊效果。

完成 Animate 文档的创作后，可以使用"文件"|"发布"命令发布它。这会创建文件的一个压缩版本，其扩展名为.swf(SWF)。然后，就可以使用 Flash Player 在 Web 浏览器中播放 SWF 文件，或者将其作为独立的应用程序进行播放。

- ToolBook

ToolBook 是 Asymetrix 公司的一个基于书(book)和页(page)的多媒体平台软件。它把一个多媒体应用系统看作一本书，书上的每一页可包含许多多媒体素材，如按钮、字段、图形、图片、影像等。由这种创作系统开发的多媒体应用软件允许用户不按顺序地翻动页面，即可以在页与页之间或书与书之间实现跳跃。它是根据多媒体应用的内在内容之间的关系来设计并实现所有页面或所有书之间的链接，轻松转入某一页，在这一页元素播放后跳到另一页。它有强大的面向对象的程序设计语言 OpenScript，并支持 Windows 动态链接库(DLL)与动态数据交换(DDE)，还支持符合 OLE 标准的各种数据对象。新一代的 ToolBook 系列已发展了一系列各有特色的著作工具，并对数据库和 Internet 支持很大，既适合于无编程能力的一般用户，也适合于需编程进行复杂设计的高级用户。由于它具有很强的超链接功能，因此适合用于制作各种电子出版物。

- 多媒体编程语言 Visual Basic

Visual Basic 是微软公司推出的介于传统语言与平台工具之间的多媒体快速开发工具。上面几种软件的共同特点是由工具代替用户自动进行编程。平台软件使用的命令通常是比较高级的"宏"命令，其灵活性不一定能满足系统的全部功能，有时还需要用户自己编写一部分代码，借以弥补平台工具的不足。Visual Basic 既可借助工具箱让用户轻松调用系统预置的编码(这对于用户是完全透明的)，又允许设计人员使用与传统 Basic 十分相似的语言补充编写作品所需要的其他功能。现在，越来越多的程序员用 Visual Basic.NET 来开发多媒体应用系统。

- 网页编辑器 Adobe Dreamweaver

Dreamweaver 是由美国 Macromedia 公司开发的集网页制作和管理网站于一身的所见即所得网页编辑器，Dreamweaver 是第一套针对专业网页设计师特别发展的视觉化网页开发工具，利用它可以轻而易举地制作出跨越平台限制和跨越浏览器限制的充满动感的网页。Adobe Dreamweaver 使用所见即所得的接口，亦有 HTML(标准通用标记语言下的一个应用)编辑的功能。

Dreamweaver 可以用最快速的方式将 Fireworks、Animate、FreeHand 或 Photoshop 等档案移至网页上。对于选单、快捷键与格式控制，都只要一个简单步骤便可完成。其网站管理功能也很强大，使用网站地图可以快速制作网站雏形，设计、更新和重组网页。改变网页位置或档案名称，Dreamweaver 会自动更新所有链接。

8.2 制作图标

如果能在自己制作的多媒体产品光盘上显示出具有鲜明特色的个性化图标，则会给产品增色不少，这个工作可由图标制作软件来完成。

目前市面上有许多图标制作软件，如 goodICON、IconCool Editor、Icon Workshop 等。IconCool Editor 就是一套非常不错的绘制图标工具软件，具有相当完整的功能，可以做出各种规格的图标。它是 Newera Software Technology 公司出品的专门用于图标设计和制作的应用软件。它功能强大且操作简便，下面简要介绍一下该软件的功能及基本操作。

8.2.1 图标制作软件

IconCool Editor 软件可运行在 Windows 9x/2000/XP/2003/Vista/7/8/10 等操作系统中。该软件具有以下基本功能。

- 全面支持 32 色。
- 可同时编辑 10 个图标，图标尺寸可随意设置。
- 支持 PSD 插件，21 个图形滤镜和 13 个影像处理效果可供使用。
- 支持导入的文件格式包括：BMP、DIB、EMF、GIF、ICB、ICO、ICL、JPEG、PBM、PCD、PCX、PGM、PNG、PPM、PSD、PSP、RLE、SGI、TGA、TIF、TIFF、VDA、VST、WBMP 和 WMF。

- 图标可以保存成多种格式，如 ICO、CUR、ICL、BMP、GIF、JPEG、PNG 等。
- 可以从 EXE、DLL、ICL 格式的文件中提取图标。

8.2.2 工作界面

安装好该软件后，双击快捷方式图标启动该软件，显示如图 8-2 所示的主界面。

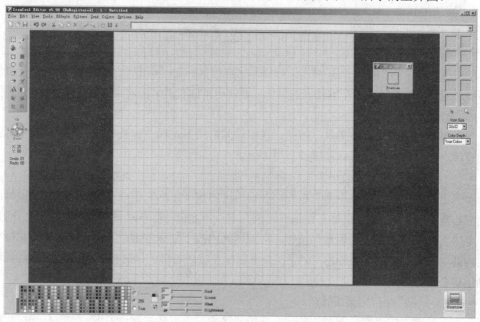

图 8-2 IconCool Editor 主界面

软件主界面顶部排列有菜单栏和功能按钮，提供各种状态选择、文件操作、编辑操作等。工作区域左侧是工具箱，如图 8-3 所示，工具箱提供绘制和编辑图标的各种工具；右侧是图标显示区，可以同时显示 10 个图标，其下方可以设置图标尺寸和图标颜色深度；中间是图标编辑区，该区域内有横向和纵向的坐标线以便编辑时辅助定位，在该区域内可以进行图标的绘制、修改等编辑操作；在编辑区右上角，有一个 32×32 的预览窗口，图标编辑好后，可以在该窗口预览到图标的编辑效果；编辑区下方是调色板，有颜色模式选择、鼠标左右键颜色设置等选项。

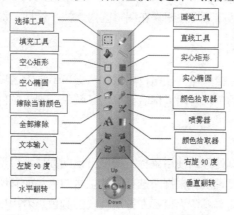

图 8-3 工具箱

工具箱中的工具功能介绍如下。
- "选择工具"

使用鼠标左键单击工具箱中的"选择工具"按钮，可以在编辑区上选择图形，选中后使用鼠标左键拖动，可以移动图形，选中图形后，单击鼠标右键，在弹出的快捷菜单中选择 Delete 命令，可以删除该图形。
- "画笔工具"

单击"画笔工具"按钮，可在编辑区内绘制任意图案。
- "填充工具"

单击工具箱中的"填充工具"按钮，在编辑区内用鼠标左键单击一个封闭图形或单一颜色块，则该图形或颜色块被填入了左键代表的颜色；若使用鼠标右键单击，则填入右键所代表的颜色。
- "直线工具"

单击工具箱中的"直线工具"按钮，在编辑区内按下鼠标左键或右键，同时移动鼠标即可画出直线。在结束点松开鼠标左键或右键即可。
- "空心矩形"和"实心矩形"

单击工具箱中的"空心矩形"按钮，在编辑区内按下鼠标左键或右键，同时移动鼠标即可画出空心矩形。如果在按下鼠标左键或右键的同时按下 Shift 键，移动鼠标即可画出空心正方形。

单击工具箱中的"实心矩形"按钮，在编辑区内按下鼠标左键或右键，同时移动鼠标即可画出内部填充了颜色的实心矩形。如果在按下鼠标左键或右键的同时按下 Shift 键，移动鼠标即可画出实心正方形。
- "空心椭圆"和"实心椭圆"

单击工具箱中的"空心椭圆"按钮，在编辑区内按下鼠标左键或右键，同时移动鼠标即可画出空心椭圆。如果在按下鼠标左键或右键的同时按下 Shift 键，移动鼠标即可画出空心圆形。

单击工具箱中的"实心椭圆"按钮，在编辑区内按下鼠标左键或右键，同时移动鼠标即可画出内部填充了颜色的实心椭圆。如果在按下鼠标左键或右键的同时按下 Shift 键，移动鼠标即可画出实心圆形。
- "擦除当前颜色"和"全部擦除"

单击工具箱中的"擦除当前颜色"按钮，在编辑区内，按下鼠标左键同时移动鼠标即可将最上层(即新的对象)的颜色擦除。

单击工具箱中的"全部擦除"按钮，在编辑区内，按下鼠标左键或右键，同时移动鼠标即可将颜色全部擦除。
- "颜色拾取器"

单击工具箱中的"颜色拾取器"按钮，用鼠标左键单击编辑区域中的某种颜色，该颜色被设置成鼠标左键所代表的颜色。若用鼠标右键单击某颜色，则该颜色设置为鼠标右键所代表的颜色。
- "喷雾器"

在当前图标上进行喷雾处理。使用鼠标左键单击该图标后，再单击该图标右下角的白色小三角符号选择笔的型号，喷雾区域根据所选笔的型号的大小而有所区别。

用鼠标左键单击，则喷雾颜色为鼠标左键所代表的颜色。若用鼠标右键单击，则喷雾颜色为鼠标右键所代表的颜色。

- "文本输入"

用鼠标右键单击工具箱中的"文本输入"按钮,在弹出对话框中的 Text 文本框内输入文字内容,同时可以设置字体和字号,设置完成后单击 OK 按钮,在编辑区中空白地方单击鼠标右键即可。如果位置不合适,可以拖动鼠标进行位置调整。

- "左旋 90 度""右旋 90 度""水平翻转"和"垂直翻转"

可在进行图标编辑时做一些效果处理,如进行旋转或翻转等。

- Up、Down、L 和 R

在工具箱下方,有一个控制按钮,用于向上(Up)、下(Down)、左(L)、右(R)四个方向整体移动图标图形。

8.2.3 制作实例

下面简要介绍使用该软件绘制图标的基本操作。

1. 手工绘制图标

图标实际是一个尺寸非常小的位图,因此对图标的编辑就是对像素点的逐点编辑。在 Windows 系统中,默认的图标尺寸为 32×32 像素点。如果希望更改图标尺寸,可以在主编辑区右侧,单击"Icon Size"(图标尺寸)设置框,选择需要的尺寸。

选择 File | New 命令,弹出设置图标大小和颜色的对话框,如图 8-4 所示。根据需要指定大小和颜色后,单击 OK 按钮。

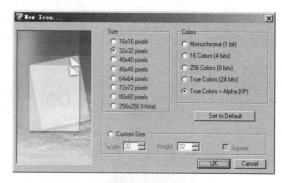

图 8-4 设置图标大小和颜色对话框

此时,在图标编辑区内显示一个空白的编辑区,可以开始绘制图标。绘制图标主要是利用左侧工具箱内的各种工具,用鼠标左键或右键在编辑区内绘制图案。手工绘制图标如图 8-5 所示。

图 8-5 手工绘制图标

绘制完毕后，选择 File | Save As 命令，显示出如图 8-6 所示的保存文件对话框，指定存放的文件夹与文件名即可，默认的图标文件类型为 ICO。生成的图标如图 8-7 所示。

2. 修改图标

打开一个图标，选择 File | Open 命令，指定文件夹和 ICO 格式的图标文件，单击"打开"按钮。此时，在图标编辑区内显示一个像素点放大显示的图标。同时，在右上角的预览窗口中显示原图标，如图 8-8 所示。

利用工具箱中的工具对图标进行修改，假定将箭头方向更改并改变颜色，如图 8-9 所示，修改完毕保存即可。

图 8-6　保存文件对话框　　　　图 8-7　手工绘制的图标

图 8-8　打开图标后的预览窗口

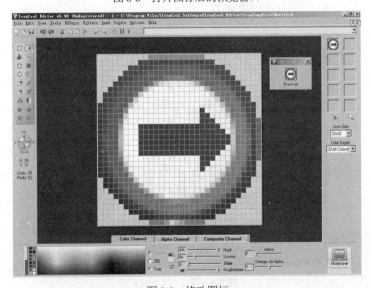

图 8-9　修改图标

3. 照片图标的制作

用户有时会感觉自己手工绘制出来的图标比较粗糙，或者更偏向于使用其他较有意义的图片作为图标，这时就可以使用照片作为素材生成图标。一般宜采用人物或景物照片的局部来生成图标。由于图标的尺寸很小，尺寸较大或者细节太多的照片不宜作为图标。

制作照片图标的步骤如下。

(1) 选择一个用于制作图标的图像素材，并将该素材加工为正方形，如图 8-10 所示。

图 8-10　原始图片

(2) 启动软件，新建一个空白图标，选择 File | Import from Files...命令，在弹出的对话框中选择上一步加工好的图片素材所在的文件夹与文件名，单击"打开"按钮。

(3) 在弹出的对话框中设置图标参数，即大小与颜色，默认的图标尺寸为"32×32"。

(4) 单击 OK 按钮后，在图标编辑区内显示出照片素材，如图 8-11 所示。这是放大后的照片，在右上角预览窗口显示的是最终制成的图标效果。根据需要对图标进行适当的修改，比如在上面加上红色字"农大"，如图 8-12 所示。

(5) 修改完毕后，选择 File 菜单下的 Save As 选项，弹出保存文件对话框，指定存放的文件夹与文件名即可。最后生成的图标如图 8-13 所示。

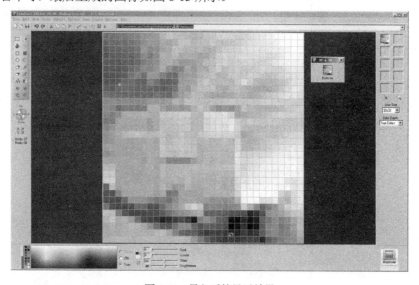

图 8-11　导入后的显示效果

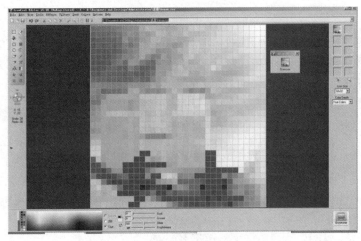

图 8-12　加上文字后的预览图　　　　图 8-13　生成的图标

8.3　制作自启动光盘

多媒体应用软件开发完成后生成光盘进行发布，在刻录到光盘后能够自动运行。自启动光盘制作软件有许多种，如 AutoPlay Media Studio、AutoPlay Menu Builder、EasyBoot 等。下面通过具体的例子对 AutoPlay Media Studio 的功能及使用进行介绍。

8.3.1　软件介绍

AutoPlay Media Studio 是一个容易使用的软件工具，允许快速地创建自定义的自动运行 CD/DVD 菜单、交互式介绍和 Windows 软件应用。本小节以应用较多的 6.0 汉化版为例介绍如何制作自启动光盘。AutoPlay Media Studio 的安装很简单，如果是软件安装光盘，则需要将光盘插入计算机的光驱中，光盘会自动运行，如果是从网上下载的软件，则需要打开软件存放的文件夹，双击安装程序图标进行安装。

8.3.2　制作实例

下面以一个具体的例子介绍如何通过 AutoPlay Media Studio 制作自启动光盘。软件安装后，在桌面上有软件快捷方式图标。

(1) 双击快捷方式图标，启动该软件。软件的启动界面如图 8-14 所示。

图 8-14　软件启动界面

(2) 程序启动后，出现一个欢迎使用的面板，如图 8-15 所示。

图 8-15 软件的欢迎使用面板

(3) 在欢迎使用面板中，单击"创建一个新的方案文档"选项，会打开一个方案选择面板，如图 8-16 所示。

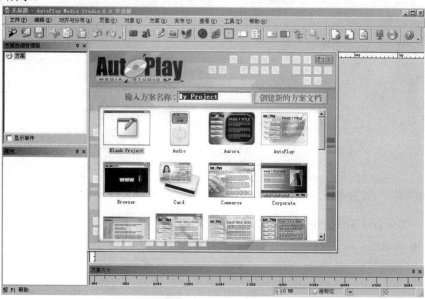

图 8-16 方案选择面板

在方案选择面板中，有一个空白模板和 34 个方案模板可供用户选择。如果在选择了空白模板或者在没有选择任何模板的情况下单击了"创建新的方案文档"按钮，空白方案文档将被打开；如果双击一个模板或者单击这个方案模板再单击"创建新的方案文档"按钮，这个方案便在窗口中打开。空白方案文档窗口如图 8-17 所示。

图 8-17 空白方案文档窗口

(4) 对新建方案进行设置。选择"方案"|"当前设置"命令，弹出如图 8-18 所示对话框。在对话框中可以设置窗口标题、页面大小以及自定义图标等。本例把前面通过 IconCool Editor 制作的图标"henau.ico"选为自定义图标。设置完毕后单击"确定"按钮，返回主窗口。

(5) 选择"页面"|"属性"命令，或直接按快捷键 Ctrl+Shift+Enter，弹出如图 8-19 所示对话框，在对话框中进行页面名称、背景等设置。

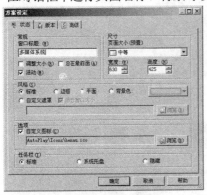

图 8-18 "方案设定"对话框

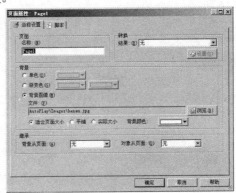

图 8-19 "页面属性"对话框

如果要选择背景图像，可以选中"背景图像"单选按钮，然后单击"浏览"按钮就可以打开如图 8-20 所示的"选择文件"对话框，选择一张图片作为背景。设置完毕后单击"确定"按钮，返回"页面属性"对话框，再单击"确定"按钮，返回主窗口。

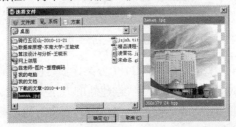

图 8-20 设置背景时的"选择文件"对话框

(6) 如果需要在自动运行时播放声音,可以添加音频。方法是选择"方案"|"音频"命令,弹出如图 8-21 所示的"音频设定"对话框。

单击"添加"按钮,即可打开如图 8-22 所示的"选择文件"对话框,选择相应的文件即可。这里需要注意的是,添加的文件要求是.ogg 格式的。

图 8-21　"音频设定"对话框　　　　　图 8-22　音频设定时的"选择文件"对话框

(7) 在页面中添加两个按钮。添加方法为,用鼠标右键单击"Page1",在弹出的快捷菜单中选择"增加对象"|"按钮"命令,如图 8-23 所示。

在弹出的"选择文件"对话框中选择一个按钮样式,如图 8-24 所示。

图 8-23　选择"增加对象"|"按钮"命令　　　图 8-24　添加按钮时的"选择文件"对话框

重复刚才的操作,在页面上得到两个按钮,如图 8-25 所示,可以根据要求调整按钮的位置。

(8) 用鼠标右键单击刚添加的按钮,在弹出的快捷菜单中选择"属性"命令,弹出如图 8-26 所示的"按钮属性"对话框。

在"当前设置"选项卡中,可以对按钮上显示的文字、左右对齐方式以及颜色状态等进行设置。在这里,将按钮 1 和按钮 2 的显示文本分别设置为"自动安装"和"退出"。

在"属性"选项卡中可以对对象名称、位置等属性进行设置。在这里使用默认值,如图 8-27 所示。

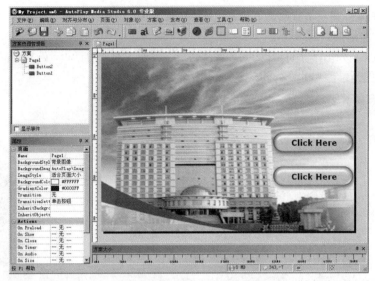

图 8-25 添加两个按钮后的页面

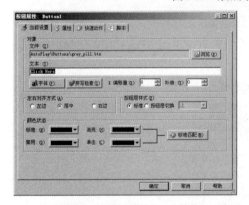

图 8-26 "按钮属性"对话框

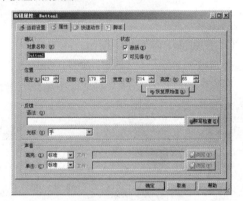

图 8-27 "属性"选项卡

在"快速动作"选项卡中,可以设置单击对象时的操作。比如"当单击对象时运行动作"可以选择显示别的页面,也可以运行程序或执行别的操作。在本例中,让按钮 1 自动执行安装程序,设置如图 8-28 所示。让按钮 2 执行退出/关闭操作,设置如图 8-29 所示。

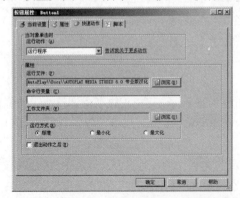

图 8-28 按钮 1 的"快速动作"设置界面

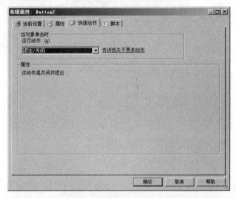

图 8-29 按钮 2 的"快速动作"设置界面

(9) 基本参数设置完毕后的界面如图 8-30 所示,用户可以选择"发布"|"预览"命令查看效果。如果没有问题,就可以进行发布了,选择"发布"|"创建发布"命令,弹出"发布方案向导"对话框,如图 8-31 所示。

在"创建与发布目标"选项组中选择"ISO 图像"单选按钮,直接生成 ISO 映像。单击"下一步"按钮,弹出如图 8-32 所示的对话框。

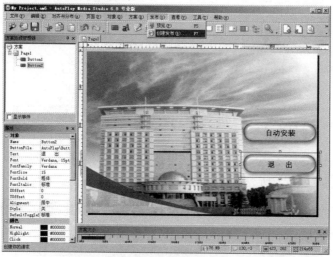

图 8-30 基本参数设置完毕后的界面

图 8-31 "发布方案向导"对话框

图 8-32 "发布方案向导"中的参数设置

在该对话框中可以对 ISO 映像的路径进行选择,可以修改 ISO 映像的文件名、可执行文件名以及卷标标识符。设置完毕后单击"创建"按钮,出现如图 8-33 所示的进度条及如图 8-34 所示的完成对话框。

图 8-33 生成 ISO 镜像进度条

图 8-34 生成 ISO 完成对话框

(10) 在 UltraISO 中打开以上操作生成的 henau.iso，可以看到其中所包含的文件及文件夹，如图 8-35 所示。

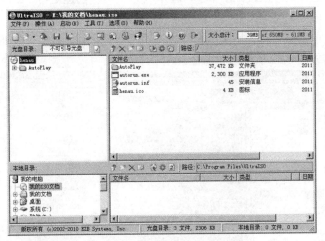

图 8-35 生成的 ISO 映像文件中包含的内容

生成的 ISO 映像文件可以通过刻录软件进行光盘刻录，也可以通过虚拟光驱软件来查看发布结果的运行情况。运行情况如图 8-36 所示。

图 8-36 刻录光盘后自动运行的界面

8.4 制作光盘

光盘具有容量大、成本低、携带方便以及数据存储可靠等特点，不仅适合保存大多数的应用程序，而且适于保存多媒体作品。因此，当多媒体作品制作完成后，需要将作品复制到光盘中进行存储、包装并投放市场或交付用户使用。为了让用户能够轻松方便地使用光盘，在实际工作中，制作光盘并不是简单地将完成的多媒体作品复制到光盘中，还需要做很多工作。本节将介绍光盘制作的相关内容。

8.4.1 刻录光盘

刻录光盘是向 CD-R(一次擦写)、CD-RW(多次擦写)、DVD-R 或 DVD-RW 等可刻录式光盘中写入数据的过程。

光盘刻录不是一件简单的事情，操作不好可能导致"坏盘"。为了防止刻写光盘时产生无谓的损失，下面介绍几点注意事项。

- 刻录过程中尽量不运行其他程序

正常读取光盘内容时将减慢计算机的运行速度，而使用刻录光驱米刻写光盘消耗的系统资源则更大。如果在刻录的同时，用户还在运行其他的程序，则有可能造成数据传输不顺畅，严重时有可能导致系统繁忙，响应迟钝或者死机。因此，在刻录过程中，尽量不要执行其他程序。例如关闭屏幕保护程序、定时警报程序等。

- 关闭电源管理

一般刻录光盘的时间较长，如果设置了电源管理有可能导致计算机长时间停止响应，从而导致刻盘失败。关闭电源管理的方法为进入 Windows 的控制面板，双击"电源管理"图标，将"系统等待状态""关闭监视器"及"关闭硬盘"的内容均从下拉列表中选择"从不"，单击"确定"按钮返回。

- 开始刻录时尽量先用慢速

尽管市场上流行的刻录机都支持 32 倍以上的刻录速度,但是速度太快可能会造成读写数据不稳定，容易导致刻录的数据中断，严重时还可能损坏光盘。另外，较高的刻盘速度会在数据传输的过程中产生较大的噪声，从而影响最终的光盘刻录效果和性能。因此，在开始尝试刻录时，注意先使用较慢的速度刻录，观察在刻录过程中是否出现噪声或者其他不稳定的因素，一旦出现意外情况，及时采取补救措施，而不会毁坏光盘。

在设置刻录速度时，一般的刻录软件都会提供 8 倍速、16 倍速、32 倍速以及 48 倍速等几个选项，在刻录时根据需要选择合适的倍速进行刻录。

- 刻录前最好先进行测试

很多刻录机都支持直接写入功能。但在测试的过程中可能会出现意想不到的情况，建议用户最好先使用测试功能测试一次。一旦出现问题，可以及时采取调整措施，降低刻录的速度，直到故障全部排除为止。目前几乎所有的刻录软件都有"刻录前先做模拟测试"的选项。

- 不要连续刻录

由于刻录机中的激光头是可写的，刻录光盘时，需达到一定的功率才能够将 CD-RW 或 CD-R 上的材料熔化，进行刻录。若使用时间过长，刻录光驱上的温度非常高，有可能导致刻录出错甚至损坏光驱。因此尽量不要连续刻录多张光盘。

8.4.2 刻录软件

在刻录光盘前，首先要安装刻录软件。市面上有许多刻录软件，如 WinOnCD、Direct CD、Easy CD Creator、Nero Burning ROM 等。下面简单介绍一下最常用的 Nero Burning ROM 软件的特点及刻录操作。

Nero Burning ROM 是德国 Ahead Software 公司出品的光碟烧录程序，支持中文的长文件名烧录，也支持 atapi(IDE) 的光碟烧录机，可烧录多种类型的光碟片，是一个相当不错的光碟烧录程序。

Nero 产品能确保高质量的光盘刻录和复制，以实现一流的播放质量，主要特色还包括如下几点。

- 自定义刻录及复制选项

Nero 产品可以刻录及复制到 CD、DVD 和蓝光光盘，也可以将光盘映像保存到硬盘、网络和 USB 设备上，还可以将超大文件分散保存到多个光盘以及不同类型的光盘。

- 使用 SecurDisc 技术的高级磁盘数据保护

Nero 产品可以通过个人密码、加密选项以及数字签名，对刻录的光盘添加先进的 SecurDisc 保护。另外，在光盘数据出现异常之前会有警告，以便有时间进行备份。

- 可靠的光盘数据可读性和内容质量

Nero 产品使用尖端的 SecurDisc 技术，可确保光盘在刮伤、老化或变质状况仍可读取。

- 刻录之外还有多种功能

Nero 产品除了刻录和擦除可重写光盘之外，还有多种功能，包括快速找回数据、将音频文件转成其他格式，以及带专辑封面、歌曲标题和艺术家名称等信息直接翻录音频 CD。

8.4.3 常见刻录操作

以使用 Nero 9 制作一张数据光盘为例，刻录光盘的操作步骤如下。

(1) 安装好 Nero 软件后，双击其图标，显示如图 8-37 所示的启动界面。

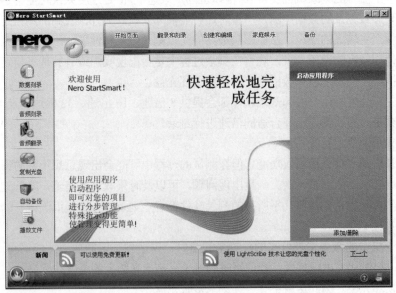

图 8-37　Nero 启动界面

(2) 将鼠标移动至上排的各图标上，会出现不同的项目选择，如开始页面、翻录和刻录、创建和编辑、备份等。在窗口下方会出现相应的子项目，如图 8-38 所示。

(3) 刻录机内根据需要放入 CD-R、CD-RW 或 DVD-R 等盘片，选择"刻录数据光盘"选项，显示如图 8-39 所示窗口。

(4) 在此操作窗口中，单击"数据光盘"，选择的是 CD 盘(如果数据量比较大则可以选择"数据 DVD")，出现如图 8-40 所示窗口。

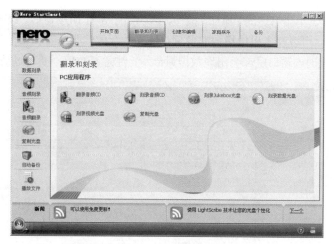

图 8-38 Nero 下的"翻录和刻录"窗口

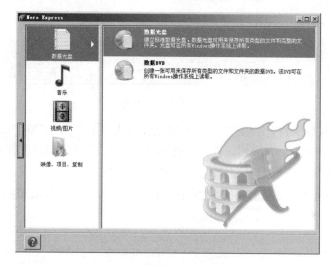

图 8-39 选择刻录光盘类型

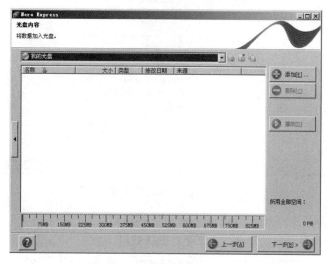

图 8-40 显示刻录光盘添加文件

(5) 在该窗口中，单击右边的"添加"按钮，出现如图 8-41 所示窗口。该窗口类似 Windows 的"资源管理器"，可以在本机中指定准备刻录的文件存放的驱动器和文件夹。选中文件后单击"添加"按钮。此时，窗口底部会出现数据量显示，注意其数值不要超过被刻录光盘的容量。

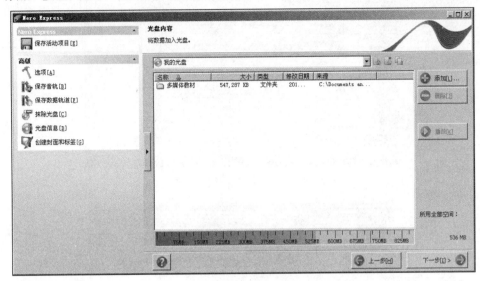

图 8-41　向数据光盘中添加文件

(6) 当所有准备刻录的文件都选定添加完毕后，单击"下一步"按钮，则出现如图 8-42 所示窗口。在窗口中可以选择刻录机，设置光盘名称，在窗口左边还可以设置刻录的参数，如写入速度、写入方法等。单击"刻录"按钮即可进行光盘刻录。

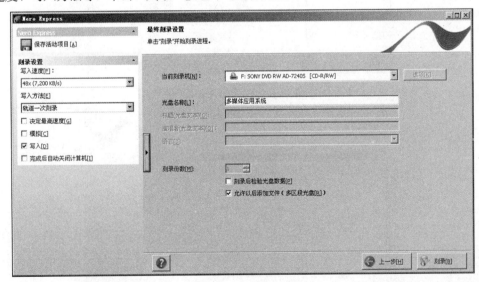

图 8-42　刻录参数设置

(7) 此时显示刻录进程画面，同时刻录机开始刻录光盘，如图 8-43 所示。在刻录过程中，不要运行刻录软件以外的其他程序，也不要移动计算机。

(8) 刻录结束后，出现提示信息，如图 8-44 所示，单击"确定"按钮，结束此次刻录。

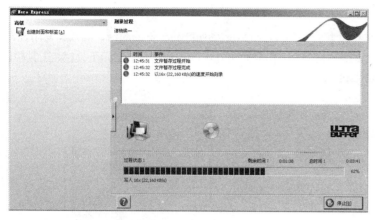

图 8-43　刻录进程　　　　　　　　　　图 8-44　刻录结束后的提示信息

8.5　网络多媒体应用系统概述

网络型作品与传统作品相比，具有占用存储空间小、易于在网上传输、易于共享等特点。网络型作品能够容纳大量信息，能兼容多种素材的文件格式，并且是一个开放的体系，有利于对作品进行修改、增添和删除。

随着互联网+时代的不断变革，网络型多媒体作品不断出现，摆脱了空间地域的束缚，这种由文本、图形、动画、声音、视频等多种媒体信息组合在一起，经过加工和处理所形成的多媒体系统，图文声像并茂，表现力和感染力极强。

目前，关于网络作品的定义非常多，比较容易被大家接受的定义是：网络作品是基于浏览器/服务器模式开发的、能在互联网或局域网中发布的作品。它有两个方面的含义：在网上执行和通过浏览器执行。网络作品具有以下优点。

- 共享性：一个网络作品可以同时供很多人使用。例如，学校可以将网络作品放到校园网上，这样所有连接校园网的教室都可以同时使用这些作品。
- 易用性：通过浏览器直接使用，方式简单统一。
- 交互性：人机交互、人与人之间的交互，还可以通过论坛、留言本、电子信箱、新闻组、博客等手段进行交互。
- 开放性：设计几种情境模式，让不同的用户按各自的要求，进行相应的浏览。
- 方便性：通过动态的后台管理，增减内容，调用资源方便、快捷。

一个网络型多媒体应用系统实际上就是一个网站，目前比较流行的网页制作软件是 Adobe Dreamweaver，该软件是集网页制作和网站管理于一身的网页制作软件，后面的章节将对 Dreamweaver 2020 进行较详细的介绍。

8.6　Dreamweaver 2020 的工作界面

Dreamweaver 2020 在增强了面向专业人士的基本工具和可视技术外，同时提供了功能强大、开放式且基于标准的开发模式，用户可以轻而易举地制作出跨平台和浏览器的动感效果网络型作品。

　　Dreamweaver 2020 的工作界面秉承了 Dreamweaver 系列产品一贯的简洁、高效和易用性，多数功能都能在工作界面中很方便地找到。工作界面主要由应用程序栏、文档工具栏、工具栏、文档窗口、面板等组成，如图 8-45 所示。

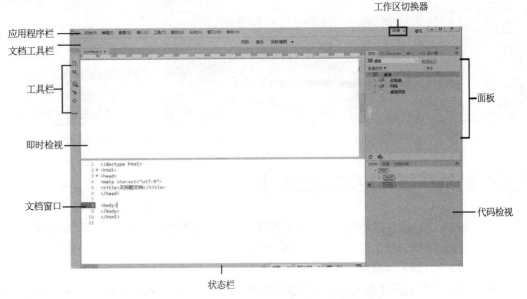

图 8-45　Dreamweaver 2020 的工作界面

提示：
　　与以前的产品相比，Dreamweaver 2020 的工作界面更加简洁，并且将常用的一些元素都集合在"插入"面板中。对于工作界面，用户可以自行进行定义，并且可以保存和删除已经定义的工作界面。

8.6.1　应用程序栏

　　应用程序栏提供了各种操作的标准菜单命令，它由"文件""编辑""查看""插入""工具""查找""站点""窗口"和"帮助"这 9 个菜单组成，如图 8-46 所示。

图 8-46　应用程序栏

应用程序栏的说明如下。
- "文件"菜单：用于文件操作的标准菜单选项，如"新建"和"打开"等。
- "编辑"菜单：用于基本编辑操作的标准菜单选项，如"复制"和"粘贴"等命令。
- "查看"菜单：用于查看文件的各种视图。
- "插入"菜单：用于将各种对象插入到页面中的各种菜单选项，如表格元素。
- "工具"菜单：用于提供创建文档的其他功能选项。
- "查找"菜单：用于查找当前文件或者文档中的内容。
- "站点"菜单：用于站点编辑和管理的各种标准菜单选项。

- "窗口"菜单：用于打开或关闭各种面板、检查器的标准菜单选项。
- "帮助"菜单：用于了解并使用 Dreamweaver 2020 的软件和相关网站链接的菜单选项。

8.6.2 文档工具栏

文档工具栏主要包含了一些对文档进行常用操作的功能按钮，通过单击这些按钮可以在文档的不同视图模式间进行快速切换，如图 8-47 所示。

图 8-47 文档工具栏

在文档工具栏中部分按钮和选项的具体作用如下。
- "代码"按钮：在文档窗口中显示 HTML 源代码视图。
- "拆分"按钮：在文档窗口中同时显示 HTML 源代码和设计视图。
- "设计"按钮：系统默认的文档窗口视图模式，显示设计视图。
- "实时视图"按钮：可以在实际的浏览器条件下设计网页。

8.6.3 工具栏

工具栏垂直显示在"文件"视窗左侧，如图 8-48 所示，而且所有检视中都会出现"代码""实时"和"设计"。

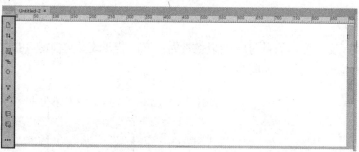

图 8-48 工具栏

在 Dreamweaver 中，用户可根据需要自定义工具栏。可新增菜单选项，或移除不需要的菜单选项。操作步骤如下：

(1) 单击工具栏中的 按钮，打开"自定义工具栏"对话框，如图 8-49 所示。

(2) 在"自定义工具栏"对话框中选择或取消选择相应选项，可在工具栏上将其显示或隐藏，然后单击"完成"按钮。如果要还原预设的工具栏按钮，单击"自定义工具栏"对话框中的"恢复默认值"按钮即可。

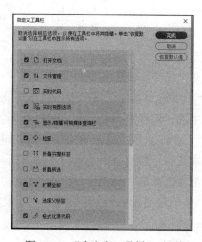

图 8-49 "自定义工具栏"对话框

8.6.4 文档窗口

文档窗口也就是设计区，是 Dreamweaver 2020 进行可视化编辑网页的主要区域，可以显示当前文档的所有操作效果，如插入文本、图像和动画等，如图 8-50 所示。

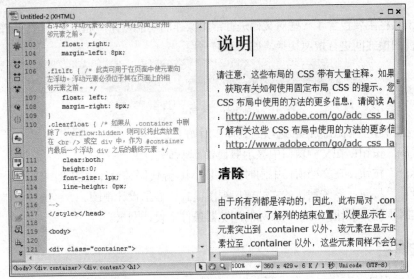

图 8-50 文档窗口

8.6.5 状态栏

状态栏中显示文档窗口的目前尺寸(以像素为单位)。若要改变文档窗口的大小，可通过"文档窗口大小"下拉列表选择，如图 8-51 所示。

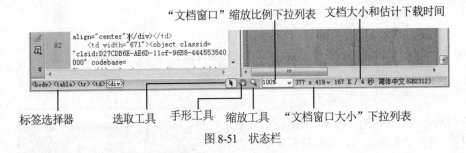

图 8-51 状态栏

状态栏相关区域及选项的说明如下。
- "标签选择器"区域：用于显示环绕当前选定内容的标签的层次结构。单击该层次结构中的任何标签可以选择该标签及其全部内容。例如，单击<body>可以选择整个文档。
- "手形工具"按钮：单击该工具按钮，在文档窗口中以拖动方式查看文档内容。单击选取工具可禁用手形工具。
- 缩放工具和"文档窗口"缩放比例下拉列表：用于设置当前文档内容的显示比例。
- "文档窗口大小"下拉列表：用于设置当前文档窗口的大小比例。

8.6.6 "属性"面板

在"属性"面板中可以查看并编辑页面上文本或对象的属性，如图 8-52 所示。该面板中显示的属性通常对应于标签的属性，更改属性通常与在"代码"视图中更改相应的属性具有相同的效果。

图 8-52 "属性"面板

8.6.7 面板组

为使设计界面更加简洁，同时也为了获得更大的操作空间，Dreamweaver 2020 中类型相同或功能相近的面板分别被组织到不同的面板下，然后这些面板被组织在一起，构成面板组。

这些面板都是折叠的，通过标题左角处的展开箭头可以对面板进行折叠或展开，并且可以和其他面板组停靠在一起。面板组还可以停靠到集成的应用程序窗口中。

8.7 创建站点

一个网络型的作品，就相当于一个简易的网站，在制作作品也就是建立网站之前，首先要设计并规划好整个站点需要有哪些页面，有哪些功能，继而才能进行具体的网页制作过程。创建好一个本地站点后，可以进行管理站点操作，还可以创建文档并将其保存在站点文件夹中。本节将主要介绍在 Dreamweaver 中创建站点的方法。

在 Dreamweaver 2020 中创建本地站点，也就是在本地计算机中创建站点，所有的站点内容都保存在本地计算机中，本地计算机可以看成是网络中的站点服务器。简单地说，网站建立在互联网基础之上，是以计算机、网络和通信技术为依托，通过一台或多台安装了系统程序、服务程序及相关应用程序的计算机，向访问者提供相应的服务。

8.7.1 使用向导创建本地站点

使用向导创建本地站点的方法很简单，通过应用程序栏中的"站点"|"新建站点"命令即可实现。

【练习 8-1】使用向导创建本地站点。

(1) 启动 Dreamweaver 2020，选择"站点"|"新建站点"命令，如图 8-53 所示，打开"站点设置对象"对话框。

(2) 默认打开的是"站点"选项卡，在"站点名称"文本框中输入站点名称，在"本地站点文件夹"文本框中设置站点保存的路径，如图 8-54 所示。

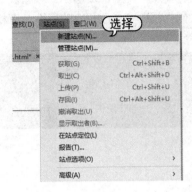
图 8-53　选择"新建站点"命令

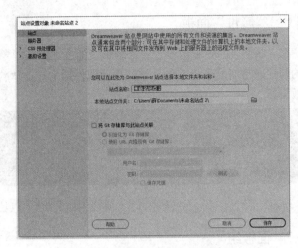
图 8-54　设置站点名称和存储路径

(3) 单击"服务器"标签，在该选项卡中可以选择服务器，此处建议初学者可以不选择，然后单击"保存"按钮，如图 8-55 所示。

(4) 此时站点创建完毕，在"文件"面板中可以看到新创建的本地文件夹(绿色的文件夹)，如图 8-56 所示。

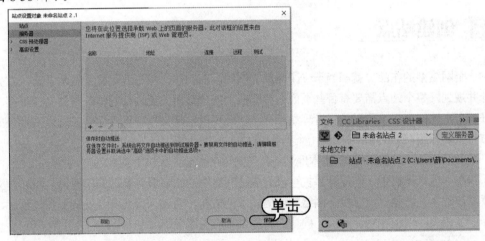
图 8-55　单击"保存"按钮　　　　　　图 8-56　"文件"面板

提示：

在 Dreamweaver 2020 的启动界面中，单击"新建"组中的"Dreamweaver 站点"按钮，也可以打开图 8-54 所示的对话框来创建站点。

8.7.2　使用高级模式创建本地站点

在图 8-54 中，有一个"高级设置"标签，用户可通过该标签下的选项对站点的具体参数进行设置。

【练习 8-2】使用"高级模式"创建本地站点。

(1) 启动 Dreamweaver 2020，选择"站点"|"新建站点"命令，打开"站点设置对象"对话框。

(2) 单击"高级设置"标签,打开"高级设置"选项卡,在该选项卡中共有 12 个分类,具体分类如图 8-57 所示。

(3) 选择"高级设置"选项卡中的某一分类,即可进入其设置界面。例如,选择"文件视图列"分类,即可进入该分类的设置界面,如图 8-58 所示,设置完成后,单击"保存"按钮即可。

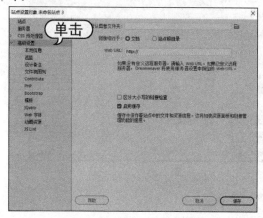
图 8-57 "高级设置"选项卡

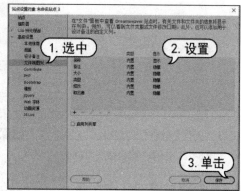
图 8-58 "文件视图列"分类

8.8 管理站点

创建好本地站点后,可以进行一些基本的编辑操作,主要包括打开站点、管理站点、创建与管理站点文件等。

8.8.1 打开站点

启动 Dreamweaver,选择"窗口"|"文件"命令,打开"文件"面板,面板中显示了当前站点中的所有文件,如图 8-59 所示。单击面板右侧的"展开/折叠以显示本地和远端站点"按钮,展开"文件"面板。在左侧显示了站点或远程服务器站点上的文件,右侧则显示了本地站点的所有文件,如图 8-60 所示。

图 8-59 展开"文件"面板

图 8-60 显示本地站点的所有文件

8.8.2 管理站点

管理站点主要是对本地站点进行管理操作,启动 Dreamweaver,选择"站点"|"管理站点"命令,如图 8-61 所示,打开"管理站点"对话框,如图 8-62 所示,在该对话框中显示了创建的本地站点。

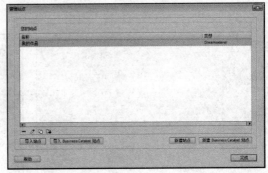

图 8-61　选择"管理站点"命令　　　　图 8-62　"管理站点"对话框

8.8.3 创建与管理站点文件

创建好本地站点后,可以根据需要创建各栏目文件夹和文件,对于创建好的站点,也可以进行再次编辑或删除和复制这些站点。

1. 创建文件夹和文件

创建文件夹和文件相当于规划站点。启动 Dreamweaver,选择"窗口"|"文件"命令,打开"文件"面板。右击站点根目录,在弹出的快捷菜单中选择"新建文件"命令,如图 8-63 所示,即可新建名称为 untitled 的文件。

选择"新建文件夹"命令,可以新建名称为 untitled 的文件夹,如图 8-64 所示。

图 8-63　新建文件　　　图 8-64　新建文件夹

2. 重命名文件和文件夹

重命名文件或文件夹可以更清晰地管理站点。右击需要重命名的文件或文件夹,在弹出的快捷菜单中选择"编辑"|"重命名"命令,如图 8-65 所示,然后输入重命名的名称,按 Enter 键即可;也可以选中所需重命名的文件或文件夹,按 F2 键,然后输入重命名的名称,最后按 Enter 键;还可以选中所需重命名的文件或文件夹,单击文件或文件夹名称,输入重命名的名称,按 Enter 键即可。

3. 删除文件和文件夹

在站点中创建的文件和文件夹，如果不需要使用，可以删除它们。右击需要删除的文件或文件夹，在弹出的快捷菜单中选择"编辑"|"删除"命令，系统会打开一个信息提示框，单击"是"按钮，即可删除该文件或文件夹，如图 8-66 所示。

图 8-65　选择"编辑"|"重命名"命令

图 8-66　信息提示框

8.9　文档的基本操作

Dreamweaver 2020 提供了多种创建文档的方法，可以创建一个新的空白 HTML 文档，或使用模板创建新文档。

8.9.1　创建空白网页文档

空白网页文档是 Dreamweaver 2020 最常用的文档。选择"文件"|"新建"命令，或按 Ctrl+N 组合键，即可打开"新建文档"对话框，如图 8-67 所示。

在左侧的列表框中选择"新建文档"选项卡，在右侧的"文档类型"下拉列表中选择 HTML 选项，单击"创建"按钮，即可创建一个空白网页文档。

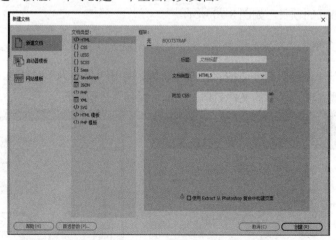
图 8-67　"新建文档"对话框

在"新建文档"对话框中，除了可以新建 HTML 类型空白网页文档外，还可以在"文档类型"列表框中选择其他类型的空白网页，如 CSS、XML 等类型的空白网页。在选择创建的空白网页类型后，在右侧的"文档类型"下拉列表中可以选择文档类型。

8.9.2 打开和保存文档

打开和保存网页文档的方法非常简单。在打开网页文档时,可以选中所需打开的文档,也可以打开最近的文档。

1. 打开网页文档

选择"文件"|"打开"命令或按 Ctrl+O 组合键,打开"打开"对话框。选择所需打开的网页文档,单击"打开"按钮即可,如图 8-68 所示。

2. 打开最近打开的文档

选择"文件"|"打开最近的文件"命令,在子菜单中可以选择最近打开的文档,如图 8-69 所示。

图 8-68 打开网页文档

图 8-69 选择最近打开的文档

此外,在启动 Dreamweaver 2020 时,在显示页面左侧的"打开最近的项目"列表中,也可以选择打开最近打开的项目,如图 8-70 所示。

3. 保存网页文档

选择"文件"|"保存"命令或按 Ctrl+S 组合键,打开"另存为"对话框,如图 8-71 所示。选择文档存放位置并输入保存的文件名称,单击"保存"按钮即可。

图 8-70 打开最近的文档

图 8-71 "另存为"对话框

提示：

在保存文档时，不能在文件名和文件夹名中使用空格和特殊符号(如@、#、$等)，因为很多服务器在上传文件时会更改这些符号，将导致与这些文件的链接中断。而且，文件名最好不要以数字开头。

8.9.3 设置文档属性

网页文档的属性主要包括页面标题、背景图像、背景颜色、文本和链接颜色、边距等。选择"窗口"|"属性"命令，打开"页面属性"对话框，如图 8-72 所示，可以设置有关网页文档的所有属性。

其中，"标题"确定和命名了文档的名称，"背景图像"和"背景颜色"决定了文档显示的外观，"文本颜色"和"链接颜色"帮助站点访问者区别文本和超文本链接等。

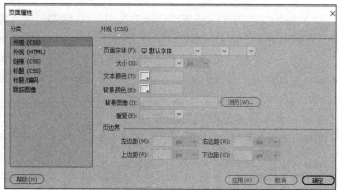

图 8-72 打开"页面属性"对话框

在对话框的"分类"列表框中显示了可以设置的网页文档分类，包括"外观(CSS)""外观(HTML)""链接(CSS)""标题(CSS)""标题/编码"和"跟踪图像"这 6 个分类，这些分类的具体作用如下。

- "外观(CSS)"分类：设置网页默认的字体、字号、文本颜色、背景颜色、背景图像以及 4 个边距的距离等属性，会生成 CSS 格式。
- "外观(HTML)"分类：设置网页中文本字号、各种颜色等属性，会生成 HTML 格式。
- "链接(CSS)"分类：设置网页文档的链接，会生成 CSS 格式。
- "标题(CSS)"分类：设置网页文档的标题，会生成 CSS 格式。
- "标题/编码"分类：设置网页的标题及编码方式。
- "跟踪图像"分类：指定一幅图像作为网页创作时的草稿图，它显示在文档的背景上，便于在网页创作时进行定位和放置其他对象。在实际生成网页时，并不会显示在网页中。

8.10 规划网络型作品布局

表格是 Dreamweaver 2020 中最常用的布局工具,表格在网页中不仅可以排列数据,还可以对页面中的图像、文本、动画等元素进行准确的定位,使页面显得整齐有序、分类明确,便于浏览。

8.10.1 可视化助理

Dreamweaver 2020 提供了"标尺"和"网格"功能,用于辅助设计网页文档。"标尺"功能可以辅助测量、组织和规划布局。"网格"功能可以使绝对定位的网页元素在移动时自动靠齐网格,还可以通过指定网格设置更改网格或控制靠齐行为。

1. 使用标尺

在设计页面时需要设置页面元素的位置,可以使用"标尺"功能。选择"查看"|"标尺"|"显示"命令,可以在文档中显示标尺,如图 8-73 所示。重复操作,可以隐藏显示标尺。

2. 使用网格

"网格"功能的作用是在"设计"视图中对 AP Div 进行绘制、定位或大小调整做可视化向导,可以对齐页面中的元素。

选择"查看"|"网格设置"|"显示网格"命令,可以在网页文档中显示网格,如图 8-74 所示。重复操作,可以隐藏显示网格。

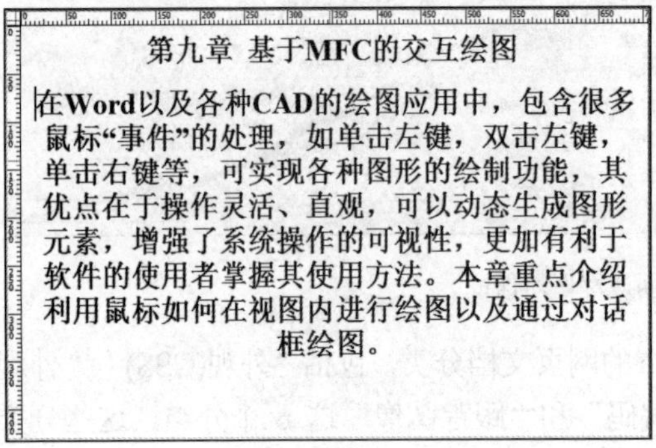

图 8-73 显示标尺 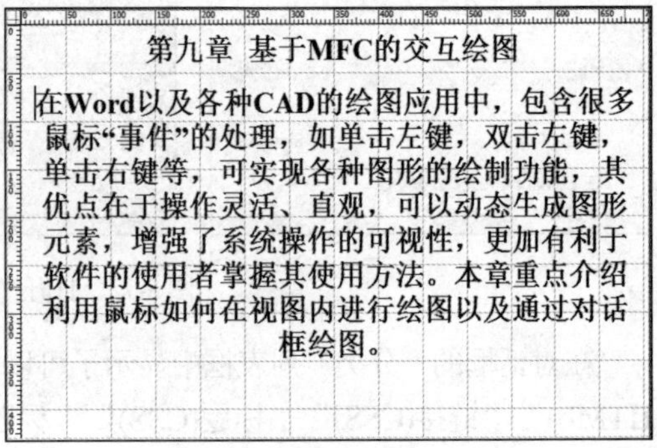　　　　　　　　图 8-74 显示网格

3. 使用跟踪图像功能

使用"跟踪图像"功能,只需载入某个网页的布局(或图片),然后借助该网页的布局来安排正在制作的网页布局。选择"查看"|"跟踪图像"|"载入"命令,如图 8-75 所示,打开"选择图像源文件"对话框,如图 8-76 所示,选择要载入的图片文件,单击"确定"按钮。

图 8-75　选择"载入"命令

图 8-76　"选择图像源文件"对话框

打开"页面属性"对话框，默认打开的是"跟踪图像"选项卡，如图 8-77 所示，在"跟踪图像"选项卡中，可以设置跟踪图像的"透明度"值。

提示：

在使用跟踪图像布局网页时，建议设置跟踪图像适当的透明度，以直观显示布局效果，方便编辑。

设置完成后，单击"确定"按钮，即可将图像载入"文档"窗口中，效果如图 8-78 所示。

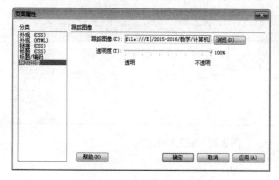

图 8-77　"页面属性"对话框

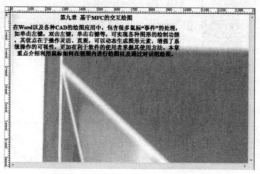

图 8-78　载入图像后的效果

8.10.2 使用表格

表格是网页中非常重要的元素，是网页排版的主要手段，可以帮助设计者高效、准确地定位各种网页数据，直观、鲜明地表达设计者的思想，向浏览者提供条理清晰的多样化信息。

1. 插入表格

Dreamweaver 2020 提供了极为方便的插入表格的方法，并且可以设置插入表格的相关属性，如边距、间距、宽度等。

打开"插入"菜单，如图 8-79 所示，然后选择 Table 命令，如图 8-80 所示。

259

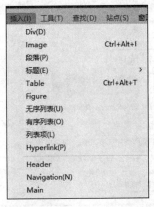 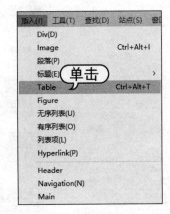

图 8-79　打开"插入"菜单　　　　图 8-80　选择 Table 命令

在打开的如图 8-81 所示的 Table 对话框中设置要插入的表格的行数和列数以及其他相关参数，然后单击"确定"按钮，即可插入表格，如图 8-82 所示。

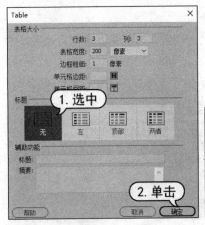 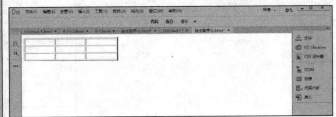

图 8-81　Table 对话框　　　　　　　图 8-82　插入后的表格

提示：

在 Table 对话框中，"单元格边距"是指单元格中文本与单元格边框之间的距离，而"单元格间距"是指单元格之间的距离。如果用户没有明确指定单元格边距和单元格间距的值，则大多数浏览器按单元格边距设置为 1、单元格间距设置为 2 显示表格。为了确保浏览器不显示表格中的边距和间距，可以将"单元格边距"和"单元格间距"设置为 0。

2. 调整表格至合适大小

要调整表格的大小，首先要选中表格，此时表格上会出现 3 个控制点，拖动控制点可以调整表格的大小，具体方法如下所示。

- 拖动右边的选择控制点，光标显示为水平调整指针，进行拖动即可在水平方向上调整表格的大小；拖动底部的选择控制点，光标显示为垂直调整指针，进行拖动即可在垂直方向上调整表格的大小。

- 拖动右下角的选择控制点，光标显示为水平调整指针沿对角线调整指针，进行拖动即可在水平和垂直两个方向调整表格的大小。

3. 更改列宽和行高

要更改表格或单元格的列宽和行高，可以在"属性"面板中或拖动列或行的边框来更改表格的列宽或行高，也可以在"代码"视图中修改 HTML 代码来更改单元格的宽度和高度。具体操作方法如下。

- 要更改列宽，将光标移至所选列的右边框，光标显示为"左右"指针 ↔ 时，进行拖动即可调整。
- 要更改行高，将光标移至所选行的下边框，光标显示为"上下"指针 ↕ 时，拖动即可调整。
- 在"属性"面板中调整表格行和高的数值可以改变列宽和行高，首先选中列或行，然后在"属性"面板中的"宽"或"高"文本框中输入数值来调整列宽或高，如图 8-83 所示。

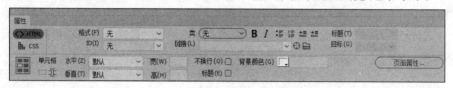

图 8-83 "属性"面板

4. 添加和删除行、列

表格中空白的单元格也会占据页面位置，所有多余的行或列都可以删除，也可以在特定行或列上方或左侧添加行或列，具体操作方法如下。

- 要在当前单元格的上面添加一行，选择"修改"|"表格"|"插入行"命令即可。
- 要在当前单元格的左边添加一列，选择"修改"|"表格"|"插入列"命令即可。
- 选中表格，右击，在弹出的快捷菜单中选择"表格"命令，弹出级联菜单，如图 8-84 所示，在其中选择相应的命令即可实现相应的功能。
- 要一次添加多行或多列，或者在当前单元格的下面添加行或在其右边添加列，可以选择"修改"|"表格"|"插入行或列"命令，打开"插入行或列"对话框，选择插入行或列、插入的行数或列数以及插入的位置，然后单击"确定"按钮即可，如图 8-85 所示。

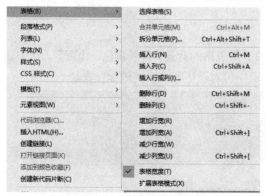

图 8-84 "表格"级联菜单

图 8-85 "插入行或列"对话框

- 要删除行或列，选择要删除的行或列，选择"修改"|"表格"|"删除行"命令或按 Delete 键，可以删除整行；选择"修改"|"表格"|"删除列"命令或按下 Delete 键，可以删除整列。
- 要删除单元格里面的内容，选择要删除内容的单元格，然后选择"编辑"|"清除"命令，或按 Delete 键。

5. 拆分和合并单元格

在制作页面时，如果插入的表格与实际效果不相符，有缺少或多余单元格的情况，根据需要，可进行拆分和合并单元格操作。

- 选中要合并的单元格，选择"修改"|"表格"|"合并单元格"命令，如图 8-86 所示，即可合并选择的单元格。
- 选中需要拆分的单元格，选择"修改"|"表格"|"拆分单元格"命令，或单击"属性"面板中的合并按钮，打开"拆分单元格"对话框，如图 8-87 所示，选择要把单元格拆分成行或列，然后再设置要拆分的行数或列数，单击"确定"按钮即可拆分单元格。

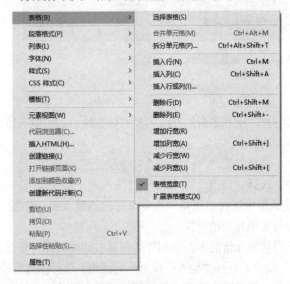

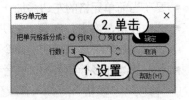

图 8-86 选择"合并单元格"命令　　　　　图 8-87 "拆分单元格"对话框

6. 设置表格属性

在 Dreamweaver 中，可以设置表格的属性，如表格的背景、背景颜色、边距等。选中表格，打开"属性"面板，如图 8-88 所示。在该面板中可对表格各个属性进行设置。

图 8-88 表格的"属性"面板

7. 设置单元格、行和列的属性

除了设置表格属性外，还可以设置单元格、行或列的属性。首先选中一个或一组单元格，打开"属性"面板，如图 8-89 所示。在该面板中可对单元格、行和列的各个属性进行设置。

图 8-89　单元格的"属性"面板

8.11　在作品中插入媒体元素

在对 Dreamweaver 2020 有了一定的认识并掌握了网页的布局方法后，就可以在网络型作品中插入各种媒体元素了，包括文本、动画、视频和声音等。

8.11.1　插入文本

文本是网页中最常见也是运用最广泛的元素之一，是网页内容的核心部分。在 Dreamweaver 2020 中可以直接输入文本，也可以从其他文档中复制文本或导入文本。

1. 插入文本

【练习 8-3】新建一个 HTML 空白网页，并在其中输入文本。

(1) 启动 Dreamweaver 2020，选择"文件"|"新建"命令，打开"新建文档"对话框，如图 8-90 所示。

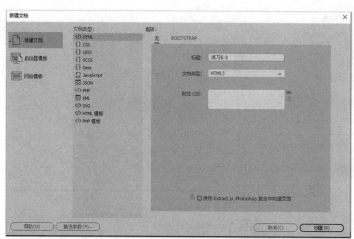

图 8-90　"新建文档"对话框

(2) 在左侧的列表框中选择"新建文档"选项，在中间的"文档类型"列表框中选择</>HTML 选项，单击"创建"按钮，创建一个空白网页文档。

(3) 将光标定位在空白网页中，然后输入如图 8-91 所示的文本。

(4) 选择"文件"|"保存"命令，将该网页以"独坐敬亭山"为名保存。

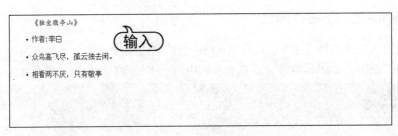

图 8-91 输入文本

2. 插入水平线

当网页中的元素较多时,可以用水平线对信息进行组织。在网页中,可以使用一条或多条水平线来可视化分隔文本和对象,使段落更加分明和更具层次感。插入日期对象时,可以以任何格式插入当前的日期(可以包括时间),并且在每次保存文件时都会自动更新该日期。

【练习 8-4】打开"独坐敬亭山"网页,插入水平线。

(1) 启动 Dreamweaver 2020,选择"文件"|"打开"命令,打开"独坐敬亭山"网页。

(2) 将光标定位在文本"作者:李白"的下方,然后选择"插入"|HTML|"水平线"命令,如图 8-92 所示。

(3) 随后即可插入一条水平线,如图 8-93 所示。

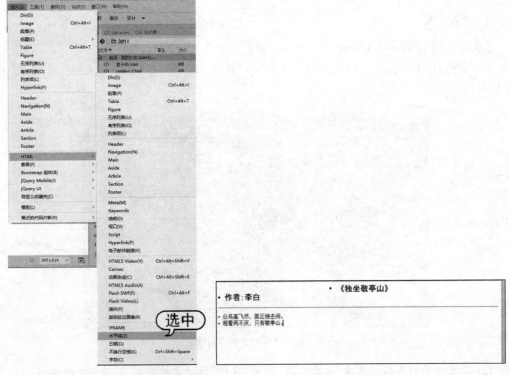

图 8-92 选择菜单命令　　　　图 8-93 插入水平线

(4) 选中水平线,在"属性"面板中可设置水平线的"宽"和"高"等参数,如图 8-94 所示。设置完成后,选择"文件"|"保存"命令,保存该网页。

图 8-94 "属性"面板

3. 设置文本格式

通过对文本格式的设置，可以将网页中的文本设置成色彩纷呈、样式各异的文本，使枯燥的文本更显生动。

【练习 8-5】打开"独坐敬亭山"网页，将标题"独坐敬亭山"的字体设置为"宋体"，对齐方式为"居中对齐"。

(1) 启动 Dreamweaver 2020，选择"文件"|"打开"命令，打开"独坐敬亭山"网页。

(2) 选中文本"独坐敬亭山"，右击选中的文本，在弹出的快捷菜单中选择"字体"命令，可以看到默认设置下，"字体"命令子菜单中没有"宋体"选项，因此选择"编辑字体列表"命令，如图 8-95 所示。

(3) 打开"管理字体"对话框，在"自定义字体堆栈"选项卡的"可用字体"列表框中选择"宋体"选项，然后单击 << 按钮，将该字体加入到"选择的字体"列表中，单击"完成"按钮，即可添加该字体，如图 8-96 所示。

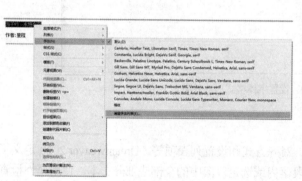

图 8-95 选择"编辑字体列表"命令

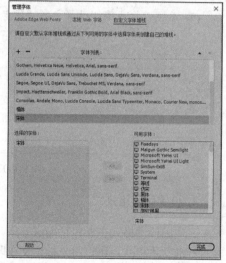

图 8-96 "管理字体"对话框

提示：

使用步骤(2)和(3)的方法可以添加其他字体，本例不再赘述，在本书以后的实例中用到的所有字体，都将默认已添加。

(4) 再次选中文本"独坐敬亭山"，右击选中的文本，在弹出的快捷菜单中选择"字体"|"宋体"命令，如图 8-97 所示。

(5) 打开"新建 CSS 规则"对话框，在"选择或输入选择器名称"文本框中输入名称，然后单击"确定"按钮，即可应用该字体样式，如图 8-98 所示。

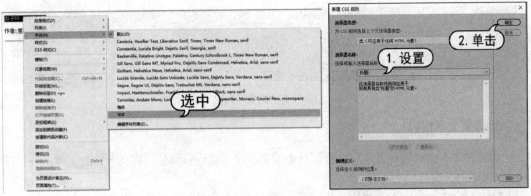

图 8-97 选择字体　　　　　　　　图 8-98 "新建 CSS 规则"对话框

(6) 继续选中文本 "独坐敬亭山"，在 "属性" 面板中单击 CSS 按钮，设置文本 "独坐敬亭山"的对齐方式为 "居中对齐"，字体 "大小" 为 x-large，如图 8-99 所示。

图 8-99 设置字体大小和对齐方式

(7) 参照以上步骤，设置文本 "作者：李白" 的格式，最终效果如图 8-100 所示。

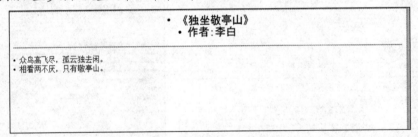

图 8-100 设置字体格式后的效果

4. 设置段落格式

文本的段落格式主要包括缩进方式、对齐方式和设置列表项等。Dreamweaver 2020 定义了多种标准文本格式，可以将光标定义在段落内或选定段落中的全部或部分文本，使用属性检查器中的 "格式" 下拉列表可应用标准文本格式，如图 8-101 所示。

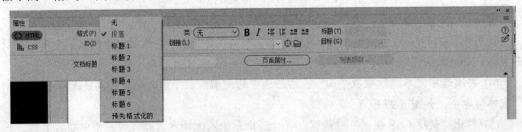

图 8-101 "格式"下拉列表

提示：

应用标准格式的最小单位是段落，但无法在同一段落中应用不同的标准格式，在某一段落中选择部分内容应用标准样式将会使整个段落格式化为同一样式。

如果要设置文本的对齐方式，选中所需对齐的文本内容，选择"窗口"|"属性"命令，可以在"属性"面板中选择"左对齐""居中对齐""右对齐"和"两端对齐"方式，如图 8-102 所示。

设置文本段落缩进包括增加段落缩进和减少缩进。将光标移至文档中需要设置格式的段落中，单击鼠标右键，在弹出的快捷菜单中选择"列表"|"缩进"命令，可增加该段落的缩进；选择"凸出"命令，可减少段落的缩进，如图 8-103 所示。

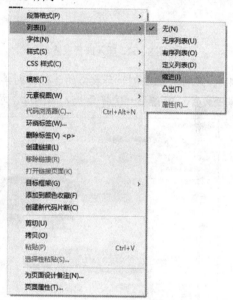

图 8-102 选择对齐方式　　　　图 8-103 设置段落缩进

8.11.2 插入图像

图像是网页上最基本的元素之一，制作精美的图像可以大大增强网页的视觉效果。在网页中插入图像通常是用于添加图形界面(如按钮)、创建具有视觉感染力的内容(如照片、背景等)或交互式设计元素(如鼠标指针经过图像)。

1. 直接插入图像

直接插入图像是最常用的插入图像方法。将光标移至所需插入图像的位置，选择"插入"|"图像"命令，打开"选择图像源文件"对话框。在"选择图像源文件"对话框中，选择要插入的图像，单击"确定"按钮，即可插入图像。

【练习 8-6】新建一个网页文档，在文档中插入表格，然后在表格的单元格内插入图像和文本内容，制作一个基本网络型作品。

(1) 新建一个空白网页文档，选择"插入"|Table 命令，打开"表格"对话框，插入一个 1 行 2 列的表格。

(2) 将光标移至表格的 1 行 1 列单元格中，选择"插入"|Table 命令，插入一个 4 行 1 列的嵌套表格。重复操作，在表格的 1 行 2 列单元格中插入一个 2 行 1 列的嵌套表格，并调整表格的大小，效果如图 8-104 所示。

(3) 在插入的两个嵌套表格中输入合适的文本内容并设置文本格式，如图 8-105 所示。

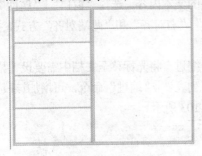
图 8-104　插入嵌套表格

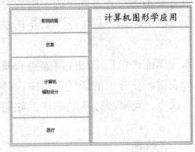
图 8-105　输入文本并设置格式

(4) 将光标移至右侧嵌套表格的 2 行 1 列单元格中，选择"插入"|"图像"命令，打开"选择图像源文件"对话框。选择要插入的图像，单击"确定"按钮，如图 8-106 所示。

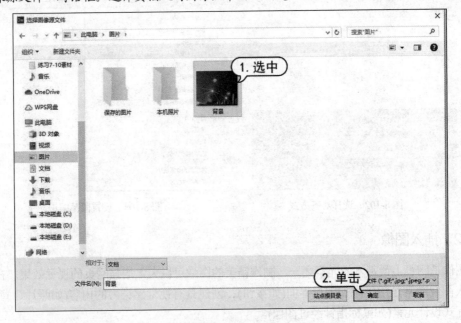
图 8-106　插入图像

提示：

"替换文本"是在浏览网页时，当光标移至图像上会自动显示该图像的说明；当图片无法显示时，也会在图像所在位置显示图像说明。插入图像后，在图像的"属性"面板中的"替换"下拉列表中可设置替换文本内容。

(5) 选中右侧嵌套表格，在"属性"面板中单击"清除行高"按钮，清除默认的行高固定值，如图 8-107 所示。

(6) 使用鼠标拖动的方法调整图片和表格的大小，最终效果如图 8-108 所示。

图 8-107　清除行高

图 8-108　最终效果

2．插入图像占位符

在网页制作过程中，如果所需插入的图像未制作完成或还未计划好要插入的图像，可以使用插入图像占位符的方式来插入图像。简单地说，图像占位符是在准备将最终图像添加到网页文档前而使用的图像。

要在网页文档中插入图像占位符，选择"插入"|"图像对象"|"图像占位符"命令，打开"图像占位符"对话框，如图 8-109 所示。

图 8-109　"图像占位符"对话框

在"图像占位符"对话框中，主要参数选项的具体作用如下。
- "名称"文本框：可以在文本框中输入要作为图像占位符的标签文字显示的文本(该文本框只能包含字母与数字，不允许使用空格和高位 ASCII 字符)。
- "宽度"文本框：可以在文本框中输入图像宽度大小数值。
- "高度"文本框：可以在文本框中输入图像高度大小数值。
- "颜色"文本框：可以在文本框中输入图像占位符指定的颜色。
- "替换文本"文本框：可以为使用只显示文本浏览器的访问者输入描述该图像的文本。

3．应用鼠标经过图像

鼠标经过图像是由原始图像和鼠标经过图像组成，简单来说就是当鼠标经过图像时，原始图像会变成另一张图像。因此，组成鼠标经过图像的两张图像必须是相同的大小。如果两张图像大小不同，系统会自动将第 2 张图像大小调整为与第 1 张图像同样大小。

选择"插入"|HTML|"鼠标经过图像"命令，如图 8-110 所示，打开"插入鼠标经过图像"对话框，如图 8-111 所示。

在"插入鼠标经过图像"对话框中，主要参数选项的具体作用如下。

- "图像名称"文本框：在文本框中输入图像名称。
- "原始图像"：单击"浏览"按钮，可在打开的对话框中选择原始图像。
- "鼠标经过图像"：单击"浏览"按钮，可在打开的对话框中选择鼠标经过时的图像。
- "预载鼠标经过图像"复选框：选中该复选框，可以预先加载图像到浏览器的缓存中，加快图像显示速度。
- "按下时，前往的 URL"：设置鼠标经过图像时打开的 URL 路径，如果没有设置 URL 路径，鼠标经过图像将无法应用。

图 8-110　选择"鼠标经过图像"命令

图 8-111　"插入鼠标经过图像"对话框

8.11.3　插入 Animate 动画

Animate 动画是网页上最流行的动画格式。在 Dreamweaver 2020 中，Animate 动画也是最常用的多媒体插件之一，它将声音、图像和动画等内容加入到一个文件中并能制作较好的动画效果，同时使用了优化的算法将多媒体数据进行压缩，使文件变得很小，因此，非常适合在网上传播。

1. 插入 Flash SWF 文件

将光标移至所需插入 Animate 动画的位置，选择"插入"|HTML|Flash SWF 命令，打开"选择 SWF"对话框，如图 8-112 所示。选择所需插入的 Animate 动画，单击"确定"按钮，

打开"对象标签辅助功能属性"对话框,如图 8-113 所示,进行相应设置后,单击"确定"按钮,即可将选定的 SWF 文件插入网页中。

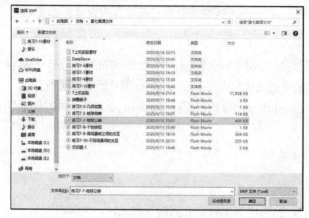

图 8-112　"选择 SWF"对话框

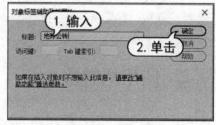

图 8-113　"对象标签辅助功能属性"对话框

在网页文档中插入的 SWF 文件显示为一个 Animate 动画图标。可以在"属性"面板中设置 SWF 文件的各项参数,如图 8-114 所示。

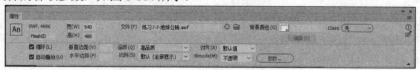

图 8-114　SWF 文件的"属性"面板

2. 插入 FLV 视频

FLV 是 Animate 视频文件,在文档中插入的 FLV 文件是以 SWF 组件显示的,当在浏览器中查看时,该组件显示所选的 FLV 文件以及一组播放控件。

将光标移至要插入 FLV 文件的位置,选择"插入"|HTML|Flash Video 命令,打开"插入 FLV"对话框,如图 8-115 所示。在"视频类型"下拉列表中可以选择"累进式下载视频"和"流视频"两种视频类型。

图 8-115　"插入 FLV"对话框

提示：

要播放 FLV 文件，必须安装 Flash Player 播放器。如果没有安装所需的 Flash Player 版本，但安装了 Flash Player，则浏览器将显示 Flash Player 快速安装程序，而非替代内容。如果拒绝快速安装页面会显示替代内容。

- 累进式下载视频：将 FLV 文件下载到站点访问者的硬盘上，然后进行播放。但是，与传统的下载并播放视频传送方法不同，累进式下载允许在下载完成之前就开始播放视频文件。
- 流视频：对视频内容进行流式处理，并在一段可确保流畅播放的、很短的缓冲时间后在网页上播放该内容。

8.12 使用超链接

超链接是网页中至关重要的元素之一，它可以实现页面之间的互相跳转，从而将网站中的每个页面联系起来。

8.12.1 超链接的分类

在 Dreamweaver 2020 中，可以创建下列几种类型的链接。
- 页间链接：利用该链接可以跳转到其他文档或文件，如图形、电影、PDF 或声音文件。
- 页内链接：也称为锚记链接，利用它可以跳转到本站点指定文档的位置。
- E-mail 链接：使用该链接，可以启动电子邮件程序，允许用户书写电子邮件，并发送到指定地址。
- 空链接及脚本链接：它允许用户附加行为至对象或创建一个执行 JavaScript 代码的链接。

8.12.2 绝对和相对路径

从作为链接起点的文档到作为链接目标的文档之间的文件路径，对于创建链接至关重要。一般来说，链接路径可以分为绝对路径与相对路径两类。

1. 绝对路径

绝对路径指包括服务器协议在内的完全路径，如 http://www.xdchiang/dreamweaver/index.htm(此处使用的协议是最常用的 http 协议)。使用绝对路径与链接的源端点无关，只要目标站点地址不变，无论文档在站点中如何移动，都可以正常实现跳转而不会发生错误。如果需要链接当前站点之外的网页或网站，就必须使用绝对路径。

但是，绝对路径链接方式不利于测试。如果在站点中使用绝对路径地址，要想测试链接是否有效，必须在 Internet 服务器端进行。此外，采用绝对路径不利于站点的移植。例如，一个较为重要的站点，可能会在几个服务器上创建镜像，同一个文档也就有几个不同的网址，要将文档在这些站点之间移植，必须对站点中的每个使用绝对路径的链接进行一一修改，这样才能达到预期目的。

2. 相对路径

相对路径包括根相对路径(Site Root)和文档相对路径(Document)两种。

使用 Dreamweaver 2020 制作网页时，需要选定一个文件夹来定义一个本地站点，模拟服务器上的根文件夹，系统会根据这个文件夹来确定所有链接的本地文件位置，而根相对路径中的根就是指这个文件夹。

文档相对路径就是指包含当前文档的文件夹，也就是以当前网页所在文件夹为基础来计算的路径。

文档相对路径(也称相对根目录)的路径以/开头，路径是从当前站点的根目录开始计算。例如，在 C 盘 Web 目录建立的名为 web 的站点，这时/index.htm 路径为 C:\Web\index.htm。根相对路径适用于链接内容频繁更换环境中的文件，这样即使站点中的文件被移动了，链接仍可以生效，但是仅限于在该站点中。

如果目录结构过深，在引用根目录下的文件时，用根相对路径会更好些。例如，网页文件中引用根目录下 images 目录中的一个图像 good.gif，在当前网页中用文档相对路径表示为：../../../images/good.gif，而用根相对路径只要表示为/images/good.gif 即可。

8.12.3 创建超链接的方法

在 Dreamweaver 2020 中，各种超链接可以被随时随地在所需的位置创建，并且可以通过多种方法来创建，即在"属性"面板中创建、使用菜单命令创建或使用"指向文件"图标来创建。

1. 在"属性"面板中创建超链接

在网页文档中选择文本或图像，选择"窗口"|"属性"命令，打开"属性"面板，如图 8-116 所示。

在"属性"面板中的"链接"文本框中输入链接的文件地址，从"目标"下拉列表中选择文档打开的位置即可。

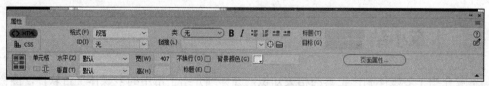

图 8-116 "属性"面板

在"目标"下拉列表中可以选择-blank、-new、-parent、-self 和-top 这 5 个选项，具体作用如下。

- -blank 选项：始终在弹出的新窗口中打开所链接的内容。
- -new 选项：在弹出的同一个新窗口中打开所链接的内容。
- -parent 选项：如果是嵌套的框架，会在父框架或窗口中打开链接的文档，如果不是嵌套的框架，则与-top 相同，是在整个浏览器窗口中打开所链接的内容。
- -self 选项：浏览器的默认设置，在当前网页所在的窗口中打开链接的网页。
- -top 选项：在完整的浏览器窗口中打开。

2. 使用菜单命令创建超链接

使用菜单命令创建超链接的方法很简单，选中要创建超链接的对象，选择"插入"|Hyperlink 命令，打开 Hyperlink 对话框，如图 8-117 所示。

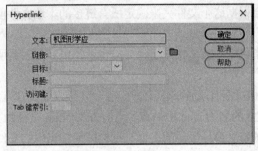

图 8-117　Hyperlink 对话框

Hyperlink 对话框中的主要参数选项的具体作用如下。
- "文本"文本框：创建超链接显示的文本。
- "链接"文本框：设置超链接链接到的路径，尽量输入文件的相对路径。
- "目标"文本框：设置超链接的打开方式，可以选择-blank、-new、-parent、-self 和-top 这 5 个选项。
- "标题"文本框：设置超链接的标题。
- "访问键"文本框：设置键盘快捷键，如果按键盘上的快捷键将选中这个超链接。
- "Tab 键索引"文本框：设置网页中用 Tab 键选中这个超链接的顺序。

3. 使用"指向文件"图标创建超链接

打开"属性"面板，单击"链接"文本框右侧的"指向文件"按钮 ⊕，然后进行拖动，会出现一条带箭头的细线，指示要拖动的位置，指向链接的文件后，释放鼠标，即会链接到该文件。

8.13　本章小结

本章介绍了多媒体制作工具的相关知识，并详细介绍了常用的多媒体平台软件，图标生成软件、生成自启动光盘软件和光盘刻录软件，以及目前比较流行的网页制作软件 Dreamweaver 2020。

8.14　习　题

一、填空题

1. 多媒体平台软件也称为_____，是指能够集成处理和统一管理文本、图形、图像、音频、视频和动画等多媒体素材，使之能够根据用户的需要生成多媒体应用系统的编辑工具。

2. 多媒体平台软件一般都具有_____、_____、_____等特点。

3. Macromedia 公司的一种基于_____方式的多媒体平台软件。它提供了一种直观的可视化编程方法，用户按照多媒体事件播放顺序来排列多媒体事件。

4. 系统集成一般有两种实现方法：一是采用_____，如 VC++、VB 等；二是选用_____，如 PowerPoint、Director 等。

5. 网络型作品与传统作品相比，具有_____、_____、_____等特点。

6. 多媒体平台软件分两类，一是_____软件，二是_____软件。

7. 多媒体平台软件是为_____的从业人员制作多媒体产品提供的一种便利的工具，使设计人员将更多的精力放在主题表达、界面设计、交互设计等方面。

8. 超文本是基于网络节点和连接数据库实现信息的非线性组织，为用户提供快速灵活的检索和查询信息。其中数据节点可以包括正文、_____、图像、_____、动画、视频和其他媒体。

9. 交互设计就是在已经设计好的屏幕上定义_____、"热区"，并添加一些必需的控制按钮，然后一一实现。

10. 刻录光盘是向 CD-R(一次擦写)、CD-RW_____、DVD-R 或 DVD-RW 等可刻录式光盘中写入数据的过程。

二、选择题(可多选)

1. 脚本设计的任务是_____。
   A. 进行用户分析、内容分析、资料收集和成本效益分析
   B. 把文字、图形图像、音频、视频等各种素材信息合理地组织起来，为目标系统编写脚本
   C. 为系统的每个主题设计出一幅幅连续的屏幕
   D. 对脚本所需的各种媒体素材做收集和处理

2. 一般来说，对多媒体系统的测试应着重进行以下几个方面_____。
   A. 内容正确性　　B. 系统功能　　C. 系统性能　　D. 防病毒性

3. 在多媒体系统开发过程中，人机界面设计应遵循下列中哪些基本原则_____。
   A. 以用户为中心的原则　　　　B. 最佳媒体组合的原则
   C. 以易于开发为原则　　　　　D. 尽量减少用户负担为原则

4. 下列中哪些属于多媒体制作软件_____。
   A. Animate　　　　B. 音频编辑与处理软件　　C. 图形和图像编辑与处理软件
   D. PowerPoint　　E. 动画编辑软件

5. 下列中哪些属于多媒体素材制作软件_____。
   A. Authorware　　B. 文本编辑与录入软件
   C. Director　　　D. 视频编辑与处理软件　　E. ToolBook

6. 如果项目的内容包含了可以单独观看的元素，下列中哪种类型的制作系统在开发时非常有用？_____
   A. 基于卡片或页面的工具　　B. 基于图标、事件驱动的工具
   C. 基于时间的工具　　　　　D. 脚本语言　　E. 以上系统均可

7. 媒体事件之间的同步很困难，这是因为_____。
   A. 与音频 CD 不同，多媒体帧速率没有一个统一的标准
   B. 用户可以在自己的计算机上调整帧速率
   C. 不同的开发和发布计算机的性能差异很大
   D. 制作系统没有提供确定媒体元素何时开始和结束的简单机制
8. Animate 是非常著名的多媒体工具，它用于以下哪种用途？_____
   A. 交互式汽车仪表盘   B. 动画网站
   C. 外语测试   D. 数据库调整
9. 对于需要复杂导航结构的项目来说，下列哪种制作系统的流程图功能最有用？_____
   A. 基于卡片或页面的工具   B. 基于图标、事件驱动的工具
   C. 基于时间的工具   D. 脚本语言
10. 在 Director 中，如何制作对象的动画？_____
    A. 改变它在帧中的位置   B. 利用 Director 的动画编辑器创建动画对象
    C. 在一帧里插入物体   D. 在各相邻卡片中改变对象的位置

三、简答题

1. 简述多媒体平台软件。
2. 简述多媒体平台软件 Animate。
3. 简述多媒体平台软件 ToolBook。
4. 简述多媒体平台软件 Director。
5. 简述多媒体平台软件 Dreamweaver。
6. 一个理想的多媒体平台软件，一般要具有哪些功能？
7. 光盘刻录需要注意哪些事项？

四、操作题

1. 访问几个制作系统的网站，试着分别找出两个基于图标/事件驱动的和两个基于时间的制作系统。比较它们的功能，按如下方式对其分类：
   - 类型(基于图标或基于时间)
   - 跨平台功能
   - 网络或浏览器功能
   - 编程语言(如果有编程语言)

   大多数网站都会提供示例产品。注意观察它们通常是什么样的产品，记录调查结果。

2. 找到并观看 3 个交互式多媒体产品，对它们的内容进行分类。内容是演示还是供参考？培训或教育？市场推广？这些产品使用了什么制作系统？这种制作系统是否是最合适的选择？为什么是或为什么不是？说说自己的看法。

3. 使用 Dreamweaver 2020 建立网站，添加介绍自己家乡的内容。

第 9 章

多媒体项目的开发过程

开发一个多媒体产品实际上是一个软件工程问题，想要项目取得成功，在开发多媒体项目之前，必须有一个详细的规划。比如确定这个项目的范畴及内容，在考虑把信息传递给观看者的各种方法时，应该在脑子里勾画出这个项目的基本形态。多媒体项目的设计和创建需要多方的协作。事实上，直到产品真正确定下来并向外发布，项目的设计才会停止。多媒体项目的内容既可以是制作出来的，也可以是从别人那里获取的。内容到底是制作、租借还是购买，取决于项目的需求、时间限制以及财力。

本章的学习目标：
- 理解多媒体产品的规划与估价
- 理解多媒体产品的设计与制作
- 掌握多媒体产品的开发过程

9.1 规 划

根据当前的技术、时间、预算、工具以及资源信息，拟定合理的组织大纲和计划。正确的项目规划和布局与内容的规划是同等重要的。在开始渲染图像、声音以及其他元素之前，应该先有一个规划，在整个项目的执行过程中都应以它为参照。

9.1.1 制作多媒体的过程

添加声音和音乐、闪烁的图像和视频，可以满足一个业务需求，提供吸引人的产品演示，为晦涩单调的计算机数据库生成活泼的前端，使呆板的会议变得有趣或充满欢笑，制作一本交互式的家庭相册来庆祝节日，都是制作前不错的想法。

整个过程的规划开始于一个想法，结束于最终产品的完成和发布。制作多媒体的过程如图 9-1 所示。

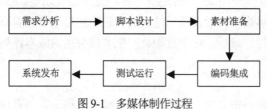

图 9-1 多媒体制作过程

1. 需求分析

多媒体应用产品一般是针对某个应用领域进行开发的。因此,在制作多媒体应用产品之前,应首先了解需求情况,根据实际目的,确定多媒体应用产品的类型、内容和框架,然后进行用户分析、内容分析、资料收集和成本效益分析等。

在盘算一个想法时,一定要考虑到平衡。在思考一个创意时,必须不停地权衡目标和产品及发布的可行性和成本。

在进一步充实自己的想法时,可以使用书写板、记录纸和便笺本,或者使用计算机上的记事本或大纲拟定程序。从一个较宽泛的主题开始,然后考虑多媒体的各个组成部分。最后,生成一个规划,作为产品的制作向导。谁需要这个项目?这个项目是否值得开展?手头是否有完成该项目的素材?是否掌握了实现这个项目的技术?如果考虑和权衡了以下几点,就可以达到平衡。

- 要做的东西的本质是什么?目标和信息是什么?
- 项目的目标受众是谁?谁将成为产品的终端用户?他们对这个主题有多少了解?他们是否理解行业术语(行话)?他们希望项目提供什么信息?用户的多媒体回放平台是什么?这些平台的最低技术要求是什么?
- 这个项目是否存在客户,如果存在的话,客户需求是什么?
- 应该如何组织项目?
- 哪些多媒体元素(文本、声音和图像)最适于传递信息?
- 是否已经有一些支持项目的素材,如录影带、音乐、文档、照片、商标、广告、促销包装以及其他美术作品?
- 是否需要交互?
- 想法是来自现有的主题,并能通过多媒体更好地表达,还是创建全新的内容?
- 项目开发有哪些可用的硬件设备?这些设备是否足够?
- 已有多少存储空间?需要多少存储空间?
- 可以使用什么多媒体软件?
- 人员的软硬件技术水平如何?
- 能单独完成这个项目吗?什么人可以提供帮助?
- 这个项目需要多少时间?
- 这个项目需要多少资金?
- 如何发布最终的产品?
- 需要提供最终产品的升级和(或)支持吗?

在勾画想法并使之成型的过程中,可以随时加入和删除多媒体元素,来保持目标和可行性之间的平衡。可以先建立一个功能最少的版本,然后逐步添加功能,最终满足所有的设计要求。也可以制定出包含所有多媒体特性及所需结果的列表,然后逐个删除不可能实现的部分。添加和删除过程可以同时进行。最后,这个过程会产生非常有用的成本评估和产品制作向导。

2. 脚本设计

在这个阶段的任务就是把文字、图形图像、音频、视频等各种素材信息合理地组织起来,为目标系统编写脚本。编写脚本的过程是一个创意设计的过程，也是多媒体作品成功的关键。创意的好坏取决于编写人员对内容的理解程度以及他们的水平高低，它决定了多媒体产品的最终质量。

脚本设计可以分为概要设计、详细设计和规划任务 3 个步骤。

- 概要设计

概要设计主要用于确定系统的总体结构，是一个粗略的框架。在概要设计阶段，脚本的编写包括文字脚本和制作脚本两部分。

在编写文字脚本时，要按照目的、策略和重点等内容之间的联系，对有关的文本、图像、声音和动画等材料分出主次轻重，合理地进行安排和组织，以便于在应用时目标明确。在完成文字脚本的编写后，就可以开始制作脚本。

制作脚本是在文字脚本的基础上创作的，它建立在深刻理解文字脚本的基础上，根据多媒体的表现特点反复构思而成，是文字脚本的延伸和发展。制作脚本的内容包括在多媒体作品中的表现形式、多媒体要实现的功能和多媒体的制作规范等。

- 详细设计

在这一阶段中，主要的任务就是为系统的每个主题设计出一幅幅连续的屏幕。其中又包括选择系统需要的媒体、确定用户界面及其风格等具体任务。在本阶段中主要考虑屏幕设计和交互设计，所以它也是一个创意设计的过程。

屏幕设计可以借用美术和广告业中的平面设计思想，对计算机屏幕进行空间划分，在时间轴上根据需要以解说、动画或音乐的形式加以表现。

交互设计就是在已经设计好的屏幕上定义"热字""热区"，并添加一些必需的控制按钮，然后一一实现。如果借用超媒体中"超链接"的概念，那么交互设计的任务就是构造"超链接"，以便在各个不同的"屏幕"完成之后，实现跳转。

- 规划任务

根据详细设计确定项目包含的任务，多媒体项目可能包含很多任务，下面列出了一些应该预先规划好的任务：

• 设计指导框架	• 成立工作组	• 编程和创作
• 召开创意征集会议	• 创建原型	• 测试功能
• 确定发布平台	• 进行用户测试	• 修正错误
• 确定创作平台	• 修改设计	• 进行β版测试
• 检验可用的内容	• 创建图像	• 创建黄金版本
• 画出导航图	• 创建动画	• 复制
• 创作情节串联图板	• 生成音频	• 准备打包
• 设计接口	• 生成视频	• 发布产品或在网站上安装产品
• 设计信息接收器	• 音频和视频数字化	• 颁发奖金
• 研究/收集内容	• 拍摄静止照片	• 开庆功会

3. 素材准备

在多媒体作品的制作过程中，需要对脚本所需的各种媒体素材进行收集和处理。在这个阶段中任务量比较大，大概占所有工作量的三分之二以上。素材的准备主要包括以下几个方面。
- 文字资料的收集
- 音频素材的收集(通过软件创作或转换、加工)
- 图形图像素材的收集(通过扫描仪、数码相机或数码摄像机等，并加工处理)
- 动画素材的收集(通过软件创作)
- 视频素材的收集(通过摄像机或视频卡捕获视频，并加工处理)

由于多媒体创作数据量大，形式多样，它涉及的技术非常广泛，以至于媒体之间的界线非常模糊。多媒体技术的实践者来自计算机领域、艺术领域以及其他许多学科的各个角落，所以必须弄清这个多媒体项目需要什么人才和技术。素材的收集往往需要分工协作，需要注意的是，无论是文本的录入、图形图像的获取与加工，还是音频与视频信号的采集与处理，都要根据标准，经过多道工序处理后，才能达到要求的格式和尺寸，完成素材的收集工作。

4. 编码集成

本阶段的任务是按照所设计的脚本将已经制成的各种素材连接起来，集成为完整的多媒体系统，本阶段可以分为两个步骤。

系统集成一般有两种实现方法。一是采用多媒体编程语言，如 Visual C++、Visual Basic 等。采用编程语言进行系统集成，可以准确地达到脚本规定的设计要求，但是编码比较复杂，适用于专门的程序员。二是选用多媒体平台软件，如 PowerPoint、Animate、Director 等。采用多媒体平台软件开发操作简单，适用于一般的开发人员，但完成的功能相对会少一些。

(1) 原型开发

本阶段应该先开发一个原型，它是在计算机上开始工作的起点，之后建立屏幕模型以及含有菜单和按钮的人机交互界面。在探索表现方法的过程中，消息及相关线索慢慢成形。原型有时也称为概念验证或可行性研究。事实上，在原型处理过程中，我们将尝试许多不同的方法，之后会确定几种不同的方法或备选方案。

在这一阶段，可以检测概念，建立接口的模型，测试硬件平台，了解项目可能存在的问题。这些问题通常位于我们掌握的专业技术的边沿、性能与广告不完全一致的软件平台的黑暗角落，以及对不同任务所需投入的工作量的错误判断。这些问题会在不经意间出现，拖延项目的进程，除非在开始项目之前仔细研究了所有的部分。从下面几个方面来测试原型：
- 技术能够在预定的发布平台上工作吗
- 成本能在预算限制的范围内实施这个项目吗
- 市场能卖出产品吗
- 如果这是一个内部项目，它能正确地使用吗
- 人机界面直观、易用吗？

建立原型的目的是测试概念的初步实现，根据测试结果进行改进。因此，开发人员不应拘泥于某个观点，而应乐于接受修改。

(2) α 版本开发

随着工作的深入，开发人员应该继续提前指定任务，注意中途可能出现的困难和暗礁，做好应变准备，有了原型和继续开展项目的许诺，项目的投资力度就会加强，投资方向也更明确。当开始从整体上开发项目时，这时往往需要更多的工作人员。

并不是每个原型都能自然地过渡为一个成熟的项目。有时，项目会在原型这个阶段终结。终结的原因是实施困难，客户无法接受完成项目的成本预算；有时是因为改组的问题，新的主管提出新的议程，大幅削减项目的预算；有时则仅仅是由于客户不喜欢该项目。

5. 测试运行

测试运行也可以称为 β 版本阶段，进入此开发阶段时，开发人员应该已经为此项目付出一定的时间、精力和金钱，此时想放弃这个项目为时已晚了，只能向前看。

测试是发现软件的隐藏缺陷，验证软件是否达到预期目标的重要手段。当使用编程语言进行系统集成时，测试应与编码同时进行，即采取边编码、边测试、边修改的方式。每集成一个主题就要重新测试一次，直到全部主题集成为一个完整的系统，软件能顺利运行为止。当采用平台软件进行开发时，首先建立一个系统原型，然后以迭代的方式逐次推出新的原型版本，对每一个原型版本都要进行测试，并根据发现的问题调整设计，修改脚本。这个过程要反复进行，直至推出正式的、可以交付用户使用的版本。

一般来说，对多媒体系统的测试应着重以下几个方面。
- 内容正确性：对于多媒体系统，首先要检查系统传递的信息是否正确。
- 系统功能：主要是指系统的可用性或用户满意度，包括系统是否实现了所有预计的功能，人机界面是否友好等。
- 系统性能：主要包括系统可靠性、系统兼容性和系统效率等。

测试完毕后，测试人员还要请用户试用、专家评估，然后收集各方建议并进行反复修改、测试，必要时返回修改系统工作计划，试用过程中应认真记录每一个过程和遇到的问题。测试与编程是一个往返循环的过程。这个过程可能反复进行，一直持续到一个完整的多媒体产品的最终完成。

6. 系统发布

多媒体产品的发行是通过压缩或制成一套完整的光盘进行的。因此，多媒体系统制作完成后，必须打包才能发行。所谓"打包"就是制作发行包，形成一个可以脱离具体制作环境，在操作系统下直接运行的应用系统。在软件打包之前，要对硬盘上的文件组织结构进行优化，并做好备份。最后根据发行介质的不同选择不同的打包发行方式。如果系统比较复杂，还需要给出帮助信息和用户手册等。

此时焦点应该转向市场：目标消费者对项目的反应如何？还必须处理许多实际的细节问题，如谁接听技术支持热线？是自己建立一个服务器来处理预计增长的点击率，还是交给当前的 ISP 来处理？

9.1.2 进度安排

当拟定一个包含完成项目所需的所有阶段、任务和工作事项的规划时，需要沿着一条时间线列出这些元素。它通常包括完成某些可交付元素的时间。如果是为一个客户工作，这些就是提交给客户并获得客户认可的产品。为了建立这个进度表，必须估计每项任务所需的时间，然后把这些时间分派给该项目中异步工作的成员。平衡的概念在这里也非常重要，如果能把一项任务分派给几个工作人员，完成任务的时间也会相应减少。

多媒体项目的进度安排比较困难，因为多媒体制作的很多方面都需要美工的试验和调试。录制的声音需要多次的编辑和修改，动画也要一遍遍地运行和调整，以保证得到正确流畅的效果。为了使 QuickTime 或 MPEG 电影和其他屏幕活动同步，也需要大量时间来编辑和调整。另外，计算机硬件技术和软件技术在不断变化，项目开展过程中的升级可能需要安装新的软硬件，随之而来的是学习这些软硬件的使用，而且使用这些新技术的时间总是比想象的长。

9.2 估价与项目建议书

多媒体制作并不是一个重复生产的过程，而是一个反复试验的探索开发过程——如前所述，这是一个"尝试"的过程。每个新项目都与前一个项目有所不同，需要许多不同的工具和解决方法。

9.2.1 估价

多媒体项目的部分或者全部没有合适的现行费用标准，必须通过分析组成项目的各个任务以及执行这些任务的人，来估计多媒体项目的成本。

第一次完成多媒体任务时，开发人员需要在学习软硬件工具及必要技术上耗费很多精力。第二次执行类似的任务时，就已经知道使用什么工具以及它们是如何工作的，不再需要花费太多的气力了。到了第三次，就是一个老手了。

另外，工作组的人需要有不同的特长，比如美工、音乐人、教程设计者和写作人员。在这种情况下，项目估价需要在预算中加入这些艺术工作者参加项目会议和创作讨论会所需的额外时间和开销。

总之，项目估价中有 3 个元素是变化的：时间、资金和人。如果项目估价减少了其中任一个元素的投入，一般需要增加另一个或两个元素的投入。例如，如果项目的时间很少，就需要在加班和奖金上花更多的钱，还需要雇用更多的工作人员；如果有很多人，项目的完成时间就较少；增加资金投入，可以聘请效率高、费用也高的专家，而裁减其他工作人员，这样做也能缩短项目时间。

9.2.2 项目建议书

客户通常对如何制作多媒体一无所知，但是他们对作品有自己的想法或要求。客户的电话通常是描述需求的，我们需要向他解释公司将如何满足他的要求。这种谈话大多是指导性的，向客户说明多媒体的各种优缺点。我们在和客户的初次讨论中，很少能收集到足够的信息，以精确地估计开发时间或开发费用，因此，在向客户适当地展示自己的技术和能力时，应当避免明确回答这些问题。如果客户对项目相当认真，也能理解我们的解释，这就可以在短时间内引导客户做出明智的选择和合理的决定，从而共同努力来开发和设计出优秀的作品。讨论很快就变成设计会议，还有可能在其过程中与客户签订合同。

有时可能会遇到更加正式的建议书要求，这些通常是大公司外购多媒体开发项目的详细文档。它提供了背景信息、工作范围，以及投标进程信息。据此编写项目建议书是一项非常重要的工作,它能够创造性地推销多媒体理念,精确地评估工作的范围,提供具有实际意义的成本预算。建议书常常是一个熔炉——我们与预期客户进行前期接触时,提出概念的各个要素,然后加入与图像美工人员及指导设计师对技术和方法的讨论结果。根据给定的预算限制,把客户希望实现的东西和我们能做到的混合起来,等到这一熔炉的东西冷却下来,项目建议书就呈现在面前了。项目建议书的要点如下。

1. 封面和包装

建议书的外观和风格的设计有多种选择。虽然我们经常被告诫,不要根据封面来评判一本书的好坏,但是项目决策人通常只花几秒钟的时间来判断他们手中的文档的质量。有时,他们甚至在打开它之前就做出了决定。判断要阅读建议书的人的品位,了解他们的期望,然后根据这些期望量身定做一份建议书。

如果客户根据建议书的封面就判断出里面的内容是业余的,而非专业的,我们就处于不利地位。为了避免产生这种不好的第一印象,可以采用下面两种策略。

- 为建议书设计风格独特的封面和包装,包括定制的字体、封面和图像、图示和图形、与众不同的章节和段落风格,以及整洁的装订。
- 令整个包装平实简洁,但不失正式。"平实"指的是不要使用过多的字体和样式。为了保证这种方法的简洁性,只需要把建议书简单装订起来即可,尽量使它保持简单的风格。

2. 目录

忙碌的项目决策人希望在较短的时间内了解文档的主要内容,这时就需要一个目录或者索引,简要描述建议书的各个要点。在一些情况下,还可以加入总述——这是对项目及其预算总数的几小段精炼描述的序言。这段总述应该放在建议书的扉页上,或者扉页的后面一页。

3. 需求分析和描述

在许多建议书中,细致地描述开展项目的原因是非常有用的。在必须经过公司的多个决策层研究才能批准并投资的项目建议书中,这种需求分析和描述特别常见。

4. 目标用户

所有的多媒体建议书都必须包含一个描述目标用户和目标平台的部分。在终端用户的多媒体功能有较大的不确定性时,对打算提供的软硬件发布平台进行描述是很重要的。

5. 创作策略

创作策略部分描述了项目本身的外观和风格,对项目建议书非常重要,特别是如果审核建议书的决策人没有参加创作会议,或者没有参与之前的预备讨论,这部分就显得更重要。如果已完成的项目库中有类似于当前项目的部分,把它们加入建议书则有一定的帮助,它可以向客户指出相关的技术和表现方法。如果已经设计好一个原型,就可以在这个部分描述它,或者创建另一个标题,并加入相关的图形和图表。

6. 项目实施

建议书必须描述组织项目的方法和安排其进度的方法，对项目费用及开销的估计都应以此描述为基础。建议书的项目实施部分应当包含详细的项目日程表，项目规划图，以及预期完成日期，可交付成果和所需小时数的特定任务列表。这些信息可以是一个综述，也可以非常细致，这取决于客户的需要。建议书的项目实施部分不仅要描述有多少工作，还要描述如何管理和实现这些任务。不需要把估计的工作时间精确到小时，而只需给出完成每个阶段任务所需的天数。

7. 预算

预算和建议书的项目实施部分列出的工作范围是直接相关的。从项目实施描述中提取各项任务的费用，把项目每一阶段中的琐碎任务分类整理，使它们更容易被客户理解。

9.3 设　计

最好的多媒体产品往往是制作过程中不断反馈和修改的结果。如果项目的设计方案过早冻结，在制作过程中就很容易出问题，丧失了逐步改进的机会。但是这里也存在一种危险：过多的反馈和修改可能会耗尽项目的时间和资金，使项目无法继续下去。通常要在修改及其费用之间取得平衡，避免出现"缓慢爬行"的情况。

设计者必须和多媒体制作人员密切合作，确保他们的想法能够正确实现，制作人员也需要和设计者一起确认他们工作的结果。"这些颜色看上去更合适——您认为呢？""现在播放速度快多了，但是我必须修改动画顺序……""在索引中加入高亮线会使速度变慢——我们可以去掉这一功能吗？"反馈环及设计人员与制作人员之间的良好交流对多媒体项目的成功是至关重要的。

多媒体项目的设计部分是综合各种计算机知识和技能，美工、视频处理和音乐制作才能以及通过信息归纳出逻辑思路的能力，用来创建新事物的部分。设计是思考、选择、制作和实现的过程，它包括塑造、修饰、返工、润色、测试和编辑等步骤。在设计项目的过程中，各种想法和概念又向具体实现迈进了一步。多媒体项目设计阶段的能力是区分业余和职业多媒体制作的标准。

根据项目的规模以及工作组的大小和类型，设计者可以用两种方法创建最初的交互式多媒体设计方案。可以花大量的精力建立情节串联图板或图形大纲，对项目进行详细的描述——用文本和草图描述每个屏幕图像、声音和导航选项，可以详尽到特定的色彩和阴影，文本内容、属性和字体，按钮形状、风格、响应及音调的调整。这种方法非常适用于能够很快建立起原型并快速将它们转变成成品的工作组。使用粗略的情节串联图板进行大体的图解说明，这样在前期投入的精力较少，但是在实际实施过程中需要投入更多的精力。

选择哪种方法取决于项目是由同一组人来完成(包括项目的设计和执行)，还是设计和执行任务分别由不同的工作组来完成，当然，后一种情况需要更详尽的说明(也就是说，需要详细的情节串联图板和草图)。这两种方法都需要对多媒体工具及其性能有深入的理解，都需要情节串联图板或项目大纲。第一种方法得到希望严格控制多媒体制作过程和劳力成本的客户的欢迎。而第二种方法能更快进入实质的开发任务，但是最终还是要补偿这些跳过的工作，因为此后的开发过程需要更多的反馈和编辑工作。无论采用哪种方法，初期规划越详细，后期的项目实现就越顺利、越容易。

9.3.1 设计结构

多媒体项目不外乎是对文本、图像、声音和视频元素(或对象)的编辑。用这些元素构建交互式多媒体的方法则根据不同的意图和信息来确定。

导航图概括出了不同内容区域之间的关系或链接，有助于组织内容和信息。它提供了内容列表和交互式界面的逻辑流程图。通常网站的站点图是一个简单的内容层次表，每个标题都链接到一个页面上。而作为更详细的设计文档，站点图对项目非常有用，列出了多媒体对象，描述了用户进行交互操作时做出的响应。

图 9-2 列出了多媒体项目使用的 4 种基本组织结构，它们经常结合起来使用。

- 线性结构：用户按顺序一帧一帧地浏览信息。
- 层次结构：也称为"带有分支的线性结构"，因为在这种结构中，用户是沿着树状结构的分支进行浏览的，这个树状结构反映了材料内容的自然逻辑关系。
- 非线性结构：用户可以在项目的内容之间自由切换，不受预定的导航路线的限制。
- 复合结构：用户可以自由浏览(非线性)，但是偶尔也会受到线性结构的视频演示、关键信息和(或)数据的限制，这些信息在逻辑上大都按层次关系来组织。

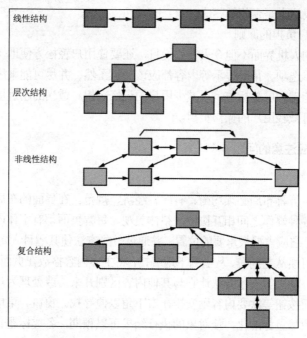

图 9-2 多媒体项目中使用的 4 种基本导航结构

许多导航图本质上是非线性的。在这样的导航系统中，用户可以在目录、术语表、各种菜单、帮助或相关文档之间自由切换，甚至可以访问导航图本身。能够给用户自由选择的感觉通常是很重要的，这使他们在某个主题环境中拥有一定的权利。然而，导航图仍必须利用不同的字体大小和外观、颜色、缩排格式，或者特殊的图标，给出重要性、重点和指示等提示。

多媒体项目的结构图是由情节串联图板和导航图组成的。在设计过程中,情节串联图板要和导航图结合起来,以帮助勾勒出信息结构。

9.3.2 设计用户界面

多媒体项目的用户界面是图形元素和导航系统相结合的产物。如果其中的信息和内容因杂乱无章而很难被查找,用户不知所措或觉得厌烦,项目就是失败的。较差的图形会使用户厌倦,较差的导航帮助会使用户迷失方向,找不到所要的内容。更糟糕的情况是,用户会因此浅尝辄止。

1. 人机界面设计应遵循的基本原则

1) 以用户为中心的原则

界面设计应适应各类用户的需要。用户的分类有不同的标准,如按照计算机操作是否熟练可分为专家、初学者和门外汉等;按照年龄可以分为老年、中年和青少年等。在设计界面时,应该先进行用户分析,了解他们的思维、生理和技能方面的特点。

2) 最佳媒体组合的原则

多媒体界面的优点之一就是运用不同的媒体,以恰如其分的组合有效地呈现需要表达的内容。一个界面的表述形式是否最佳,不在于它使用的媒体种类是否丰富,而在于选择的媒体是否恰当,在内容的表达上是否相辅相成。

3) 尽量减少用户负担的原则

一个设计良好的人机界面不但令人赏心悦目,还要使用户轻松方便地操作。为此,窗口布局、控件设置、菜单选项、帮助提示等内容都应该一目了然,并尽可能采用人们熟悉的、与常用平台相一致的功能键和屏幕标志,以减少用户的记忆负担。适当的超链接为用户检索相关信息提供了捷径,也可减轻用户的操作负担。

2. 设计界面时应注意的问题

1) 布局设计

无论何种界面,屏幕布局必须均衡、有序、经济、规范。在界面的布局设计时,要在突出主体的前提下,使各种媒体之间相互协调,整体美观。每幅页面都有主体内容,应突出表现,在进行页面布局时,它应占据最重要的位置,并通过一些方法使其醒目、突出。在位置编排上,要按照人们的视觉习惯从左到右、从上到下地编排,将主体内容摆放在页面的中上方或者左方。将重点内容用闪烁、动画等技术方法让它与其他内容区别开来,或处理为热键、热区,以此来吸引人们的注意,而按钮等次要内容则安排在右下角以便寻找。窗口、菜单、按钮、图表等呈现格式和操作方法应尽量标准化,使对象的执行结果可以预期,各类标题、各种提示行应尽可能采用统一的规范。

2) 色彩的选用

● 恰当的颜色搭配可以美化屏幕,使用户减轻视觉疲劳。尽量使用绿、蓝等健康色,以风格统一,布局协调,温馨柔和,不炫目刺眼为宜。过度的颜色使用反而会增强对用户的不必要的刺激。

- 在页面设计中主要的媒体有文字、图形图像、视频和动画等,每一种媒体都与色彩有关。在每一个页面中,应注意处理好背景与媒体、媒体与媒体之间的色彩关系。

3) 对色彩的选择应遵循的规则
- 一部多媒体产品要有一个整体色彩基调,应该根据内容的主次、风格及使用对象来选择,而不能仅凭个人对色彩感觉的喜好来表现。
- 同一屏幕上使用的色彩不宜过多,同一段文字一般采用同一种颜色。
- 前景与活动对象的颜色要鲜艳,背景与非活动对象的颜色宜暗淡。
- 提示信息宜采用日常习惯的颜色。例如,以红色表示警告,绿色表示通行,提醒注意用白、黄或红色的感叹号等。

4) 文字表达

文字是多媒体产品中最主要的媒体。在显示内容时,文本仍然是显示消息(或标题、提示、命令和以正文形式出现的消息)的重要手段。文字表达应遵循的规则如下所示。
- 简洁明了,多用短句。
- 字体选择要有层次感,格式要统一。
- 字体颜色与背景形成反差,关键词要加亮或变色、改变字体等强化效果,引起用户注意。
- 较长的文字可以分组分页,尽量避免阅读时滚动屏幕。
- 英文标注宜用小写字母。

5) 音频界面

多媒体用户界面应该包含反映项目规律并影响用户看法的重要音频元素。这些音频元素可以是背景音乐、按钮单击的特殊音效、画外音、动画的同步音效,也可以是视频剪辑中的音轨。背景音乐的速度和风格决定了项目的"品质"。儿童服装网站可以使用滑稽的笑声和尖叫声做音效。选择适合项目的内容及其氛围的音乐作为音频界面的元素。总之,要尽量少用特殊的音效,一定要为关闭音效提供一个开关,让潜在的用户测试包含音频元素的项目。

9.4 制作

在到达多媒体项目的开发阶段并开始制作时,应该已经准备好了有条理的规划。这时的项目规划就成了制作多媒体产品的步骤参考手册。对许多多媒体开发者来说,按照这个规划进行制作是项目中最有乐趣的部分。

制作是多媒体项目真正开始渲染的阶段,在此期间,开发者要完成连续安排的重要任务。对复杂的项目来说,这是一个多次反复的过程,因为项目的图形文件可能无法在服务器上找到,还可能是开发者忘了发送或者无法做出阶段进度报告。因此在整个制作过程中谨慎起步、精心组织、细心管理是非常重要的。这条规则适用于各种大小不一的项目,如自己的项目或为客户开发的项目、一个开发人员的项目或有 20 人开发小组的项目。制作最重要的是要为每个项目开发人员提供一个有效的时间统计系统,因为到了周末,要记起周一的任务花了多少时间是相当困难的。

9.4.1 启动

在多媒体项目启动之前，开发者首先应该检查一下开发硬件和软件，以及组织管理方面的设置，即使项目只由一个人来开发也是如此。这是一项非常重要的任务，它能防止出现在项目中期没有足够的磁盘空间保存图像文件和数字化视频剪辑，或关键软件工具不兼容，或网络经常阻塞、每隔两天就断一次的情况。这些问题的解决可能要花好几天或者几个星期的时间，所以在启动项目之前，要排除尽可能多的潜在问题。下面是要考虑的一些问题：

- 桌面上和思想中是否还存在障碍
- 能买得起的最快的 CPU 和 RAM 是什么
- 时间统计系统和管理系统是否到位
- 能买得起的最大(或最多)的显示器是多少
- 项目文件的存储磁盘空间是否足够
- 是否有为重要文件定时备份的系统
- 项目文件以及资源管理文档的命名约定或协议是怎样的
- 基本创作软件的最新版本是什么
- 软件工具及其附件的最新版本是什么
- 到达客户的通信链路是否开通
- 行政管理工作是否拥有适当的行动空间
- 财务管理的安全性如何(是否要申请银行保险箱)
- 项目每个阶段所需的专门技术是否已经到位
- 项目启动会议是否完毕

9.4.2 与客户合作

为客户制作多媒体产品是一种特殊的情况，这时开发者必须保证在项目的结构中加入一个能使客户和开发项目的工作人员进行良好沟通的系统。许多项目最终失败的原因就是缺乏沟通。

1. 客户确认周期

为了避免永无休止的反馈，开发者需要提供良好的监督管理机制，保证客户能够不断得到信息，并且正式确认为他们创作的美工作品和其他元素；提出一种指定客户确认数量和周期的方案，为确认之后的修改请求提供订单机制。修改订单则要求客户支付额外的费用，而且通常这些费用都比较高。

2. 数据存储介质和传输

让客户能方便地检查多媒体项目是非常重要的。自己和远程用户都必须有相互匹配的数据传输系统和介质，否则就需要为项目提供一个网站或 FTP 站点。在开始工作之前，应该先组织一下系统，因为与客户在系统和传输方法方面达成一致是需要一定时间的。

由于多媒体文件一般比较大，因此把项目传送给远程客户的方法就特别重要。通常情况下，自己和客户都应该通过宽带接入互联网。项目运行一段时间之后，文件数量和与客户的沟通就会越来越多，这时使用关键词和提示会便于工作。这也是预先规划能够带来的好处之一。

9.4.3 追踪

要为包含在多媒体项目中的材料的接收指定一种追踪方法。即使在小项目中，这都将处理很多数据。

根据项目的结构制定一种文件命名规则，把文件按其逻辑名称保存到目录或文件夹里。如果跨平台工作，就需要开发一个文件识别系统，以理解这些代码的意思。

文件的版本控制也是非常重要的，尤其是在大项目中。如果一组文件由多人处理，就必须确定目前最新的版本是什么以及谁有最新的版本。如果存储空间足够大，可以为所有版本的文件存档，以防以后改变主意，返回原先的开发版本。

9.4.4 版权

常用的创作平台允许直接访问驱动某个项目的软件程序代码或脚本，而 HTML 网页的源代码也很容易在网上查看。

在这样一个开放代码的环境中，打算让其他人看到项目的程序代码吗？代码是否简洁，是否添加了注释？这些都可以在项目中加入版权声明，至于代码、窍门和编程技巧则留给他人作为研究、学习和调整之用。

9.4.5 风险和困扰

即使是经验丰富的制作人和开发者，在项目开发过程中也会遇到一些不太严重的问题和混乱。不过，这些专家是不会因为发生一些颤动或偏离一定方向而"撞车"的。他们必须做好应对各种情况的心理准备——从设计完善的用户界面开始，到无止境的测试，到客户确认或付款方面的问题；还必须把超出控制的问题列入考虑的范围，并准备面对它们，解决它们。

琐碎的困扰也可能成为影响预期目标的严重问题。项目的制作阶段需要丰富的创造力，在所有开发者之间进行动态交流，更重要的是，它还需要付出辛勤的劳动。常见困扰如下所示。

- 合作者不愿接受(或者给出)批评意见
- 客户无法或无权做出决定
- 超过两天的连续通宵工作
- 过多的自定义代码规范
- 过多的会议，工作时间以外的会议
- 超过最后期限

如果项目由一个小组开发，所有人能够密切合作就是非常重要的，或者至少应该能互相容忍各自的差异，尤其是在开发比较费力的情况下。注意项目小组中每个成员的精神健康状况，工作组的动态以及组成员是否受到个性的负面影响。如果出现了问题，在它们变得危险之前就处理好它们。多媒体项目需要的特殊创造才能的组合方式是非常多的。如果在项目开展过程中，始终有组织性又灵活应变，就可以成功完成这个项目。

9.5 本章小结

本章讲解了多媒体项目的开发过程,阐述了其中应该注意的问题:
- 确定多媒体项目的规划
- 了解成功完成多媒体项目的常见障碍
- 讨论多媒体项目建议书的进程和元素
- 描述创作交互式多媒体的不同策略,最好的多媒体产品往往是在整个开发过程中不断反馈和修改的结果,但是过多的反馈和修改会使项目走入绝境,必须使必要的修改及其费用达到平衡
- 讨论多媒体结构的不同类型以及它们的组织方式
- 解释影响用户界面的概念,包括结构和导航图

9.6 习 题

一、填空题

1. 开发多媒体应用系统一般包括_____、_____、_____、_____、_____、_____6个阶段。
2. 脚本设计可以分为_____、_____、_____ 3个步骤。
3. 项目到达发布阶段时称为_____。
4. _____是一份详细文档,通常来自需要外包多媒体开发工作的大公司,要求承包公司根据指定的需求提出项目建议。
5. 项目建议书应该以_____开头,即包含几小段项目和预算总数的精炼描述的序言。
6. 多媒体项目的结构图是由_____和_____组成的。
7. 一个界面的表述形式是否最佳,不在于它使用的媒体种类是否丰富,而在于_____,在内容的表达上是否_____。
8. 无论何种界面,屏幕布局必须_____、_____、_____、_____。
9. 在多媒体项目启动之前,首先应该检查一下开发硬件和软件,以及组织管理方面的设置,即使项目_____。
10. 确保旧文件存档并正确跟踪最新文件版本的过程称为_____。

二、选择题(可多选)

1. 项目管理的构成元素是_____。
   A. 预算　　　　B. 任务　　　　C. 建议书
   D. 里程碑　　　E. 先决条件
2. 项目进行集中小组测试的最佳时间点是_____。
   A. 概念　　　　B. 原型　　　　C. 版本
   D. 黄金版本　　E. 最终版本

3. 在确定项目的可行性时，最常见的技术限制因素是_____。
   A. 开发项目的硬件
   B. 发布项目的网络
   C. 发布项目的媒体(CD-DOM、DVD、互联网)
   D. 终端用户的硬件
   E. 通信设施
4. 一般来说，对多媒体系统的测试应着重以下哪个方面_____。
   A. 内容正确性　　B. 系统功能　　　C. 系统性能
   D. 甘特图　　　　E. 上述所有方法都是常用方法
5. 下面哪项不是制定多媒体项目进度表比较困难的原因？_____
   A. 多媒体制作的许多工作都要美工制作的反复试验和修改
   B. 市场压力可能会改变对最终产品的要求
   C. 计算机软硬件技术在不断变化
   D. 项目过程中的升级需要额外的时间学习新的硬件和软件
   E. 客户的反馈循环依赖于不受控制的因素
6. 下列哪一项不是本章列出的多媒体组织结构的类型？_____
   A. 线性结构　　　B. 层次结构　　　C. 非线性结构
   D. 复合结构　　　E. 递归结构
7. 包含一个内容表和交互界面的逻辑流程图的图形表示方法通常称为_____。
   A. 情节串联图板　B. 工作流程图　　C. 原型
   D. 导航图　　　　E. 主布局
8. 用户从一个地方转到另一个地方的方法是下列哪项的一部分？_____
   A. 脚本　　　　　B. 用户界面　　　C. 情节串联图板
   D. 深度结构　　　E. 表面结构
9. 任何可以单击的图像区域的通用名称是_____。
   A. 热点　　　　　B. 情节串联图板　C. 图像映射
   D. 图像跳动　　　E. 图标
10. 用户可以通过单击鼠标来改变其实现方法的界面被称为_____。
    A. 原型　　　　　B. 导航图　　　　C. 模式界面
    D. 站点图　　　　E. 过渡图形用户界面

三、简答题

1. 在多媒体应用系统开发中，需求分析中要做好哪些工作？
2. 在多媒体作品的制作过程中，需要对脚本所需的各种媒体素材进行收集和处理，这些素材主要包括什么？
3. 脚本设计中，规划任务的详细内容有哪些？
4. 应该从哪几个方面来测试原型？
5. 多媒体应用系统界面设计中的文字表达，应遵循哪些规则？
6. 多媒体应用系统界面设计中，对色彩的选择应遵循哪些规则？

7. 多媒体项目使用的基本组织结构有哪些？
8. 项目建议书有什么意义？
9. 与客户合作的内容有哪些？

四、操作题

1. 选择一个项目，可以是一个教学 CD-ROM、促销 DVD 等，确定需要为哪些公司开发这个项目，列出开发这个项目所需的任务，并确定每项任务需要的时间。

2. 在上一个项目的基础上，为这个项目建立至少三人的工作组，指定他们的头衔、内部收费标准和外部收费标准，以及他们各自的能力。给出一段个人简历，描述每个组成员的经验和能力要求。

3. 在上一个项目的基础上，把任务分派给工作组。创建一张图，清楚地标明主要任务，哪个组成员负责这些任务，以及何时完成。

4. 为一个介绍计算机史的假想多媒体 CD 项目创建站点图。使用复合结构，并提供两种不同的导航方法，其中一种使用时间线。注意加入各种不同的选项，如帮助、术语表等。

5. 使用简单的文本框和图标，为上一个项目创建一个图形用户界面。试讨论加入了哪些按钮，它们是如何进行逻辑分组的，以及这么做的原因。为了提供导航提示，还加入了哪些非文本界面元素？

参考文献

[1] 李建芳. 多媒体技术及应用案例教程[M]. 2版. 北京：人民邮电出版社，2020.
[2] 刘合兵. 多媒体技术及应用[M]. 北京：清华大学出版社，2020.
[3] 杨彦明，滕曰，高万春，等. 多媒体技术与应用[M]. 北京：清华大学出版社，2020.
[4] 方其桂. 多媒体技术及应用实例教程[M]. 北京：清华大学出版社，2019.
[5] 于冬梅. 多媒体技术及应用[M]. 北京：清华大学出版社，2019.
[6] 李春雨，石磊，谭同德. 多媒体制作技术[M]. 2版. 北京：清华大学出版社，2018.
[7] 郭芬. 多媒体技术及应用[M]. 北京：电子工业出版社，2018.
[8] 王志军，柳彩志. 多媒体技术及应用[M]. 2版. 北京：高等教育出版社，2016.
[9] 李小英. 多媒体技术及应用[M]. 北京：人民邮电出版社，2016.
[10] 李建芳. 多媒体技术及应用案例教程[M]. 北京：人民邮电出版社，2015.
[11] 陈德慧，于冬梅. 多媒体CAI课件制作基础教程[M]. 5版. 北京：清华大学出版社，2015.
[12] 李海峰，卢湘鸿. 数字媒体概论[M]. 北京：清华大学出版社，2013.
[13] 徐子闻. 多媒体技术[M]. 3版. 北京：高等教育出版社，2013.
[14] 王志强，杜文峰. 多媒体技术及应用[M]. 2版. 北京：清华大学出版社，2012.
[15] 付先平，宋梅萍. 多媒体技术及应用[M]. 2版. 北京：清华大学出版社，2012.
[16] 唯美世界，瞿颖健. 中文版Photoshop 2020从入门到精通[M]. 北京：中国水利水电出版社，2020.
[17] 唯美世界，曹茂鹏. 中文版Premiere Pro 2020完全案例教程[M]. 北京：中国水利水电出版社，2020.
[18] 宋晓明，朱琦. Premiere Pro 2020视频编辑标准教程[M]. 北京：清华大学出版社，2020.
[19] 刘艺. Premiere Pro 2020从新手到高手[M]. 北京：清华大学出版社，2020.
[20] 李金明，李金蓉. Photoshop 2020完全自学教程[M]. 北京：人民邮电出版社，2020.
[21] 王炜丽，陈英杰，张毅. 零基础学Photoshop 2020[M]. 北京：人民邮电出版社，2020.
[22] 孟强. Animate CC 2018动画制作案例教程[M]. 北京：清华大学出版社，2019.
[23] 张晨起. Audition CC音频处理完全自学一本通[M]. 北京：电子工业出版社，2020.
[24] 钟金虎. 录音技术基础与数字音频处理指南[M]. 北京：清华大学出版社，2017.
[25] 王琦. Adobe Dreamweaver 2020基础培训教材[M]. 北京：人民邮电出版社，2020.
[26] Maivald J. Adobe Dreamweaver CC 2019经典教程[M]. 北京：人民邮电出版社，2019.
[27] Chun R. Adobe Animate CC 2019经典教程[M]. 北京：人民邮电出版社，2020.